JN418984

군사명언의
지혜를 찾아서

- 편저자 약력 -

· 공군사관학교(3기, 1954) 및 공군대학 졸업(1970)
· 미국 공군통신학교 통신장교과정 수료(1958)
· 경희대학교 대학원 사학과 졸업(1969)
· 충남대학교 명예 군사학 박사(2003)
· 공군사관학교 교수부 군사학과장
· 공군대학 교수부 제2·3처장
· 국방대학원 교수 및 교수부 제3학처장
· 한국군사사학회 창설(1976) 및 초대 회장
· 현재 : 서라벌군사연구소장
충남대학교 특임교수
공군사관학교 명예교수

군사명언의
지혜를 찾아서

발행일 2018년 3월 15일 **발행인** 오덕성 **편저자** 이종학
펴낸곳 충남대학교출판문화원 **주소** 대전광역시 유성구 대학로 99 **전화** 042-821-6045
홈페이지 http://www.cnupress.co.kr E-mail cnupress@cnu.ac.kr

ISBN 978-89-7599-667-2 93390
정가 20,000원

군사명언의 지혜를 찾아서

이종학 편저

충남대학교출판문화원

머리말

필자는 20대부터 책을 읽다가 마음에 감동을 주는 내용을 만나면 기록해 두는 버릇이 있었다. 이로 인해 결실한 책이 바로 『군사명언집』(軍事名言集, 1981)이었다. 이 책은 발간된 지 30여년이 지났고 또 한글세대의 등장으로 절판되었다. 그런데 요즘 와서 다시 발간할 생각이 일어난 이유는 지혜(wisdom)라는 단어의 뜻 때문이기도 하다.

지혜란 슬기를 뜻하고, 불교계에서는 "사물의 실상實相을 관조觀照하여 미혹을 끊고 정각正覺을 얻는 힘"이라 했다. 지혜는 올바른 사리 판단력이요, 슬기로운 분별심分別心이며, 무엇이 옳고 무엇이 그른지를 바로 판단하는 능력을 제공한다. 따라서 '군사명언의 지혜'는 군 지휘관 및 구성원들에게 전쟁의 준비·수행의 지침서가 될 뿐만 아니라, 우리들 인생의 지침서도 되고 또한 경영의 참고서가 된다는 확신을 가지게 되었다.

미국에서 발간되는 『하버드 비즈니스 리뷰』(HBR, 2012. 8.)에 의하면, 독서의 중요성을 강조하면서 특별한 지도자가 되고 싶은 사람은 반드시 독서를 해야 한다는 것을 새삼스럽게 강조했다. 요즘은 옛날 사람들에 비해 생활에 쫓기다 보니 느긋하게 책을 읽을 수 있는 환경이 적어진 듯한데, 이 책은 어디에서나 짬이 생기면 읽을 수 있고 또한 주석註釋을 붙였으니 본문을 이해하는데 도움이 될 것이며 지혜를 나누어주리라 생각한다.

필자는 군사학 박사과정 학생들에게 군사전략 수립의 절차와 방법의 핵심을 가르치면서 반드시 인생전략 수립의 절차와 방법도 설명했는데, 이 책에서도 소개했으니 참고하기 바란다. 그리고 인생 후반기(60세 이후)의 지침을 『손자병법』에서 수용했다는 것을 밝혀 둔다. 즉 "옛날 싸움을 잘하는 장수는 먼저 적이 승리하지 못하도록 만반의 태세를 갖추고, 이 편이 승리할 수 있는 기회를 기다렸다."(軍形, 四)고 했다. 이것은 먼저 불패不敗의 태세를 갖춘 연후에 적의 허점을 찾아 승리의 기회를 노려야 한다는 내용인데, 인생 후반기에는 연금으로 노후생활이 해결되면(불패의 태세), 하고 싶은 일을 할 수 있다는 것으로 해석하여 지금까지 실천해 왔다.

그리하여 국방대학원 교수 직위는 65세까지 직장이 보장되어 있었으나, 58세(1987)에 명예퇴직을 하고, 하고 싶은 일을 하기 위해 서울에서 경주의 시골로 옮겼다. 하고 싶은 일이란, ① 읽고 싶은 책을 읽고, ② 연구하고 싶은 과제를 선택하고, ③ 답사를 하며, ④ 연구결과를 집필·발표하고, ⑤ 소규모의 밭농사(매실과 단감의 재배)를 한다는 것이다. 이런 생활을 30여년 해왔고 또한 저서·편저 등 20여권을 집필·발간했으니, 그동안 무위도식無爲徒食하지 않았다는 것만은 실증했으리라.

미국의 현대 경영학의 아버지로 알려진 드러커(Peter Drucker, 1909~2005) 교수는 93세에 『다음 사회의 경영』(*Managing in the Next Society*, 2002)이라는 저서를 내고서 자기 인생의 황금시절은 60대, 70대, 80대의 30년간이라 했다. 우리 인생의 60대 이후를 황금기(golden age)로 보느냐, 아니면 황혼기(twilight age)로 보느냐는 각자의 인생관에 따라 달라지겠지만, 이 책은 우리들 인생의 후반기를 황금기로 인도하는 데 도움이 되리라.

스위스의 종교가요, 교육자였던 칼 힐티(Karl Hilty, 1833~1909)는 "인간 생애의 최대의 날은 자기의 역사적 사명, 즉 신神이 지상에서 자기를 어떤 목적으로 쓰려고 하는지를 자각하는 날이다"고 했다.

내가 무엇 때문에 세상에 왔고 또 무엇을 위해서 인생을 살아가야 하며, 내가 몸 바쳐 일하는 인생의 목표가 무엇인가를 바로 깨달은 날이 인생 최대의 날이라고 그는 갈파했다.

"평화를 바란다면 전쟁을 이해하고 거기에 대비하라. 그리고
국민·국토·주권의 수호도 거기서 비롯됨을 명심하라!"

위의 내용은 60여년 평생 군사학을 연구해서 얻은 결론임을 밝혀둔다.

이 책에는 약간의 내용이 중복된 곳이 있으나 중요하고 연관된 내용을 강

조한 것으로 이해하기 바라며, 참고자료로 「나의 학문과 인생」(2017. 6. 30.)을 첨부했음을 알려둔다.

이 책을 발간하는 데 협조하여 주신 출판문화원장 김정태 교수와 양광준 과장, 김현순·김보라 씨 등 직원들에게 깊은 사의를 표하며, 특히 이 책의 입력과 교정을 보아준 최정화 연구위원에게 심심한 감사의 마음을 전한다.

2018년 2월

風石 李 鍾 學 씀

—경주 風石齋에서—

목 차

제1장 국가안전보장

제2장 전쟁

제3장 지휘와 통솔

제4장 전략·작전술 그리고 전술

제5장 군사교육과 훈련

제6장 전쟁의 원칙

제7장 전략문화

제 1 장

국가안전보장

1. 국가안전보장
2. 국방과 군비軍備
3. 정치·전쟁 그리고 국가전략(대전략)

국가안전보장

◈ 전쟁은 국가의 중대한 일이다. 국민의 생사國民生死와 국가 존망이 기로에 서게 되는 것이니, 신중히 검토하지 않으면 안 된다.…

군주는 한 때의 노여움으로 전쟁을 해서는 안 되며, 장수도 분노 때문에 전투를 해서는 안 된다. 국가의 이익에 합치되면 행동하고, 이익에 합치되지 않으면 전쟁을 해서는 안 된다. 노여움은 해소되어 다시 기뻐질 수 있고, 성냄은 다시 즐거워질 수 있지만, 한 번 멸망한 국가는 다시 소생할 수 없고, 죽은 자는 다시 살아날 수 없기 때문이다. —손자(孫子)—

•주석 : 손무(孫武)가 저술한 병서 『손자』에 나오는 명구절이다. 앞 내용은 '전쟁이란 무엇인가?'에 대한 해답이요, 뒤의 내용은 국가안보의 중요성을 강조했고, 함부로 전쟁을 일으켜서는 안 된다고 경고했다.

그는 원래 춘추 말기 제나라 사람으로 생몰生沒 연대는 알 수 없으나, 기원전 512년 오吳나라의 합려왕(재위 : 514~496 B.C.)에게 13편으로 구성된 『손자』를 바쳐 장수로 임명되어 초楚나라를 격파하는데 공을 세웠다. 그의 병서 『손자』(B.C. 513?)는 가장 오래된 책이면서 오늘날에도 활용가치가 높아 클라우제비츠의 『전쟁론』(1832)과 더불어 '군사고전'으로 세계의 주요 군사대학에서 추앙을 받고 있다.

필자는 1954년 공군사관학교를 졸업했지만, 『손자병법』이나 클라우제비츠의 『전쟁론』 등 군사고전을 배우지 못했다. 당시 한국에는 군사고전을 가르칠 군사전문가가 없었기 때문에 독학으로 군사고전을 연구하여 가르쳐 왔으며, 위의 앞 구절은 『손자병법』의 첫 구절이며, 평생 군사학을 연구케 하는 동기를 부여한 내용이었다.

(손자(孫子, B.C. 545년경~470년경), 중국 춘추시대의 병가兵家. 제齊나라 사람으로 이름은 손무(孫武), 손자는 경칭敬稱이다. 오吳나라 왕 합려闔閭에게 '병법' 13편을 보이고 장군이 되었으며, 이 책이 중국 최초의 병서인 『손자병법孫子兵法』이다. 그의 병서는 전략전술을 유기적으로 체계화했으며, 더욱이 국가전략과도 관련 깊게 저술되어 있기에 오늘날에 와서도 적용될 수 있는 원리원칙을 수록하고 있다. 그의 뛰어난 병서는 후세의 무장武將 사이에 널리 이용, 활용되었다. 우리나라에도 일찍이 소개되어 애독되었으며, 조선시대에는 한 때 역과초시譯科初試의 교재로 쓰였다.)

◈ 옛날 제후의 한 사람인 승상씨(承桑氏)는 문덕文德만 닦고 무비武備를 게을리 함으로써 나라가 멸망당하고 말았다. 또 유호씨(有扈氏)는 강대한 군사력만 믿고 전쟁을 즐기며 정치를 올바르게 펴지 못한 결과 국가의 사직社稷을 잃고 말았다.

따라서 현명한 군주는 반드시 이러한 사실史實들을 거울삼아 안으로는 밝고도 올바른 정치를 도모하고, 밖으로는 무비에 힘써 적침에 대처해야 할 것이다. 그러니 적이 공격해왔는데 나가 싸우고자 하지 않는다면 그것은 정의라 할 수 없으며, 적에 의해 쓰러진 시체를 보고 슬퍼하여도 그것은 인仁이라 할 수 없다.

—오자(吳子)—

•주석 : 『오자병법』 또는 『오자』는 중국 전국시대의 저술로 추정되는 병법서兵法書로 '무경칠서武經七書' 중의 하나이며, 저자는 오기이다.

(오자(吳子, 오기吳起, B.C. 440?~381), 중국 전국시대의 군사지도자, 정치가이며, 법가法家의 인물로 구분된다. 위나라 사람이며 공자의 제자인 증자曾子 밑에서 공부한 적이 있다. 위나라에서 많은 전투를 지휘하여 공로를 세웠고, 후에 초楚나라에 가서 도왕悼王에 의해 재상이 되어 봉건혁명을 이끌어 강국으로 만들었으나, 귀족들의 반감을 사서 도왕이 죽은 후 피살되는 과정에서 초나라의 법을 이용해 죽을 때도 화살이 죽은 도왕의 시신에 맞게 하여 50여 명 이상의 초나라 귀족의 일족들을 멸하게 만들었다.

저서로 『오자병법』이 있다.)

◈ 나라가 아무리 강대하더라도 전쟁을 좋아하면 그 나라는 반드시 망하고, 천하가 아무리 태평하더라도 국방을 소홀히 하여 전쟁에 대비하지 않으면 그 나라는 반드시 위기에 처하게 된다. ―『사마법』司馬法―

•주석 : 1930년대 일본의 제국주의자·군국주의자들은 전자前者에 속하고 조선왕조는 후자에 속했다고 생각한다. 중국의 시진핑(習近平) 국가주석은 2014년 5월 15일 중국 국제우호대회에서 "국가가 비록 강대하더라도 전쟁을 좋아하면 반드시 망한다"고 강조했다. 시 주석은 '일본'을 지칭하지는 않았지만 같은 날 아베 신조(安倍晋三) 일본 총리가 집단적 자위권 행사를 위한 헌법 해석을 바꾸겠다고 방침을 공포한 점을 감안하면 일본을 향한 경고로 해석된다.

(사마법司馬法 : 중국 춘추시대 제나라의 장군인 사마양저(司馬穰苴, ?~?)의 저서이다. 사마양저는 제나라의 번영에 공적을 올리자 경공景公에 의해 대사마로 임명되었으며, 이때 사마 씨司馬氏로 칭하여 사마양저라 불리었다.)

◈ 평화를 바란다면 전쟁에 대비하라(Si vis pacem, para bellum). ―베게티우스―

(베게티우스(Flavius Vegetius Renatus, 4세기경), 4세기경 활동한 로마의 귀족이며, 군사전문가이다. 논문 「로마의 군제」("Rei militaris instituta")는 중세 이후 유럽의 전술에 커다란 영향을 끼쳤다.)

◈ 로마인들은 시간의 경과와 더불어 언제나 함대를 준비해두고, 위급한 사태가 임박해서도 적의 불의의 공격을 받을 걱정을 하지 않도록 해둘 필요가 있다는 것을 알았다. ―베게티우스―

◈ 군주나 지배자는 전쟁과 군사조직 그리고 규율 이외에 다른 생각을 갖거나 혹은 이외의 다른 것을 연구대상으로 삼아서는 아니 된다.

―마키아벨리―

(마키아벨리(Niccolò Machiavelli, 1469~1527), 르네상스기 이탈리아의 정치학자, 역사가 그리고 군사사상가이다. 그는 레오나르도 다빈치와 함께 르네상스인의 전형으로 알려졌으며, 피렌체의 가난한 귀족출신이다. 피렌체의 피자

수복작전에 참가했는데, 이 전투에서 용병제傭兵制는 충성심이 없어 믿을 수 없다며 용병제를 폐지하고 민병제民兵制를 채택할 것을 주장했다. 피렌체 공화국 제2 재무성장관(1498~1512) 등을 역임했고 또 외교사절로 프랑스, 독일 그리고 이탈리아의 각지에서 근무하면서 적나라한 정치권력의 준엄한 현실을 체험했다. 그의 정치사상은 이와 같은 당시의 정치권력의 현실적 전개와의 관련 없이는 이해할 수 없다. 1512년 스페인의 침공으로 피렌체는 무너지고 메디치가가 지배권을 회복하면서 그는 직책박탈, 감옥 그리고 추방당했다. 그 후 그는 14년간 빈곤·실망·좌절감에 시달렸으나 쇠퇴해 가는 이탈리아의 장래를 걱정하면서 그가 경험했던 정치적 사실을 토대로 하여 자기의 사상을 심화, 발전시켜 왕성한 문필활동으로 귀중한 저서를 후세에 남겼다. 주요저서로는 『전쟁술』(1521), 『정략론』(1531), 『군주론』(1532)을 비롯하여 『피렌체사史』(1532), 『로마사 논고』(1531) 등 다수가 있다.)

◈ 자기의 안전을 자기 힘으로 지킬 의지를 갖지 않는다면, 어느 나라든지 독립과 평화를 기대할 수 없다. 자기 자신의 역량에 의지하지 않고 운수에만 의지하려 하기 때문이다. "인간세계에서는 자기 실력에 기초를 두지 않는 권세나 명성만큼 못 믿을 것도 없다."(타키투스, 56년경~117년경)고 한 것은 어느 시대에나 응용할 수 있는 현명한 사람들의 생각이자 평가라고 생각한다.…

어떤 치욕을 당하든 또는 영광을 누리든 어떤 수단을 써서라도 조국은 보호되어야 한다. 그 이유는 전적으로 조국의 존망을 걸고 일을 결정할 경우, 그것이 정당하건, 도리에 벗어나 있건, 동정심에 넘쳐 있건, 냉혹하고 무참하건, 또는 칭찬에 해당하건, 파렴치한 일이건, 전혀 그런 것은 고려해 넣을 필요가 없다. 그런 것보다도 모든 속셈을 버리고 조국의 운명을 구하고, 그 자유를 유지할 수단은 철저히 추구해야 한다. —마키아벨리—

•주석 : 유럽과 아프리카를 지배했던 서로마제국(수도는 로마)은 4세기 후반 북방의 게르마니아 민족의 침입으로 많은 영토를 상실하자 그들은 국방을 게르마니아의 용병에 의존했는데, 결국 황제는 용병대장 오도아케

르에 의해 폐위 당했고, 서로마제국은 476년에 멸망하고 말았다. 그 후 이탈리아는 분열되고, 각국의 침입을 받게 되었다.

마키아벨리의 집필 동기는 이탈리아의 정치적 혼란과 분열, 사회적 부패와 타락, 외세의 침략 등을 극복하고 통일국가의 성취와 새롭고 유능한 군주의 등장을 갈망하는 것이었다.

◈ 역사에 남을 만한 국가는 아무리 훌륭한 위정자를 가졌더라도 반드시 두 가지 기초 위에서 각종 정책을 시행한다. 그것은 정의와 힘이다.

정의는 국내에 적을 만들지 않기 위해서 필요하고,
힘은 국외의 적으로부터 나라를 지키기 위해서 필요하다.

—마키아벨리—

◈ 지배자의 권력 유지는 군사력에 의존하고 있다는 사실을 항상 명심하여야 한다. —마키아벨리—

◈ 국가의 기반은 훌륭한 군사조직에 있다. —마키아벨리—

◈ 예로부터 군주국이든, 복합형 국가이든, 신생 군주국이든 간에 가장 중요한 토대가 되는 것은 좋은 법률과 훌륭한 군대이다. 훌륭한 군대가 없는 곳에 좋은 법률이 있을 수 없고, 훌륭한 군대가 있어야 비로소 좋은 법률이 있을 수 있다. —마키아벨리—

◈ 조국의 존망이 걸렸을 때는 그 목적에 유효하다면 어떤 수단도 정당화된다. 이 한 가지는 위정자뿐만 아니라, 국민 모두가 명심해야 할 일이다. 조국의 존망이 걸려 있을 경우 그 수단이 옳다든가, 그르다든가. 너그럽다든가, 가혹하다든가. 칭찬받을 만하다든가, 창피하다든가 하는 것 따위는 일체 고려할 필요가 없다. 무엇보다도 우선 되어야 할 목적은 조국의 안전과 자유의 유지이기 때문이다. —마키아벨리—

•주석 : 마키아벨리의 『정략론』에 나오는 명구이다. 흔히들 '마키아벨리즘' 이란 목적을 위해서는 수단·방법을 가리지 않는 권모술수의 사상으로

이해되고 있으나, 그것은 오해이다. '조국의 존망이 걸렸을 때'에 한하여 수단방법을 가리지 않는다는 것이 그의 참뜻이며, 이러한 사고방식은 서구의 정치가들에게 깊숙이 계승·수용되고 있다는 것을 알아야 국제정치, 특히 개전開戰의 원인을 규명하는 데 유효하다. 예컨대 태평양전쟁의 시발인 일본 해군에 의한 진주만 기습에 대한 루스벨트 대통령이 취한 소치는 위에 얘기한 관점에서 이해·해석되어야 하리라.

◈ 1494년 강력한 포병砲兵과 스위스의 보병으로 구성된 프랑스군은 이태리에 침입하여 그 정치기구를 뿌리 채 흔들었다.…국가의 운명을 결정하는 것은 교묘한 외교나 적당한 협상이 아니라, 군사작전과 병사의 주먹이었다.…이탈리아의 문명이 경제적·문화적 분야에서는 훌륭하지만, 현대의 전쟁기술 연구가 소홀했기 때문에 패배했다. －귀치아르디니－

(귀치아르디니(Francesco Guicciardini, 1483~1540), 피렌체의 명문출신으로 역사가, 정치가. 처음에 변호사로 출발하여 23세에 법학교수가 되었고, 1512년 외교관이 되어 전권대사가 되었다. 마키아벨리와는 친구이며, '최초의 근대적 역사가'라는 평을 듣는다. 주요저서로 『피렌체 역사(1378~1509)』(1521~1526), 『이탈리아 역사(1492~1534)』(1537~1540) 등이 있다.)

◈ 앞으로 10년 내에 우환이 있을 것이니 이에 대비하여 10만 명의 군사를 훈련시켜야 합니다. －이이(李珥)－

•주석 : 율곡栗谷 이이는 왜적의 침입에 대비하여 임금에게 '십만양병설十萬養兵說'(1583)을 건의했으나 채택되지 않았다. 임진왜란(1592~1598)으로 왜병이 침공해 오자, 그의 예언이 적중되었고 또한 경세가經世家로서의 업적도 남겼다.

(이이(李珥, 1536~1584), 조선 중기의 문신, 학자. 호는 율곡栗谷. 어머니는 사임당 신씨師任堂申氏이며 강릉에서 출생했다. 성리학性理學 연구에 몰두했고, 당시 유명한 학자인 퇴계 이황(退溪 李滉)을 찾아가 학문을 논의하니, 이황은 그의 재능에 크게 감탄했다고 한다. 그는 대제학·이조판서·병조판서 등을 역임했고, 유학자로서 업적을 남겼다. 주요저서로 『격몽요결擊蒙要訣』, 『동호문답東湖問答』 등이 있다.)

◈ 소국이라 할지라도 노력을 아끼지 아니 하고 활동을 질서 있게 한다면, 최대의 국가로도 발전할 수 있다. —프리드리히 대왕—

•주석 : 1775년 프리드리히 대왕의 말인데, 당시 소국 프로이센은 대국 속에 있으면서 두려워하지 않고 이들 국가에 대항하여 스스로 생존권을 유지하고 있었으며, 그 후 독일민족의 통일국가의 기반을 마련하였다.

(프리드리히 2세(Friedrich II, 1712~1786, 재위 : 1740~1786), 프로이센의 3대 국왕, 계몽 전제군주, 군사전략가이며, 프리드리히 대왕으로 알려져 있다. 프리드리히 1세는 그를 문학청년에서 군인으로 만들기 위해 스파르타식 교육을 실시함으로써 부왕父王과 불화를 가져왔으나, 심기 일변하여 부왕과 화해하고 1732년에 대령으로 임명되었다. 1740년 부왕의 사망으로 왕위에 올라 오스트리아 계승전쟁(1740~1748)을 일으켜 실레지엔을 획득했으며, 이로 인해 프로이센이 부강하게 되었다. 1756년 7년전쟁을 통하여 유럽전역에서 명성을 획득했다. 그는 현상을 유지하고 평화를 수호하는 것과 전쟁으로 황폐된 국토를 부흥하는 것이었다. 또한 유럽에서 독일의 국제적 지위를 계속 유지하기 위해 상비군을 육성했다. 주요저서로 『정부형태와 군주의 의무에 관한 시론試論』(1777), 『우리시대의 역사』(1763) 등이 있다.)

◈ 전쟁에 대비한다는 것은 평화를 유지하는 데 가장 유효한 수단의 하나이다. —워싱턴—

(워싱턴(George Washington, 1732~1799), 미국의 초대 대통령(1789~1797). 미국의 독립전쟁(1775~1783)에서 대륙군총사령관으로 활동했으며, '미국 건국의 아버지'로 불린다.)

◈ 모든 국민이 병역의 의무를 가질 필요가 있으며, 그리스와 로마의 경우가 그러했고 또한 자유국가라면 모두 그러해야 할 것이다. 우리는 전국의 남성을 훈련시키고 분류하여 군사교육을 대학의 정규과정으로 만들어야 한다. 이것이 완성되지 않는 한, 우리의 안전은 기할 수 없다. —제퍼슨—

•주석 : 미국이 영국의 식민지에서 벗어나기 위해 '미국 독립전쟁'(1775~1783)을 수행할 당시 제퍼슨의 주장이다. 한반도의 군사정세를 보아 1970년

부터 대학생들에게 '교련'과목을 실시하다가 중도에서 폐지하고 말았는데, 이 제도는 다시 부활시켜야 한다는 것이 필자의 견해이다.

(제퍼슨(Thomas Jefferson, 1743~1826), 미국의 제3대 대통령(1801~1809). 1775년 제1회 대륙회의大陸會議에 버지니아 대표의 한 사람으로 참석했고, 1776년 독립선언서를 기초起草함으로써 불후의 명성을 얻었다. 1784년 주駐프랑스 대사, 1790년 워싱턴 대통령 정부의 초대 국무장관에 취임했고, 1880년의 대통령 선거에서 당선되었다. 그는 두 번째 임기를 마치고 귀환하여 버지니아 대학교를 창립했고, 총장으로서 민주적 교육의 발전에 크게 기여하였다. 링컨은 그를 '미국 민주주의의 아버지'라고 극찬했다.)

◈ 여러 곳에 무지無知와 놀라운 어두움이 깔려 있다. —피히테—

•주석 : 이것은 독일의 철학자 피히테가 나폴레옹의 프로이센 침략으로 피폐한 조국의 현실을 한탄한 얘기이다. 그는 1807년 「독일 국민에게 고함」이라는 공개연설을 했으며, 서두에 무지와 어두움이 깔려있는 조국의 현실을 걱정하면서 젊은이들에게 올바른 교육과 민족의식을 높일 것을 강조했다.

오늘의 대한민국은 국제정세 뿐만 아니라, 더욱이 국내 정세가 무지와 어두움이 깔려 있는 듯하다. 즉 '내란음모의 국회의원'을 빨리 척결하지 못할 뿐만 아니라, 그를 위해 교회의 최고 지도자가 '선처탄원'을 내고, 친북·정치 사제들의 명단이 신문에 공개되고(「조선일보」, 2015. 6. 25.), 반反국가 종북 세력이 활개를 치고 날뛰고 있으니, 1945년의 광복과 6·25전쟁을 체험한 90여세의 노병에게 피히테의 말이 새삼스럽게 귀에 들려오기에 소개하기로 했다.

(피히테(Johann Gottlieb Fichte, 1762~1814), 독일의 철학자. 헤겔, 셸링과 더불어 독일 관념론을 대표하는 사상가이다. 칸트의 비판철학의 계승자 또는 칸트로부터 헤겔에로의 다리역할을 한 철학자로 인정되고 있다. 나폴레옹의 프로이센 침략으로 피폐한 조국의 현실을 한탄하며 1807년 「독일 국민에게 고함」이란 강연은 너무나 유명하며, 서두에 무지와 어두움이 깔려있는 조국의 현실을 한탄하면서, 젊은이들에게 올바른 교육과 민족의식을 높일 것을 강조했다. 주요저서로 『종교와 이신론理神論에 관한 아포리즘』(1790), 『모든 계시의 비판시도』(1790) 등이 있다.)

◈ 한 국가의 정부가 어떠한 이유이든 간에 국가의 군사적 발전을 소홀히 한다면, 후세의 사람들이 볼 때 그 정부는 민족에 대한 절대적인 죄인이라고 각인이 찍힐 것이다. —조미니—

•주석 : 어떠한 국가라도 군사제도를 소홀히 하거나 혹은 군사제도가 시대와 지역과 국제정세에 적합하지 못하다면 망국의 화를 초래한다는 뜻이다.
(조미니(Antoine Henri, baron de Jomini, 1779~1869), 클라우제비츠와 함께 근대 군사이론의 창시자로 꼽힌다. 처음에 프랑스, 후에 러시아의 장군. 군사이론가이다. 스위스에서 탄생했으며, 나폴레옹군의 네(Ney) 장군의 참모(1804~1808)였고, 준장으로 진급했다. 그동안 울름전투(1805), 1806년의 예나전투 및 아우어슈테트 전투에서 공功을 세웠다. 1813년 프랑스군을 떠나 러시아의 알렉산드로스 1세에 봉사했으며, 러시아·터키전쟁(1828~1829)에 참가했고, 알렉산드로스 2세의 군사학교 교관(1837)을 역임했으며, 나폴레옹 전략의 연구가였다. 주요저서로 『대군사 작전론』(1804~1816), 『나폴레옹의 정치적·군사적 생애』(1827), 『전쟁술 개요』(1838) 등이 있다.)

◈ 국제관계를 개인 간의 교제와 대비하는 사상은 공상이다. 갑국이 을국의 말을 듣는 것은 필경 그것을 들으면 후일 얼마간의 이익을 얻을 것이라는 희망이 있거나, 아니면 후일 재난을 초래할 것이라는 공포에 의한 것이다.
—파머스턴—

•주석 : 파머스턴 경이 1848년 3월 영국 하원에서 한 연설 중에서.
(파머스턴(Henry John Temple Palmerston, 1784~1865), 아일랜드 귀족출신으로 제3대 파머스턴 자작(작위세습), 영국의 정치가. 외무장관 및 총리를 역임했고, 오랜 정치활동을 통해 영국 민족주의의 상징이 되었다.)

◈ 영국에 있어서 영원한 우방도 없으며 또한 영원한 적도 없다. 다만 영원한 국가이익이 있을 뿐이다. —파머스턴—

◈ 힘은 재화보다 더 중요하다. 왜냐하면 힘의 반대인 허약은 이미 획득한 재화뿐만 아니라, 우리의 생산력, 우리의 문명, 우리의 자유 그리고 비단

우리의 독립마저도 힘이 우세한 편의 손아귀로 넘어가기 때문이다.

—리스트—

(리스트(Friedrich List, 1789~1846), 독일의 경제학자, 독일 자본주의 흥융기의 이론가이며, 역사학파 경제학의 선구자이다. 1817년 튀빙겐 대학교의 국가학·행정학 교수를 역임했으며, 1820년 독일관세동맹 실현에 노력했다. 주요저서로 『정치경제학의 국민적 체계』, 『국가운송제도』 등이 있다.)

◈ 독일이 착안해야 하는 것은 프로이센의 자유주의가 아니라, 군비에 있다. 현재의 큰 문제는 연설이나 다수결에 의해서는 해결되지 않는다. 다만 철鐵과 피血가 있을 뿐이다.

—비스마르크—

•주석 : 비스마르크 독일 수상 겸 외상이 1862년 의회에서 한 연설 중에서.

(비스마르크(Otto Eduard Leopold von Bismarck, 1815~1898), 독일의 수상 겸 외상 역임, 제2 제국의 건설자. 보수주의자들에 의해서는 독일에 기여한 그의 업적이 찬양되고 있으나, 자유주의자들은 독일에 돌이킬 수 없는 해독을 끼친 그리고 나치즘에의 길을 터놓은 파괴자라고 평가하고 있다. 1862년 프로이센의 빌헬름 1세(재위 : 1861~1888)에 의해서 수상 겸 외상에 임명되어 의회와는 관계없이 정부는 자주적으로 행동할 권리가 있다고 주장하고, 1866년까지 4년 동안 징세·군비확장 등에 커다란 성과를 나타내게 했다. 그는 수상이 된 이후 독일의 통일을 위해 헌신적으로 노력하여 1866년 프로이센·오스트리아전쟁과 1870년 프로이센·프랑스전쟁을 승리로 이끎으로써 민족통일국가인 제2제국을 건설했다. 1888년 빌헬름 2세가 왕위를 계승하자, 왕과의 의견이 맞지 않아 1890년 수상직을 사퇴했다. 주요저서로 『회상록』(2권)이 있다.)

◈ 가령, 전쟁이 대승리로 끝난다 할지라도 전쟁은 각 국가의 정치가가 반드시 없애도록 노력해야 하는 해악害惡이다.

—비스마르크—

•주석 : 비스마르크는 군사력에 의해 1866년 오스트리아를, 그리고 1870년 프랑스를 격파함으로써 독일제국의 수립에 공헌했다. 그는 오랫동안 수상을 역임했고, 한 연설에서 "현재의 커다란 문제는 언론이나 다수결에 의해서가 아니고 철과 피에 의해 결정된다"고 하여 '철혈수상鐵血首相'이라는 별명도 얻었다. 그는 '군사력 우선', '전승 제일'의 정치가

로 생각하기 쉬우나, 위의 글처럼 전쟁은 대승리를 얻었다 해도 패전국민의 원한을 깊게 하기 때문에 유해하다는 것이다. 그는 프랑스와의 전쟁에서 파리까지 점령하는 대승리를 반대했으나, 몰트케(1800~1891) 장군이 그의 말을 수용하지 않았다. 이것이 제1차 세계대전의 먼 원인이 되기도 했다.

◈ 적어도 대국인 이상, 조약의 신의와 자국의 존립 가운데 하나를 선택해야 하는 경우가 있다면 자국의 존립을 희생시키는 자는 없을 것이다.

—비스마르크—

◈ 대국 간에 있어서 조약의 준수라고 말하지만, 그것은 조건적인 것에 지나지 않는다. —비스마르크—

◈ 일본의 국방은 조선이 독립 불가침의 나라로서 건재하는 것이 요건이다. 조선이 제3국의 세력 하에 들어가면 일본 국방의 제일선이 위태로워진다. —이노우에 가오루(井上馨)—

•주석 : 1884년 한일교섭에서 이노우에 전권공사가 김광집 전권대표에게 말함. (이노우에 가오루(井上馨, 1836~1915), 일본 메이지(明治) 유신 때의 활동가로 근대 일본의 교육자 및 정치· 외교·사상가. 1876년 전권대사로 조선과 강화도 조약을 맺었고, 임오군란 때는 일본대표로 한성조약을 맺었다.)

◈ 싸우다가 지면 다시 일어설 수 있지만, 스스로 무릎을 굽힌 나라는 소멸할 수밖에 없다. —처칠—

•주석 : 제2차 세계대전 초기, 영국을 제외한 유럽국가 대부분이 나치 독일의 점령 하에 들어가고 상황은 점점 악화되어 갔다. 영국은 계속 독일에 맞서 싸워야 할지, 아니면 독일과 타협하여 더 큰 희생을 막아야 할지 선택의 갈림길에 서게 되었다. 영국 안에서도 타협해야 한다는 주장이 강했으나, 처칠은 끝까지 싸우기로 결심하여 위의 말을 하였기에 영국 국민들은 다시 싸울 힘을 얻었다고 한다.

(처칠(Winston Leonard Spencer Churchill, 1874~1965), 영국의 총리(1940~45, 1951~55)를 지낸 정치가. 육군사관학교를 거쳐 육군(1895)에 들어가서, 인도 변경에 출정

(1897~1898)하여 그 종군기從軍記로 문명文名을 얻었다. 하원(1900)에 들어가서 정치생활을 하게 되었고, 해군장관(1911)에 임명되어 해군력 강화에 노력하여 제1차 대전 발발 시는 함대동원을 완료했으며(1914), 군수장관軍需長官에 임명되어 전차생산에 노력했다. 그 후 주로 초야草野에 묻혀 정부의 비판자로 활동했는데, 특히 나치 대두의 위험을 경고했다. 제2차 대전이 발발하자 해군장관으로 임명(1939)되었다가 독일군이 벨기에, 네덜란드에 침입하자 수상(1940)이 되었고, 국방장관을 겸하여 연합군의 뒹케르크 철수 후의 난국에 임하여 훌륭한 통솔력으로 국민을 지도했으며 또한 미국과 소련을 참전케 해서 전쟁을 승리로 이끌었다. 그는 다재다능한 인물로서 특히 훌륭한 문장가文章家 및 풍경화가이며 노벨문학상을 받았다(1953). 주요저서로 『제2차 세계대전 회고록』(1948~1954) 등이 있다.)

◈ 국가독립을 판단하는 최종적인 기준은 핵시대에도 핵 이전 시대와 마찬가지이다. 국민들이 국가독립을 획득하고 보존하기 위해 자기 목숨을 무릅쓸 태세가 되어 있는가 하는 점이 그것이다. —마이클 하워드—

(하워드(Michael Eliot Howard, 1922~), 영국에서 출생, 정치학자. 2차 세계대전에 참전하였고, 옥스퍼드 대학교, 미국의 예일 대학교에서 전쟁사 및 해군사의 교수로 재직했다. 국제전략연구소(IISS)의 설립에 주요한 역할을 했으며, 현재 평생고문으로 활동하고 있다. 주요저서로 『보불전쟁』(1961), 『역사의 교훈』(1991), 『평화의 발명』(2001) 등 다수가 있다.)

◈ 프랑스 인은 국내의 정쟁政爭에 혈안이 되어, 독일에 대한 방위를 전연 돌보지 않아 '프랑스의 수뇌들은 상호간의 정쟁政爭에 바빠서 독일과 싸울 시간이 없었다'는 결과였다. 또한 정계 수뇌자들은 여론을 지도하기보다는 여론에 영합하는 버릇이 생겨서 프랑스에는 적절한 명령이 없었다.

—앙드레 모로아—

•주석 : 1940년 5월, 제2차 대전 초기의 서부전선에서의 패배에 대한 교훈에서.
(모로아(André Maurois, 1885~1967), 프랑스의 작가, 평론가. 역사 3부작이라고 하는 『영국사』(1937), 『미국사』(1943), 『프랑스사』(1947)와 『바이런』(1930), 『마르셀 프루스트를 찾아서』(1949) 등 역사·전기·문학을 아우르는 다양한 저서를 발표했다.)

◈ "네 소원이 무엇이냐?" 하고 하나님이 내게 물으시면, 나는 서슴지 않고 "내 소원은 대한 독립이요." 하고 대답할 것이다. "그 다음 소원은 무엇이냐?" 하면 나는 또 "우리나라의 독립이요." 할 것이고, 또 " 그 다음 소원이 무엇이냐?" 하는 셋째 번 물음에도 나는 더욱 소리를 높여서 "나의 소원은 우리나라 대한의 완전한 자주독립이요." 하고 대답할 것이다. —김구—

(김구(金九, 1876~1949), 호는 백범白凡. 3·1운동 후 중국 상하이(上海)에 망명하여(1919) 임시정부 경무국장, 국무령, 주석을 역임했다. 1932년에 이봉창, 윤봉길 두 의사사건을 지휘하고, 1933년 5월 중국정부 주석 장제스(蔣介石)와 난징(南京)에서 면담, 중국 군관학교에 한인 무관 양성소의 특설 허가를 받아 사관 100여명을 양성했다. 광복 후 귀국하여(1945. 11. 5.) 민족통일총본부 부총재 등을 역임했으며, 1948년 4월 남한만의 단독정부수립을 반대하고 '남북 통일정부수립'을 위한 남북협상에 참여하기 위해 방북했으나, 김일성만의 단독정부수립에도 반대하고, 그 해 5월, 성과 없이 돌아왔다. 1949년 6월 26일 서울 경교장에서 육군포병 소위 안두희에게 피격 당했으며, 국민장이 거행되었다.)

◈ 이 독립의 환희는 현대 역사상 최대 비극의 하나로 흐려져 있습니다. 저쪽의 국토는 인공적人工的인 경계선으로 분할되고 말았습니다. 이 경계선은 지워 버리지 않으면 안 됩니다. 이승만 대통령 각하, 각하는 정치생활에 있어서 가장 복잡한 성격을 띤 문제에 당면해 있습니다. 이 문제가 어떻게 해결되어질 것인가 하는 의문 속에는 귀국의 단결과 복지뿐만 아니라, 아시아 대륙 전체의 장래와 안정에 크게 영향을 주게 될 것입니다.

—맥아더—

•주석 : 1948년 8월 15일, 이승만 박사를 대통령으로 하는 한국은 정부수립 선언을 발표했는데, 거기에 초대되어 연설한 내용이며 정치적 어려움을 예견하고 있다.

(맥아더(Douglas MacArthur, 1880~1964), 미국의 육군원수. 6·25전쟁 중 1950년 9월 인천상륙작전의 성공은 유엔군의 군사적 우세의 결정적인 계기가 되었다. 1950년 11월 중공군이 전쟁에 개입하자, 만주의 중공군기지 폭격, 중

공연안 봉쇄, 국부군國府軍의 참전 등을 주장했다. 그 이유로 그는 1951년 4월 트루먼 대통령에 의해 해임 당했다. 그는 귀국 직후인 1951년 4월 19일 상·하 양원 합동의회의 연설에서 "노병은 죽지 않는다. 다만, 사라질 뿐이다."라는 고별연설은 유명하다. 주요저서로 『회고록』(*Reminiscence*, 1964)이 있다.)

◈ 나는 캘리포니아와 내 조국을 지키듯 한국을 지키겠습니다.…

정의의 군대가 용진하는 이 시각에, 그 승리는 현대사의 커다란 비극 가운데 하나인 인위적 장벽과 분단으로 무색해졌습니다. 이 장벽은 반드시 무너져야 하며, 무너질 것입니다. 자유 국가의 자유로운 한국인들의 궁극적인 통일을 그 무엇도 방해하지 못할 것입니다. —맥아더—

•주석 : 1948년 8월 15일, 맥아더 원수는 한국 땅에 첫발을 내딛고, 공항에서 이승만 대통령과 악수하면서 한 말이 앞부분이고, 뒷부분은 중앙청 광장에서 열린 대한민국 정부수립 축하식에서 한 축사의 내용이다.

◈ 맥아더가 승리에 대해 얘기할 때, 그는 다만 한반도에 있는 적 병력의 섬멸과 민주적 정부 하에서 국가를 통일시키는 것만을 뜻하지 않았다. 그가 생각하고 있었던 것은 공산주의가 두 번 다시 부흥하는 것을 불가능케 하고, 공산주의의 역사적 퇴조를 가져오는 타격을 가하며, 공산주의의 세계적 패배를 도모하는 데 있었다. —리지웨이—

•주석 : 위의 내용은 리지웨이 장군의 저서, 『한국전쟁』(*The Korean War*, 1967)의 인용구이다. 리지웨이 장군은 1950년 11월 한국에 파병되었던 미 제8군 사령관에 임명되어 있었으나, 1951년 4월 맥아더 원수가 파면됨에 따라 유엔군 최고사령관직을 계승했다.

맥아더 원수가 트루먼 대통령에 의해 파면된 이유는, '한국전쟁에 의해 미국이 달성하고자 했던 정치적 목적'에 대한 견해차 때문이었다.

필자는 미국이 1975년 베트남 전쟁에서 패배했을 때, 만약 미국이 6·25전쟁 때 맥아더 원수의 견해에 따라 전쟁을 수행했다면, 대한민국에 의한 남북통일이 완성되었을 것이며 또한 미국의 베트남전쟁에서의 패배도 없었으리라 하는 생각을 했었다.

(리지웨이(Matthew Bunker Ridgway, 1895~1993), 미국의 장군. 1950년 11월 미 제8군과 유엔지상군 사령관에 임명되어 중공군의 개입으로 6·25전쟁이 치열했던 시기에 작전지휘를 했다. 1951년 4월 맥아더 원수가 파면됨에 따라 연합국 최고사령관직을 계승했다. 1952년 대일對日강화조약이 발효된 후 아이젠하워 장군의 후임으로 나토군 최고사령관에, 1953년 육군 참모총장으로 임명되어 2년의 임기를 마치고 1955년 퇴역했다. 주요저서로, 회고록인 『군인』(*Soldier*, 1956), 『한국전쟁』(*The Korean War*, 1964)이 있다.)

◈ 스탈린은 첫째, 미국이 결국 개입할 것인지, 아닌지를 고려해야 하고, 둘째, 조선의 해방은 중국 지도부가 이를 찬성할 때만 개시할 수 있다는 것임.…

김일성은 미국이 개입하지 않을 것이라는 의견을 개진하였음.…

스탈린 동무는 철저한 전쟁준비가 필수적이라고 강조하였음.…그 다음 구체적인 공격계획이 수립되어야 한다는 것임.

스탈린 동무는 소련은 다른 곳, 특히 서쪽 방면에서 대처해야 할 심각한 도전에 직면해 있으며, 따라서 조선 사람들은 소련이 전쟁에 직접 참여해 줄 것으로 기대해서는 안 된다고 덧붙였음. 그는 재차 마오쩌둥(毛澤東)과 상의하도록 김일성에게 촉구하였음. 특히 미국이 조선에 군대를 파견하는 모험을 하는 경우, 소련은 조선 문제에 직접 개입할 준비가 되어 있지 않다고 반복하였음.

북조선군의 동원을 1950년 여름까지 완료하고 이때까지 소련 고문관들의 도움을 받아 조선군 참모들이 구체적인 작전계획을 수립하기로 합의함.

—『구소련 비밀외교문서』에서—

•주석 : 김일성은 1950년 3월 30일부터 4월 25일까지 소련에 체제하면서 스탈린을 세 번 만나 결국 남침의 조건부 승인과 구체적 방법에 대해 교시를 받았는데, 이것은 6·25전쟁은 누가 일으켰는가 하는 의문에 대한 결정적 사료史料이다. 김일성은 귀국하여 곧 베이징(北京)으로 마오쩌둥을 만나러 5월 13일 출발했다. 김일성은 중국 지도부의 승인이 있어

야만 전쟁을 개시할 수 있다는 얘기를 하니, 마오쩌둥은 스탈린에게 확인까지 하고 '동의'를 했다. 그러니 6·25전쟁은 스탈린의 '승인'과 마오쩌둥의 '동의'를 얻어 김일성이 전쟁의 방아쇠를 당겼다.

마오쩌둥의 '동의'는 김일성이 위기에 처했을 때, 참전해야 한다는 고리였다는 것이 후일에 확인되었다.

◈ 소련은 무기를 보내어 원조한다고 결정했다. 그러나 유상有償의 값비싼 무기였다. 6·25전쟁에서 돈을 번 것은 소련이었다. 조선과 중국의 희생으로 극동으로 뻗어오는 미국의 힘을 일시 밀어붙였다. —김일성—

•주석 : 1966년 3월 김일성은 평양을 방문한 일본 공산당 서기장 미야모토 겐지(宮本顯治)에게 6·25전쟁에서의 스탈린의 원조방식에 대한 불만을 표시한 내용이다. 그러나 그가 일으켰던 6·25전쟁은 3년 1개월에 걸쳐 인적 피해는 남북한의 2,256,000여명, 중공군의 972,000여명, 유엔군의 545,908명이었으며, 전 국토는 철저히 황폐해졌고, 온 민족이 헐벗고 굶주리게 된 분단의 고정화, 상호간의 불신과 증오, 그리고 민족사상 최대의 비극을 초래한 데 대한 책임은 실로 중대하다.

(김일성(金日成, 1912~1994), 원래 이름은 김성주金成柱였으나 김일성으로 개명했다. 1950년 소련의 스탈린을 설득해 그의 승인으로 한국전쟁을 일으켰다.)

◈ 적의 공격을 저지하는 방법은 우리 자유진영이 우리 자신이 선택하는 장소에서 또 우리 자신들이 선택하는 수단으로 기꺼이 책임을 질 수 있어야 된다는 것이다. 우리의 근본적인 정책개념이 명확하지 않는 한, 우리의 군사 지도자들이 전략을 제대로 수립할 수 없다. —덜레스—

(덜레스(John Foster Dulles, 1888~1959), 미국의 정치가. 아이젠하워 대통령의 내각 국무장관(1953~1959)을 역임. 그는 트루먼 대통령시대의 '공산주의 봉쇄정책'을 전진시켜 롤백정책(Roll back policy)을 강행했다.)

◈ 만약 미국이 한국을 공산주의자의 수중으로 떨어지게 한다면 미국의 대일정책은 전반적으로 붕괴될 것이다. —모겐소—

(모겐소(Hans Joachim Morgenthau, 1904~1980), 미국의 정치학자. 독일의 코부르크에

서 출생하여 미국에 귀화. 그의 저서 『국가 간의 정치』(Politics Amon Nations, 1948)는 국제정치를 힘의 정치(power politics)의 측면에서 분석한 것으로 유명하다. 주요 저서로는 『국가 간의 정치』(1948), 『국가이익의 방위』(1951), 『미국정치의 목표』(1960), 『20세기의 정치』(3권, 1962) 등이 있다.)

◈ 한국전쟁에 관해서 내가 한 모든 결정은 다음과 같은 한 가지 목적을 마음속에 가지고 있었다. 즉 제3차 세계대전과 가공할 파괴를 예방하고 문명된 세계를 가져오게 하는 것이다. 이러한 것은 우리들이 완전 규모의 전면전쟁을 일으키도록 소련에 구실을 주거나 또한 자유국민을 이끌어 넣을 어떠한 일도 하여서는 안 된다는 것을 의미하고 있다. —트루먼—

•주석 : 트루먼 대통령은 그의 『회고록』(1956)에서 6·25전쟁에 개입한 이유를 밝힌 내용인데, 그가 전쟁개입에 의해 달성하고자 했던 더 깊숙한 정치적 목적은 과연 무엇인가에 대해서는 앞으로 더 규명해야 할 과제이리라.(이종학 편저, 『웨드마이어 회고록과 논평』, 2014, pp. 241~270.참조)

(트루먼(Harry S. Truman, 1884~1972), 미국의 33대 대통령(1945~1953). 제2차 대전에서 독일의 항복을 받았고, 태평양전쟁에서 세계 최초이자 유일한 핵공격 명령을 내렸으며, 일본 국왕인 히로히토에게서 항복을 받았다. 6·25전쟁 당시 미국 대통령. 소련·중국의 공산주의와 대결상태에 있었다. 주요 저서로 『회고록』(*Years of Trial and Hope, Memoirs,* Ⅰ, Ⅱ, 1955~6)이 있다.)

◈ 중국은 서기 2천년까지는 핵을 비롯한 모든 과학기술면에서 미·소와 동등 한 위치에 서게 될 것이다. 그렇게 되면 현재의 미·소 양극시대는 가고 미·소·중의 3각 정립시대鼎立時代가 도래될 것이다. —시보그—

(시보그(Glenn Theodore Seaborg, 1912~1999), 미국의 화학자. 초 우라늄 원소발견에 기여한 공로로 에드윈 맥밀런(1907~1991)과 함께 1951년 노벨화학상을 수상했다. 원소 106번 시보귬은 그의 이름에서 따온 것이다.

◈ 한국민韓國民의 지상과제는 그들 조국의 방위를 그들이 독자적으로 맡아야 한다. 한국과 같은 나라가 자체 방위문제를 외국에 의존한다는 것은 위험천만한 것이다. —갈루아—

•주석 : 프랑스 공군준장 출신의 핵전략이론가 갈루아 장군이 1975년 5월 한국에 와서 강연 후 한반도 정세에 관한 기자회견에서 발표한 내용이다. 2017년 9월 3일 북한은 6차 핵실험을 감행한 후, 이전과는 질적으로 다른 태도를 보였다. 즉 이전에는 핵·미사일은 체제보장용이라 주장했는데 이제는 미군철수와 무력적화통일을 노골화하고 있다. 필자는 갈루아 장군의 핵전략이론을 원용하여 『한반도의 억지전략이론』(1979)을 발간했다.

(갈루아(Pierre M. Gallois, 1911~2010), 프랑스의 핵전략 이론가. 나토(NATO)사령부에서 전략연구를 담당했고, 1975년 공군 소장으로 퇴역한 뒤 드골 대통령의 전략문제 고문으로서 프랑스의 핵무장을 추진한 주역이었다. 그의 핵전략이론에 의하면, 핵시대의 동맹국 체제는 재래식 무기체제와는 달리 타국을 도와준다는 결정은 자국의 완전 파괴까지 감내해야만 내려질 수 있는 입장에 도달했으니, 결국 독자적인 생존의 길을 찾는다는 입장에서 핵무장을 해야 할 뿐만 아니라, 핵무기를 보유하는 방위비가 재래식 무기를 개발·유지하는 것보다 오히려 훨씬 적게 비용이 든다고 주장한다. 1978년 11월 한국국제문화협회의 초청으로 내한하여 「핵무장의 의미」라는 연제演題로 특별강연을 가졌었다. 주요저서로 『핵시대의 전략』, 『유럽에서의 도전』, 『역설적인 평화』 등이 있다.)

◈ 아무리 강대한 국가일지라도 아슬아슬한 위기에 놓여있는 우방을 위해 핵 보복의 위험을 감행할 국가는 없기 때문에 핵무기는 전통적 동맹체제를 시대에 뒤떨어진 것으로 만들었다. 모든 국가의 안전보장은 그 자신의 독립적인 최소한의 억지를 공급하는 능력에 달려 있다. —갈루아—

◈ 과거에는 전쟁이 종료되면 패전국은 영토의 일부를 양도하거나 정부를 교체하거나 정책을 수정하거나 새로운 왕조에 합병되었다. 오늘날 위험은 차원 높은 다른 의미를 갖고 있다. 전쟁이라는 모험에 말려든 국가들은 생존 바로 그것에 관한 문제이다. —갈루아—

◈ 우리는 항상 국가의 안전과 외세의 침략을 언제나 고려해야 한다. 그러므로 국가의 최고정책은 반드시 국방을 가장 기본적인 고려사항으로 삼

아야 하며, 동시에 국방은 군사행동을 최후의 수단으로 하고, 군사는 무력을 중심으로 해야 한다. —장웨이궈(蔣緯國)—

(장웨이궈(蔣緯國, 1916~1997), 중화민국의 장군, 군사전략가, 장제스(蔣介石)의 둘째 아들이다. 1953~1954년 미국 캔자스 주의 대학에서 연구. 1954년 소장少將, 국방부 제3청장 대리. 상장上將으로 삼군대학三軍大學 총장역임. 주요저서로 『국방체제 개론』, 『전쟁개론』, 『군제 기본원리』, 『국가전략 개론』, 『국가 교육체제 구상』 등이 있다.)

◈ 명백한 것은 20세기의 서구 국제정치체계의 '힘의 정치'에서는 거대한 규모로 인간이 인간을 죽인다는 사실이다. —슈만—

(슈만(Frederich Lewis Schuman, 1904~1981), 미국의 정치학자. 1932~1936년 시카고 대학교 조교수, 1936년 이래 윌리엄스 대학교 정치학 교수, 그 후 각 대학의 교환교수를 역임했다. 그는 신新시카고 학파學派에 속하며 정치학에 있어서 심리학적 방법을 강조했다. 특히 국제정치의 분야에서 진보적 입장을 취하며 훌륭한 업적을 남겼다. 주요저서로 『1917년 이후 소련에 대한 미국정책』(1928), 『국제정치학』(1933), 『소련정치학』(1946) 등 다수가 있다.)

◈ 생존권, 즉 자위권은 분명히 가장 근본적인 것이다. 모든 주권국가는 정치적 존재로서 스스로 존속하는 데 절대로 필요하다면 어떠한 행위도, 예컨대 타국의 권리를 침해에 이르는 경우에도 실행하는 자유가 있다는 것이 예로부터 자명한 이치로 시인되어 왔다. 그러나 이 권리는 엄밀한 해석을 필요로 한다. —슈만—

◈ 국제사회에 있어서 '구제수단'은 효과가 없는 경우가 많다. 그러나 국가 권리의 준수는 그 국가가 타국을 강요하여 그 권리를 존중시키는 힘에 달려 있다고 말하는 것이 정확하리라. —슈만—

•주석 : 전쟁에 이르지 않는 적에 대한 구제수단으로서는 무력행사의 위협, 보복행위 등이 있다.

◈ 안보가 문제되는 국가들은 강대국이든 약소국이든 간에 군비에 힘을 쏟고 있다. —케네스 헌트—

(헌트(Kenneth Hunt, 1914~), 영국의 군사평론가. 사관학교 및 국방대학원을 졸업했으며, 1967년 준장으로 예편했다. 1967~1977년까지 런던의 국제전략연구소 부소장을 역임했고, 현재는 국제전략연구소 연구원 및 영국 하원 군사 및 외교소위원회 자문을 맡고 있다.)

◈ 현재로서 미국은 일본의 보호를 위해 한국을 방위하고 있다고 생각한다.

—케네스 헌트—

•주석 : 1975년 9월, 영국 국제전략연구소 부소장 헌트의 기자회견에서.

◈ 이스라엘 국가의 장래에 책임을 가져야 할 자는 국제연합이나 세계의 여론 혹은 벗이나 동맹국이 아니라, 새로 임관한 장교 여러분이라는 것을 자각하기 바란다. —다얀—

•주석 : 1953년 12월 7일, 이스라엘 사관생도 졸업식에서.

(다얀(Moshe Dayan, 1915~1981), 이스라엘의 장군, 총사령관, 국방부·외무부 장관 역임. 1929년 하가나(유태인의 군사조직)에서 훈련을 받았고, 1937년 하가나가 비합법적이라 하여 영국에 의해 감옥살이를 하게 되었다. 1939년 정보원으로 훈련을 받기 위해 석방. 1967년 국방부 장관으로 '6일전쟁'의 전격적 대승리로 국민적 영웅이 되어 용명을 세계에 넓혔으나, 1973년 10월 4차 중동전쟁에서의 실패와 좌절이 닥치기도 했다. 주요저서로 『시나이 전쟁의 일기』(1966), 『새로운 지도地圖』(1969) 등이 있다.)

◈ 경제와 정치의 독립은 최소한의 군사적 독립 없이는 존재할 수 없다.

—제럴드—

◈ 이 국가가 여러분을 위해 무엇을 해줄 것인가를 묻기 전에 여러분이 국가를 위해 무엇을 할 수 있는가를 물어라. —케네디—

•주석 : 1961년 1월, 미국의 제35대 케네디 대통령의 취임사에 있는 이 유명한 구절은 국가에 대한 국민의 자세를 명시한 내용이다.

(케네디(John Fitzgerald Kennedy, 1917~1963), 미국의 제35대 대통령(1961~1963). 암살당하기까지 3년 가까이 대통령직에 있었지만 미국의 자유주의에 대한 상징으로 기억되고 있다. 제2차 세계대전 동안 해군장교로 근무했는데, 배

가 일본군에게 격침되자 위험을 무릅쓰고 동료를 구해 영웅이 되었다. 상·하의원을 거쳐 대통령이 되었고 임기동안 피그스만 침공, 쿠바 미사일 위기, 베를린 장벽, 우주 경쟁, 베트남 전쟁 간접 개입, 흑인 인권운동 등 많은 일이 일어났다.)

◈ 서방이 잃어버린 의지력을 되찾기 전에는 어떤 무기도—아무리 강력한 것이라도 서방에 도움이 되지 못한다. 무기는 굴복하는 측에게 짐이 될 뿐이다. 자신을 방어하기 위해서는 죽을 각오가 되어 있어야 한다.

—솔제니친—

(솔제니친(Aleksandr Solzhenitsyn, 1918~2008), 러시아 작가. 노벨문학상 수상(1970). 제2차 세계대전 중 스탈린의 분별력을 의심하는 편지를 친구에게 보냈다가 1945년 투옥되어 10년 동안 수용소 생활을 했다. 1962년 문학지 「노비미르」에 『이반 데니소비치의 하루』를 연재하여 큰 인기를 얻었다. 1973년 『수용소 군도』가 해외에서 발표되자 서독으로 추방되었다가 소련 붕괴 후 1994년에 러시아로 돌아와서 활동했다. 주요저서로 『이반 데니소비치의 하루』(1962), 『암병동』(1966), 『1914년 8월』(1971), 『수용소 군도』(1973) 등이 있다.)

◈ 국가 안전보장이란 내·외부의 위협으로부터 국가의 생존이 보장되고 국가번영을 위한 적절한 이익추구 행위가 보장되는 상태를 의미한다. 특히 국가의 생존은 가장 궁극적인 것이며, 주권, 국민의 생명과 재산, 영토·영해와 같이 국가의 핵심 이익이 지켜지는 것과 관련이 있다.…

대통령 직속의 국가안전보장회의에서는 다음의 다섯 항목을 한국의 국가 이익으로 발표한 바 있다.(국가안전보장회의, 2004.)

- 첫째, 영토, 국민, 주권 수호를 통한 국가존립 보장.
- 둘째, 자유, 평등, 인간 존엄성의 기본적인 가치와 민주주의의 유지 및 발전.
- 셋째, 국민경제의 번영과 국민의 복지향상.
- 넷째, 평화공존의 남북관계 정립 및 통일국가 건설.

·다섯째, 세계평화와 인류공영에 기여하는 것을 국가 이익으로 규정한 것이다.

이러한 이익을 지키고 실현하는 것이 안보의 보다 구체적인 목표라는 것이다.

—이성만 외—

◈ 오늘날 항간에는 휴전하의 가상적 평화 속에서 전쟁이 일어나지 않으리라고 낙관하는 사람이 있는가 하면, 반대로 머지않아 전쟁은 불가피한 것이라고 비관하는 사람도 있다고 합니다.

그러나 우리가 정녕 염려해야 할 것이 있다면 그것은 전쟁 그 자체가 아니라, 속수무책으로 침략에 대비할 줄 모르는 부질없는 공론과 시간의 낭비입니다.

—박정희—

•주석 : 1968년 7월, 박정희 대통령의 국방대학원 졸업식 유시에서.

(박정희(朴正熙, 1917~1979), 대한민국의 제5·6·7·8·9대 대통령. 대구사범 졸업 후 잠시 교편을 잡았다. 만주국군관학교를 졸업, 우수성적자에게 베풀어지는 관행에 따라 일본육군사관학교 57기로 입학, 1944년 졸업. 해방 후 1946년 육군사관학교를 졸업, 주요지휘관 및 1961년 5·16 군사정변을 주도하여 국가재건최고회의 의장 등을 역임. 1963년 육군 대장으로 예편, 1963년부터 1979년까지 제5대부터 제9대 대통령을 역임하는 동안 조국 근대화의 기수로서 가난을 물리치고 자립경제와 자주국방의 터전을 닦았다. 고속도로를 만들어 전국을 1일 생활권으로 만들고 눈부신 경제발전을 이룩하였다. 1968년 향토예비군을 창설했다. 1972년 10월 유신을 단행하여 통일주체국민회의 의장이 되었다. 또한 자조·근면·협동의 새마을운동으로 국민 정신운동의 새로운 지평을 열고, 평화적 통일의 기틀을 마련하는 등 민족중흥을 이룩한 위대한 업적을 남겼다. 1979년 10월 26일 중앙정보부장 김재규에 의해 살해되었다. 저서로 『지도자의 길道』, 『우리 민족이 나아갈 길』, 『국가와 혁명과 나』, 『민족의 저력』 등이 있다.)

◈ 국가의 안전보장은 우리 국민의 생존권을 수호하고 평화와 번영을 추구해 나아가는 데 있어서 가장 기본이 되는 것입니다.

그리고 국가안보의 요체는 국민총화의 바탕 위에서 총력안보체제를 확립하고 국력을 튼튼히 배양하며 자주 국방력을 완비하는 데 있는 것입니다. —박정희—

•주석 : 1975년 3월, 박 대통령의 제31기 육사졸업식의 유시에서.

◈ 한반도에는 미·소·중·일의 4대국의 이해와 영향력이 긴밀히 얽혀있으므로 지극히 미묘한 이 지역에서 세력균형을 유지하는 것이 필요하다.

—박정희—

•주석 : 1975년 8월, 박 대통령의 「뉴욕타임스」 지와의 단독회견에서.

◈ 북한의 무력남침을 단념시키기 위해서는 확고한 힘의 배경이 불가피하며 힘의 바탕 위에서 남북대화를 재개하고 평화공존을 도모하지 않으면 안 될 것이다. —박정희—

•주석 : 1976년 5월, 일본 「산케이(産經)신문」 회견에서.

◈ 막강한 국력만이 우리의 민주주의를 알차게 뿌리내리게 할 수 있는 토양이며, 전쟁을 미연에 방지는 평화의 방파제이며, 번영과 통일을 앞당길 수 있는 자주 역량이다. —박정희—

•주석 : 1976년 7월 17일, 박 대통령의 제28주년 제헌절 경축사에서.

◈ 신라가 삼국통일의 위업을 성취한 원동력이 화랑정신에 있다면, 우리가 분단된 조국을 평화적으로 통일할 수 있는 추진력은 바로 '새마을 정신'이다. —박정희—

•주석 : 1976년 8월 15일, 광복 31주년 경축사에서.

◈ 이제 우리는 그동안 이룩한 발전의 여세를 몰아 하루빨리 부국강병의 기틀을 반석같이 다져야 하겠습니다. 자립경제와 자주국방은 자주성 확립의 기초인 동시에 평화와 번영의 기반입니다. —박정희—

•주석 : 1978년 12월 27일, 박 대통령의 취임사에서.

◈ 대부분의 사람들은 우리가 월남에 군대를 파병한 것이 미국 측의 요청에

의해서 그러했던 것으로 알고 있다. 그 당시에도 언론은 물론 일부 국회 의원까지도 그렇게 생각했으며, 지금도 많은 사람이 그렇게 생각하고 있다. 그러나 내가 알고 있는 사실은 이와 다르다. 월남 파병은 박정희 대통령의 원대한 계획에 입각해서 미국 쪽에 먼저 제의한 것이었고, 대통령이 이니셔티브를 쥐고 성사시킨 것이었다.…

월남 파병은 박정희 대통령이 우리의 안보와 주한미군의 철수를 막기 위하여 먼저 미국 측에 선수를 친 것이었다. 그 후 극히 위험했던 한반도의 안보상황을 고려해 볼 때, 이러한 대통령의 판단은 매우 정확했고 현명한 것이었다. 안타깝게도 대부분의 사람들은 이 사실을 잘 모르고 있을 것이지만 말이다. —김정렬—

•주석 : 김정렬 장군은 주미대사駐美大使 시절(1963~1966)에 박정희 대통령의 비밀 지령으로 이 일을 성사시켰는데, 그의 회고록 『항공의 경종』(2010)에서 밝히고 있어 진실성이 내포된 비화이리라.

(김정렬(金貞烈, 1917~1992), 군인, 정치가. 해방 후 창군에 참여하였고, 1949년에는 공군창설에 참여하여 공군참모총장(제1·3대), 국방부 장관, 제5공화국에서는 국무총리를 역임하였다.)

◈ 한 나라는 여러 가지 성격을 구비해야 하지만, 무엇보다도 필요한 것은 신념과 자신이다. 인간사회를 건설하는 것은 회의주의자들이 아니고 이상주의자들이다. 오로지 스스로 자신을 갖는 사회만이 도전에 맞서서 일어설 수 있다. —닉슨—

•주석 : 1969년 6월 4일, 닉슨 대통령의 미국 공군사관학교 졸업식 연설에서.

(닉슨(Richard Milhous Nixon, 1913~1994), 미국의 제37대 대통령(1969~1974). 1952년 대통령으로 출마한 아이젠하워에 의해 부통령 후보로 지명되어 37세로 부통령에 당선. 1960년 대통령 선거에서 민주당의 케네디와 대결하여 근소한 표차로 패배. 1968년 제37대 대통령으로 당선됐고, 1973년 대통령에 재선되었다. 월맹과 휴전협정을 맺었으며 1972년 2월 중공을 방문했다. 1973년 가을 워터게이트의 도청사건으로 1974년 8월 8일 미국대통령으로서는 처음으로 대통령직을 사임했다.)

◈ 대외정책이 우리의 이익에 대한 현실적인 평가에 입각하면 입각할수록 그만큼 더 우리는 우리의 세계적인 구실을 더욱 효과적으로 담당할 수 있을 것이다. 우리가 대외적으로 개입하고 있는 것은 우리의 공약이 있기 때문이 아니고, 대외적으로 개입하고 있기 때문에 공약을 하고 있는 것이다. 우리의 공약의 기준은 어디까지나 우리의 이익이 되어야지, 그 반대가 되어서는 안 된다. —닉슨—

•주석 : 1970년 2월, 「평화를 위한 새 전략」에서.

◈ 필요가 발명의 어머니라면 아버지는 완고함, 즉 더 평안하게 살 수 있는 곳으로 가는 대신에 어디까지나 불리한 조건하에서도 존재하려는 결의라는 것이 진보의 역설적 진리이다. —마리테스—

•주석 : 1976년 7월 17일, 제28주년 제헌절 경축사에서.

◈ 한반도의 분단으로부터 발생하는 긴장상태는 한국 국민뿐만 아니라, 미·일·소·중국 등 4개 강대국에도 중요한 관심거리가 되어왔다.…결과적으로 남북한 양쪽에 각각 관련되어 있는 4개 강대국은 어떠한 형태의 한국 통일에도 관심이 없으며 되도록 한반도를 현 상태로 고착시키려 하고 있다. —네이산 화이트—

•주석 : 1974년 6월, 한국 국제관계연구소 세미나에서 발표한 논문에서.

◈ 미국이 한국에서 전술핵무기를 보유하고 있는 것은 널리 알려진 사실이다. 북한의 남침이 감행될 경우 미국은 본인이 이미 시사해온 바와 같이 전술핵무기의 사용을 포함한 어떠한 조치도 배제하고 있지 않다.

—슐레진저—

•주석 : 1975년 4월 30일 월남이 패망하자, 미 국방장관 슐레진저는 1975년 6월 20일 기자회견에서 위의 내용을 발표했는데, 김일성은 중국을 방문하고 다음에 소련을 방문할 계획이었으나 거부당하여 결국 전쟁을 일으키지 못한 것으로 추정된다.

(슐레진저(James Rodney Schlesinger, 1929~2014), 미국의 정치가이자, 경제학자, 국방부 장관, 에너지 장관을 역임했다. 1963년부터 1969년까지 랜드 코퍼레이션 전략연구소 소장, 1971년 원자력위원장, 1973년 중앙정보국장, 국방부 장관(1973~1975), 카터행정부의 최초 에너지장관(1977~1979)을 역임. 그의 정책은 보수주의적인 것이며 키신저의 독주를 견제하고 있었으나, 1975년 11월 4일 포드 대통령에 의해 해임됐다. 그는 대소對蘇 강경노선과 미·소 화해에 대해 회의적인 태도를 취했다. 그의 해임에 대해 중공과 소련은 각각 실망과 환영이 엇갈린 반응을 보였으며, 나토는 우려를 나타냈다. 주요저서로 『국가안보의 정치 경제학』(1960), 『국방계획 및 예산』(1968), 『미국 보안 및 에너지 정책』(1980), 『세기의 끝에서』(1989) 등이 있다.)

◈ 베트남전쟁에서 우리가 배운 교훈의 하나는 적의 공격을 단순히 저지하고만 있을 것이 아니라, 적의 심장부를 곧장 맹타할 필요가 있다는 점이다.

—슐레진저—

•주석 : 1975년 5월 19일, 「U.S. 뉴스」지와의 회견에서. 군사전략 수립에 있어서 목표의 선정이 얼마나 중요한가를 역설한 내용이다.

◈ 중공은 한반도에서 전쟁재발을 방지하려 할 것이며 또 소규모 전쟁이 발생했을 때는 확전 내지 지원 증강책을 쓰기보다는 불을 끄려는 쪽을 선택해야 할 것이다.

—슐레진저—

•주석 : 1975년 5월 19일, 「U.S. 뉴스」지와의 회견에서.

◈ 베트남전쟁이나 과거의 한국전쟁과는 달리, 한반도에서 다시 전쟁이 일어나면 그것이 3차 대전까지 유발하는 걷잡기 어려운 사태로 파급될지도 모른다.

—폴 사이먼—

•주석 : 1975년 8월 28일, 사이먼 미 의원의 성명에서.
(사이먼(Paul Martin Simon, 1928~2003), 미국의 연방 하원의원(1975~1985), 상원의원(1985~1997), 남부 일리노이 대학교 '미래 폴 사이먼 공공정책연구소' 소장을 역임, 정치·역사·저널리즘을 가르쳤다.)

◈ 만약 한반도에서 전쟁이 발발할 경우 일본은 이에 대해 무관심할 수가

없다. —사카다 미치다(坂田道太)—

•주석 : 1975년 9월 13일, 의회 연설에서.

(사카다 미치다(坂田道太, 1916~2004), 일본의 정치인. 중의원 의장, 법무부·방위청·문교부·후생장관, 중의원 의원 등을 역임했다.)

◈ 나는 미국의 대외정책이 아시아 대륙에 우리의 발을 묶이게 해서는 안 된다고 생각한다.(1975. 5.) —맨스필드—

(맨스필드(Michael Joseph Mansfield, 1903~2001), 미국의 정치가, 외교관. 1942년 하원의원에 당선되었고, 루스벨트와 트루먼 대통령에게 중국과 일본에 대한 미국의 대외정책에 대해 조언했다. 상원의원(1952~1977)과 주일 미국대사(1977~1988)를 지냈다. 미국 정계의 진보파 기수로 미국의 베트남전쟁 개입을 비판했으며, 한국에 대해 주한미군 감축이나 철수를 주장하면서 미·중·소·일 등 4강의 집단안보에 의해 휴전협정에 대신할만한 평화체제를 유지해야 하며 중립화까지 발전시켜야 한다고 주장했다.)

◈ 깊이 뿌리박힌 통일의욕이 남북한 양쪽에서 표면화되리라는 것은 전적으로 가능하다. 불안의 확대 가능성은 대단하다. 간단히 말해 한반도는 뇌관이 제거되지 않은 시한폭탄이다. —맨스필드—

•주석 : 1976년 8월, 미 상원 민주당원내 총무의 특별보고서에서.

◈ 언제나 상황을 평가하여 준비, 수단 및 그 진척상황을 검토하는 동시에 전쟁을 방지하고 또 선제의 이득을 획득하는데 필요하다고 생각되는 각종의 수단, 계획 및 대비를 개선하거나 혹은 이것을 변경하는 데 대한 연구를 해야 한다. —마이어스—

(마이어스(Richard Bowman Myers, 1942~), 미국 공군 장군, 합참의장, 북미 항공우주방위사령부, 미국 우주사령부 사령관, 주요 군사고문을 역임. 캔자스주립대학교, 공군참모대학, 육군전쟁대학을 졸업했다. 600전투시간을 포함하여 4,100시간의 비행기록을 갖고 있다. 일본의 요코타(Yokota) 공군기지에서 근무(1993~1996). 국가 안전보장회의에서 테러와의 전쟁을 포함하여 2003년 이라크전쟁의 계획을 세웠다. 현재 캔자스 주립대학재단 회장과 군사사 교수로 활동하고 있다. 주요저서로 『수평선 위의 경계』

(2010) 등이 있다.

◈ 한반도에서 전쟁이 재발할 경우 그 영향은 아마도 핵무기까지 동원되는 전 세계전이 될 것이다. —「크리스찬 사이언스 모니터」지(1976. 7. 26.) 보도—

◈ 4대 강국 모두는 한반도 문제가 그들의 안전에 극히 중요하다고 생각하고 있다. 중공, 소련 및 일본은 역사적 내지는 지리적 이유 때문에, 그리고 미국은 한반도의 평화가 일본의 안전에 기본적 요소가 되며, 따라서 미국의 동아시아에 대한 중대한 이해관계가 걸려있는 북아시아의 안전에 기본적이라는 이유 때문에 그렇게 간주하고 있다. —베넷—

(베넷(Bruce W. Bennett, 1952~), 미국의 동북아 군사전문가, 미국 랜드연구소의 수석 국방분석가이다. 현재 파디랜드 대학원 교수로 재직 중이며, 한반도 전문가이다. 주요저서로 『북한 핵위협의 불확실성』(2010) 등이 있다.)

◈ 카터 행정부는 인권정책을 포괄적인 외교정책의 핵심적 요소로서 추진하는 것이 아니라, 낭만적인 바탕 위에서 수행하고 있다. 특히 카터 인권정책의 가장 큰 모순은 공산권 제국들에 대해서는 체념하는 반면 미국의 전통적인 맹방들만 들볶으면서 이것이 마치 인도적인 태도인 체 하는 것이다. —키신저—

(키신저(Henry Alfred Kissinger, 1923~), 미국의 정치가, 정치학자, 핵전략이론가. 1938년 나치의 유대인 박해를 피해 미국으로 이주, 1943년 귀화했으며 1954년 하버드 대학교에서 박사학위 취득, 정치학과 교수가 되었다. 1956년 합참의 무기체계평가그룹 고문, 1957년 하버드 대학교 국제문제센터 부소장, 1961년 방위담당 대통령 고문, 1967년 닉슨 대통령의 보좌관이 되었고, 그 후 국무장관을 역임. 그는 1971년 이후 중공, 소련, 월맹, 프랑스 등을 순방하면서 베트남전쟁 휴전을 배후에서 조정하고, 1971년 7월의 중공방문에서는 닉슨 대통령의 중공방문을 결정했다. 1973년에도 중동제국中東諸國·소련 등을 방문해서 중동전쟁의 종결에 힘을 기울였다. 주요저서로 『핵무기와 외교정책』(1957), 『선택의 필요성』(1960), 『중국에 관하여』(2011) 등 다수가 있다.)

◈ 소련은 1960년대 초부터 대對중공 포위고립화전략을 채택해 왔음이 분명하다. 중공 포위는 현재 블라디보스토크를 기점으로 한 해상통로 확보와 함께 소련의 대對아시아전략의 2대 지주가 되고 있다. —킨트너—

(킨트너(William Roscoe Kintner, 1915~1997), 미국의 교수, 외교관. 미 육군사관학교 및 조지타운 대학교를 졸업. 1940~1961년까지 육군(대령)에 근무했으며, 제2차 대전 때 유럽전선과 한국전쟁(1950~1952)에도 참전했다. 1961~1969년까지 펜실베이니아 대학교의 정치학 교수 및 외교정책연구원의 부소장, 소장, 태국대사(1973) 등을 역임. 1978년 한국의 국방대학원에서 강연한 바도 있다. 주요저서로 『평화와 전략분쟁』(1967), 『소련 군사문제에서의 핵 결의』(1967) 등이 있다.)

◈ 소련은 중국과 함께 그들의 전략적 요충인 북한에 대한 영향력 확대를 위해 경쟁적으로 노력해 왔다. 하지만 북한은 이들 중 한쪽에 약간 기운 적은 있었으나, 완전히 기운적은 없었다. —킨트너—

◈ 옛날이나 지금이나 그리고 앞으로도 국제정치는 혈맹血盟에 의해서가 아니라, 국가이익에 의해 좌우된다는 냉철한 현실을 우리들은 직시直視해야 한다고 생각한다. —풍석—

◈ 오늘날 우리들이 직면하고 있는 민족적·국가적·사회적 당면과제는 실로 많고 또 복잡하게 엉켜져 있소. 이러한 문제를 해결하는 방도는 없을까 하고 멀리 토함산을 바라보며 곰곰이 생각하고 있을 때,…원광법사(542~640)는 풍월도를 바탕으로 하여 당시 신라의 현실적 요청을 감안해서 '세속오계'를 설파했는데, 이제 시대와 상황이 달라졌으니 다음과 같이 보완해 보았소.

- 첫째, 민족과 조국을 위해 충성을 바친다.
- 둘째, 부모를 효도로써 섬긴다.
- 셋째, 벗과 이웃을 믿음으로 사귄다.
- 넷째, 전장에서는 물러서지 않는다.

·다섯째, 자원을 보호한다. —풍석—

•주석 : 1990년 4월 14일, 한국고대사연구회의 세미나에서 논문「원광법사와 세속오계의 신고찰」을 발표했다.

◈ 한반도에서 북한이 전쟁을 일으킨다면 어느 편이 승리하느냐가 문제가 아니라, 핵전쟁이 일어나 평양 금수산기념궁전을 비롯하여 한반도 전체가 완전히 폐허로 변할 것이며, 그것은 한민족의 영원한 쇠퇴와 몰락을 뜻하는 것이 되리라. 그러니 북한 수뇌자들은 전쟁을 일으키기 전에 그 전쟁의 결과가 어떻게 될 것인가를 깊이깊이 생각하기 바란다. —풍석—

◈ 이미 남·북한 체제의 우열경쟁은 끝났다. 즉 2011년의 기준에 의하면 남·북한의 경제적 격차가 37배나 벌어졌고, 한국의 무역 규모는 1조 달러를 달성하여 세계 9위의 무역 대국이며, 수출 규모만으로는 세계 7위이다. 그러니 북한은 '평화적 남북통일에 대한 새로운 제안'을 하루 빨리 수락·실행하기 바란다.…

한반도 통일에 관한 시나리오에는 ;

① 북한 해방을 통한 남북한의 연방제

② 북한의 붕괴 후, 한국에 의한 흡수통일

③ 무력 충돌에 의한 통일

등이 논의되고 있으나, 강대국의 개입과 피해의 가능성이 언제나 존재하고 있다. 그래서 바람직한 시나리오는 935년 신라의 경순왕이 태자의 반대를 무릅쓰고 고려의 태조에게 국가 권력을 이양한 것처럼, 김정일 국방위원장은 한국정부에 권력을 이양하고 따뜻한 제주도에서 여생을 편안하게 사는 것이리라. 이렇게 함으로써 김일성이 범한 민족적 비극(6·25전쟁)에 대한 보상도 되고 또 한민족의 평화적 통일과 동북아시아의 평화와 번영에 공헌하는 것이 되리라.(2007. 2. 15. 탈고) —풍석—

•주석 : 2007년 2월, 일본 도쿄에 소재하는「일본 전략연구 포럼」(Japan Forum

for Strategy Studies)에서 원고청탁이 와서 그들의 회지에 「조선반도의 현황과 전망」(2007. 4. 1.)의 제목으로 발표했고, 우리나라의 월간지 『自由』(2007년 5월호)에도 번역·발표했다.

◈ 세계 열강국에 둘러싸인 한민족은 다양하고 복잡한 상황의 변화 속에서 그 본질을 신속히 파악하여 그 변화에 앞질러 대응책을 강구해야 생존할 수 있다는 것을 알았으며, 역사상 최초로 일제日帝에 의한 주권과 독립을 강탈당했으니, 우리 민족이 배워야 할 가장 중요한 역사적 교훈은 어떠한 대가代價를 지불해서라도 자위능력만은 가져야 한다는 것이다.…

적어도 주변 강대국이 한반도를 침략하여 획득하는 이득보다 그 반격에 의해 입는 손해가 더 크다는 것을 사전에 계산케 함으로써 침략을 포기케 하자는 것이며, 또한 경제적 측면에서 군비절감軍費節減을 하자는 것이며, 그 방책의 하나가 다음과 같은 군비를 갖추자는 것이다. 즉

- 첫째, 전술 핵무기체계를 보유하지만, 방위용이며 결코 타국에 대해 선제공격을 하지 않는다.
- 둘째, 기동성이 높은 소규모의 재래식 상비군을 보유한다.
- 셋째, 모든 국민적 민병대의 조직을 갖춘다는 것이다.

그리하여 국토는 좁고 자원이 풍부하지 못하지만, 우수한 두뇌를 가진 한민족은 삼면의 바다를 충분히 활용하고, 고도의 과학기술을 개발하여, 공업국가로서 세계무대를 상대로 한 무역을 통해 복지국가를 이룩하여 나아가서 국위國威를 선양할 수 있으며, 그렇게 되면 세계가 우러러 보는 동방의 밝은 등불이 될 것이다. —풍석—

- 주석 : 「일제의 침략과 한민족의 생존전략」(1978)이라는 논문의 결론이며, 남북통일 후의 우리의 국방태세를 논의한 내용이다. 『韓半島의 抑止戰略理論』(형설출판사, 1979)에 수록되어 있다.

◈ 평화를 바란다면 전쟁을 이해하고 거기에 대비하라. 그리고 국토·국민·주권의 수호도 거기에서 비롯됨을 명심하라! —풍석—

•주석 : 필자는 어떤 계기로 전쟁을 연구대상으로 하는 학문, 즉 군사학(military art and science)을 평생 연구하게 되었고, 연구의 결론을 간략하게 요약한 내용이다.

◈ 간단한 인사 소개가 끝난 다음 장군은 등나무 의자에 자리를 잡고 앉았다. 한국과 베트남의 수교 10주년을 '쭉멍(축하)'한 그는 "지속적인 교류를 통해 남북한이 평화적인 통일을 이루도록 기원"했다.

―안정효 지음, 『지압장군을 찾아서』(2005)―

•주석 : 소설가 안정효는 2002년 '한국·베트남의 수교 10주년'을 맞이하여 한 방송사의 베트남 현지 취재에 참여했다. 베트남 무력통일의 주무참모인 군사전략가 지압 대장大將을 만났으며, 그 해 95세인 그는 여전히 별 네 개가 군복 어깨에서 반짝이는 종신 대장으로 있었다.

그가 한반도 통일에 대해 '평화적인 통일'을 기원하는 데는 이유가 있었으리라. 즉 1975년 4월 사이공을 함락하고 통일을 이룩한 그들은 커다란 승리의 기쁨과 자부심이 가득 찼을 것이다. 그러나 그 승리와 통일은 베트남 인명의 피해, 국토의 황폐화, 소련으로부터의 무기와 장비의 대금을 현금으로 지불할 수 없어 인력人力을 노동자로 수출해야 했고, 또 베트남의 공군기지와 항구를 빌려주어야 했다. 그래서 통일 후 30여년의 세월이 흘렀지만 전쟁의 후유증으로 가난에 시달리고 있으니, 무력통일의 어리석음을 깊이 깨닫고 우리에게 충고한 내용이리라.

◈ 대한민국의 국가목적은 아래와 같다.

◁ 자유민주주의의 이념 하에 국가를 보위하고, 조국을 평화적으로 통일하며, 영구적인 독립을 보존한다.

◁ 국민의 자유와 권리를 보장하고, 국민생활의 균등한 향상을 기하며 복지사회를 실현한다.

◁ 국제적인 지위를 향상시켜 국위를 선양하고, 항구적인 세계평화에 이바지 한다.

―1973년 2월 16일 국무회의에서―

◁ 국가안전보장(National Security) : 국내외의 각종 군사, 비군사적 위협으로

부터 국가목표를 달성하기 위하여 정치·외교·경제·사회·문화·군사·과학기술 등의 여러 수단을 종합적으로 운용함으로써 당면하고 있는 위협을 효과적으로 배제하고 또한 일어날 수 있는 위협의 발생을 미연에 방지하며 나아가 불의의 사태에 적절히 대치하는 것.

–『군사용어사전』–

•주석 : 위의 내용은 『합동·연합작전 군사용어사전』(합동참모본부, 2010)(차후 『군사용어사전』이라 약기함)에서 인용했음.

◈ 조선로동당의 당면목적은 공화국 북반부에서 사회주의 강성대국을 건설하며, 전국적 범위에서 민족해방 민주주의 혁명의 과업을 수행하는 데 있으며, 최종목적은 온 사회를 김일성-김정일주의화 하여 인민대중의 자주성을 완전히 실현하는 데 있다. –「조선로동당 규약」에서–

•주석 : 2012년 4월 11일 개정된 북한의 「조선로동당 규약」의 서문 내용인데, 북한은 아직도 '무력에 의한 한반도의 적화통일'을 그들의 최종 정치적 목적으로 삼고 있다. 그들의 경제상황은 인민들이 기아선상에 헤매면서도 핵무기·장거리 미사일 등을 개발하는 데 열중하고 있다. 한반도에서 핵전쟁이 일어나면 전 국토가 완전히 폐허로 변할 터인데 통일이 무슨 소용이 있는가!

북한의 수뇌자들이여, 전쟁을 일으킨다고 결심하기 전에 그 전쟁의 결과가 어떻게 될 것인가를 깊이깊이 생각하기 바란다는 것이 한 노병의 충고이다.

2

국방과 군비軍備

◈ 용병의 원칙은 적이 오지 않으리라고 믿어서는 안 되며, 언제 와도 대적할 수 있는 자신의 대비를 믿어야 하며, 적이 공격하지 않으리라는 것을 믿을 것이 아니라, 공격해 오지 못하도록 하는 방비태세를 믿어야 한다.

—손자—

◈ 승리하는 군대는 먼저 이겨놓은 뒤에 싸움을 구하고, 패배하는 군대는 먼저 싸움을 시작한 연후에 승리할 길을 찾는다. —손자—

◈ 그러기 때문에 일곱 가지 기준에 의거, 양편의 전력戰力을 분석·평가해야 한다. 즉,

(1) 어느 편의 통치자가 더 정치를 바르게 잘 하는가?

(2) 장수는 어느 편이 더 유능한가?

(3) 천시와 지리는 어느 편이 더 유리한가?

(4) 조직, 규율, 병참 등은 어느 편이 더 잘 정비되어 있는가?

(5) 군대는 어느 편이 더 많으며 강한가?

(6) 장병은 어느 편이 더 잘 훈련되어 있는가?

(7) 상벌은 어느 편이 더 분명히 행해지고 있는가?

나(孫子)는 이 일곱 가지 기준에 의해서 승패를 미리 판정한다. —손자—

•주석 : 손자는 이 일곱 가지 기준(七計)에 의해 승패를 미리 판정한다고 했는데, 역사상의 전투·전역戰役·전쟁의 승패를 분석·평가하는데도 훌륭한 기준이 되는 내용이다.

◈ 옛날 싸움을 잘하는 장수는 먼저 적이 승리하지 못하도록 만전의 태세를 갖추고, 이편이 승리할 수 있는 기회를 기다렸다. —손자—

•주석 : 적과 대치하고 있는 나라의 국방·군사 태세에 있어서, 먼저 불패의 태세를 갖춘 연후에 승리할 수 있는 기회를 찾으라는 내용이다.

필자는 위의 내용은 인생철학의 지침이 된다는 생각을 가졌다. 즉 인생은 축구시합처럼 전·후반전이 있으며, 60대 이후를 후반전이라 생각하고 역전승이 가능하므로 전반전보다 더 중요하다고 생각했다. 그리고 전반전에서 의·식·주의 문제를 해결하고(불패의 태세), 후반전에서는 하고 싶은 일의 기회를 찾으라고 해석하여 실천해 오고 있다.

◈ 일단 군주가 명령을 내리면, 국민 한 사람 한 사람이 모두 기꺼운 마음으로 그 명령대로 따르는 것, 병력을 동원하여 전쟁에 출동시키면 장병들 누구도 어김없이 기꺼운 마음으로 싸움터에 임하는 것, 창검이 맞부딪치는 전쟁터에서는 병사들이 기꺼운 마음으로 목숨 바쳐 싸우는 것, 이 세 가지가 바로 승리의 요건이다. —오자—

◈ 전쟁에서 승리하는 길은 다음과 같은 세 가지가 있다.

•첫째, 정치 역량으로써 적국을 압도하는 길.

•둘째, 전비戰備의 위력으로써 사전에 적을 제압하는 길.

•셋째, 전투 역량으로써 적을 직접 이기는 길이다. —울료자—

•주석 : 무경칠서武經七書 중의 하나이다.

(울료자(尉繚子, B.C. 4세기경), 중국 전국시대 중기인 기원전 4세기경의 위魏의 병가兵家. 울료자는 울료의 경칭이다. 『울료자』는 울료가 쓴 병법서라는 것이 일반적인 학설이며, 무경칠서武經七書 중의 하나이다.)

◈ 완력이나 권력이 센 사람이 그보다 약한 사람을 지배한다는 것은 전 인류에 공통적인 자연의 법칙인데, 이것은 시간이 말살할 수도 없고 또 파괴할 수도 없는 진리이다. —디오니시오스 1세—

(디오니시오스 1세(Dionysius I, B.C. 432~367, 재위 : B.C. 405~367), 그리스의 고대국가 시라쿠사의 왕이며 군사적·외교적으로 뛰어났다. 그리스 최고의 공성전攻城戰 전문가이자, 투석무기 발전사에 지대한 영향을 미쳤다.)

◈ 저는 신라의 사람이온데 나라의 치욕을 없애는 힘을 얻으려 여기에 왔습니다. 바라옵건대 어른께서는 저의 뜻을 살피시어 좋은 재주를 가르쳐주시옵소서. —김유신—

•주석 : 김유신(595~673)이 17세 때, 고구려·백제·말갈이 국경을 침범하는 것을 보고 분개하여 중악(中嶽, 단석산)에 들어가 기도하니, 한 노인이 나타났다. 유신이 위의 내용으로 간청하니 비법秘法을 전하면서 "조심해서 함부로 전하지 말라. 만일 불의不義한 일에 쓴다면 도리어 재앙을 받을 것이다." 말하고는 사라졌다. 그 비법이 무엇인지는 밝혀지지 않았다.

(김유신(金庾信, 595~673), 삼국통일을 이루는데 중추적인 역할을 한 신라의 장군 겸 정치가. 가야국 김수로왕의 12대손. 15세 때 화랑이 되어 낭벽성 전투에서 처음으로 고구려 군사들을 격파했으며, 그 후 백제 및 고구려와 여러 번 싸워 공을 세운 김춘추를 왕으로 내세우고 삼국통일의 위업을 이룩할 준비를 하였다. 660년에 소정방(蘇定方)이 거느린 당나라 13만군과 연합하여 그는 정병 5만을 지휘하여 백제와 싸워 이를 멸망시켰다. 661년 김유신의 총지휘하에 고구려에 대한 공격작전이 개시되었으나 실패하고, 668년 나·당 연합군을 편성하여 고구려를 멸망시켰다. 그러나 백제·고구려의 고토故土는 전부 당의 지배하에 들어갔을 뿐만 아니라, 신라까지도 당의 지배하에 두려고 하였으므로 이 뒤부터 김유신은 신라의 총력을 발휘하여 당과 대항하여 그들을 물리쳤다. 왕은 그의 공적을 치하하여 태대각간太大角干의 작위를 주었다.)

◈ 경은 나라를 만드는데 충성을 다하고, 수고로움을 안팎에서 나타내니 몹시 괴롭겠다. 한 나라의 충신으로 멀리 나가서 국경을 지키고 적병들을

위압하여 변방을 진정시켜 내 근심을 풀어주니 심히 기쁘다. 지금은 온 세상이 얼어붙는 추운 겨울을 당하였으니 거처하고 생활하는 데 특별히 삼가 하도록 하라. 이제 내관을 보내 잔치를 베풀고 노고를 위로하여 의복 한 벌을 보내주니 받아서 입도록 하라. —세종대왕—

•주석 : 세종대왕이 서북국경을 수비케 한 도안무찰리사 최윤덕에게 보낸 글인데, 왕이 신하 장수를 아끼는 정이 넘쳐흐르는 내용이다.

(세종대왕(世宗大王, 1397~1450, 재위 : 1418~1450), 조선의 제4대 왕. 재위 기간 동안 과학, 경제, 국방, 예술, 문화 등 모든 분야에 거쳐 찬란한 업적을 많이 남긴 위대한 성군聖君으로 존경받는다. 1443년 훈민정음을 창제했고, 혼천의·앙부일구·자격루·측우기 등을 발명하도록 적극 후원했으며, 4군 6진을 개척했고, 이종무를 파견하여 왜구를 토벌하고 대마도를 정벌했다.)

◈ 충성스러운 군대가 없다면, 거만의 부가 있다 하여도 충분하다고 말할 수 없으며 국가를 지키는 요새도 쓸모가 없다. —마키아벨리—

◈ 인간, 철(무기), 군사비 및 군량미는 전쟁의 원동력이다. 그러나 이 네 가지 가운데 가장 필요한 것은 처음의 두 가지이다. 그것은 인간과 무기가 돈과 양식을 가져오기 때문이다. 그러나 돈과 양식은 인간과 무기를 가져오지 못한다. —마키아벨리—

◈ 무장을 하지 않는 부자는 무장한 빈자貧者의 좋은 먹이가 된다.

—마키아벨리—

◈ 예로부터 군주가 자기 나라를 지키기 위해 가질 수 있는 무력은 본국 군대, 용병대, 외국 원군, 이 세 가지를 혼합한 혼성군 등이다. 이 가운데 용병대 및 외국 원군은 도움이 되지 못하고 위험하다. 어느 군주가 용병대로 국가의 토대를 구축했다면, 장래의 안전을 보장할 수 없게 된다. 그 이유는 용병은 통솔하기 어렵고, 야심적이며, 규율이 없고, 충실하지 않기 때문이다. —마키아벨리—

◈ 로마와 스파르타는 몇 백 년 동안 군비가 잘 갖추어진 덕분에 독립을 유지했다. 스위스도 충분한 무력을 지니고 있었으므로 완전한 독립을 유지했다.…

행운과 군사력이 로마 국력의 기초였음은 부정할 수 없는 사실이다. 그러나 군사력이 있다는 것은 질서가 유지되고 있기 때문이고, 또 군사력과 좋은 질서가 있는 곳에는 반드시 행운이 찾아올 것이다. —마키아벨리—

◈ 무엇인가를 하고자 하는 자는 무엇보다도 먼저 준비에 전념할 필요가 있다. 기회가 오기를 기다렸다 준비를 시작해서는 이미 늦다. 행운이 미소짓기 전에 준비를 갖추어 놓아야 하는 것이다. 이것만 게을리 하지 않고 해두면, 좋은 기회가 찾아오자마자 즉각 움켜잡을 수 있다. 좋은 기회는 당장 붙잡지 않으면 달아나기 마련이다. —마키아벨리—

◈ 자기 군대를 육성하고 지휘·통솔하지 못하는 군주는 결코 원천적인 국가안전을 보장받을 수 없으며, 적의 침공시 요행을 바랄 수밖에 없다. 국가 자체 군대로 획득하지 못한 국가 권력과 명성은 뜬 구름과 같이 아무 역할을 할 수 없는 것이다. —마키아벨리—

◈ 여기서 나는 이렇게 결론짓는다. 자기 군대를 지니고 있지 않으면 어떤 군주국이라도 편안할 수 없다. 오히려 일단 위기에 처하게 되면 자신을 지켜 나갈 힘이 없으므로 모든 것을 운명에 맡기게 된다.

"자력에 의하지 않은 권세나 명성만큼 약하고 믿지 못할 것은 없다"는 말은 지금까지 현명한 사람들이 부르짖어 온 의견이며 잠언이었다.

—마키아벨리—

◈ 오래지 않아서 왜놈들이 반드시 움직일 것이다. 내 장차 이 칼을 쓸 것이다. —황진—

•주석 : 1590년 황윤길을 따라 일본에 갔다가 도요토미 히데요시(豊臣秀吉)의

침략의도를 알고 돌아올 때 가지고 있는 것을 다 털어서 보검 두 자루를 사면서 한 말이다.

(황진(黃進, 1550~1593), 조선 중기의 무신武臣. 1590년 황윤길, 김성일, 허성 등이 일본에 통신사로 갈 때 군관으로 따라갔다. 1593년 6월 임진왜란 시 일본군이 진주성을 공략하자 9일 동안 격전을 치렀으나 성이 함락되면서 전사했다.)

◈ 나라의 중책을 맡은 방백(方伯, 관찰사)이 구차하게 오직 살려고만 힘쓰고, 나라의 생존과 멸망을 생각하지 아니하여 이제 백성들은 틀림없이 죽게 되었다. 이럴 때 가만히 앉아서 죽느니보다 나가서 적을 막아 싸우다 죽을 것이다.

—곽재우—

•주석 : 임진왜란(1592) 때, 곽재우는 의령 시골에서 농사를 짓고 있었는데 모든 관리와 백성들이 난을 피하여 숨게 되자, 이것을 본 그는 분연히 일어나서 의병을 일으키며 말했다.

(곽재우(郭再祐, 1552~1617), 조선 중기의 무신武臣. 군인으로 임진왜란에서 활약한 의병장이다. 여러 번 승리한 공로로 찰방, 조방장 등을 거쳐 병마절도사를 역임했다.)

◈ 서기 2세기에 로마제국은 지구상의 가장 훌륭한 부분과 인류 가운데 가장 개화된 부분을 포괄하고 있었다. 광대한 제국의 변경은 옛날부터의 무명武名과 기율 있는 용기에 의해 지켜지고 있었다.…

로마의 군사력에 대한 공포는 황제의 평화주의에 무게와 위엄을 덧붙였다. 그들은 끊임없이 전쟁준비에 의해 평화를 유지했다.…국가체제가 아직 순수했던 시대에 무기의 사용은 시민계급에만 주어졌다. 즉, 사랑하는 국토와 보호해야 할 재산을 소유하고, 법률을 유지하는 것이 각자의 이익인 동시에 의무이기 때문에 그 법률의 시행에는 상당한 책임을 가진 시민계급에만 주어졌다. 그러나 정복의 확대에 따라 국민적 자유를 잃어버리게 됨에 따라 전쟁은 차차 하나의 기술로 변하고, 하나의 장사로 타락해 버렸다.

—기번—

• 주석 : 영국의 역사가 기번의 고전적인 명저 『로마제국 쇠망사』(*The History of the Decline and Fall of the Rome Empire*, 1776~1788)의 첫 장에 나오는 내용인데, 강력했던 시대의 로마제국은 "끊임없이 전쟁준비에 의해 평화를 유지했고, 또한 사랑하는 국토와 보호해야 할 재산을 소유한 시민계급만이 군인이 될 수 있었다"고 주장하고, 제국의 쇠망도 전쟁에 대한 그릇된 대응책에서 비롯된다는 것을 조금 비치고 있다.

(기번(Edward Gibbon, 1737~1794), 영국의 역사가. 옥스퍼드 대학교에서 수학했으며(1752~1753), 스위스의 로잔에서 교육을 받고 귀국했다(1753~1758). 프랑스와 이탈리아를 여행하면서(1763~1764) '로마 쇠망사衰亡史'를 저술할 계획을 했으며, 1774년에는 의회에도 진출하여 총리인 노스 경을 지지했다. 만년에는 로잔에서 살면서 고전적 명저 『로마제국 쇠망사』를 완성했다. 주요저서로 『로마제국 쇠망사』 6권(1776~1788), 『자서전』(1796) 등이 있다.)

◈ 군대는 백 년 동안 한 번도 사용하지 아니할 수 있으나, 단 하루라 할지라도 갖추지 않으면 안 된다. —정약용—

• 주석 : 정약용의 『목민심서牧民心書』 병전육조兵典六條에서. 兵家百年不用, 不可一日武備(병가백년불용, 불가일일무비)

(정약용(丁若鏞, 1762~1836), 호는 다산茶山, 조선 정조 때의 문신이며 실학자. 유형원·이익의 학문과 사상을 계승하여 조선 후기 실학을 집대성 했으며, 수원 화성 건축 당시 거중기를 고안하여 건축에 많은 도움을 주었다. 주요저서로 『목민심서』, 『경세유표』, 『흠흠신서』 등 다수가 있다.)

◈ 세상에는 큰 일이 두 가지 있으니, 문文과 무武가 곧 그것이다. 그런데 문치에만 힘쓰고 무력에는 힘을 기울이지 않아 나라의 힘이 점점 쇠퇴하고 나약해져서 그 힘을 떨치지 못한 까닭이며 또 전란을 겪다가 평정만 되면 아무런 일도 없었던 듯이 평안한 마음으로 지내니 어찌 슬프고 원통한 일이 아니겠는가! —홍양호—

• 주석 : 1794년 『해동명장전海東名將傳』을 집필한 동기의 내용이다.

(홍양호(洪良浩, 1724~1802), 조선 후기의 문신. 학문과 문장이 뛰어나 영조가 그의 박식을 칭찬했고, 정조의 부름을 받아 한성부우윤漢城府右尹에 보직되었으며, 여러 책을 편찬했다. 그 뒤 사신으로 청나라 연경(燕京, 베이징의 옛

이름)에 가서 문명을 떨쳤으며 판중추부사 겸 이조판서에 이르렀다. 주요 저서로 『육서경위六書經緯』, 『해동명장전海東名將傳』, 『고려대사기高麗大事記』 등의 많은 저서를 남겼다.)

◈ 인간과 인간과의 분쟁, 종족 간, 민족 간 그리고 국가 간의 분쟁, 거기에 수반하는 어떤 형태로의 전쟁은 내일도 존속한다. 따라서 자원의 정비, 국가의 목적을 달성하기 위한 힘의 행사, 전략 구상의 설정 등은 내일의 계획자 마음을 사로잡는다. —볼드윈—

(볼드윈(Hanson Weightman Baldwin, 1903~1991), 미국의 군사평론가. 1927년 해군사관학교를 졸업, 1929년 「뉴욕 타임스」사에 입사했으며, 1943년에 「제2차 세계대전에 대한 보고」로 플리처 상을 받았다. 주요저서로 『승리와 전략』(1942), 『힘의 대가』(1948), 『전쟁의 커다란 과오』(1950) 등 다수가 있다.)

◈ 영국제국의 존립이 정당하고 또한 정예한 해군의 유지를 첫째의 기조로 삼는 것은 정부가 믿는 공리公理이다. —키치너—

•주석 : 해양국가인 영국의 전략을 말하며, 나폴레옹이나 히틀러도 바다를 걸어서 영국을 침공하지 못한다.

(키치너(Horatio Herbert Kitchener, 1850~1916), 영국 육군원수, 전쟁성 장관 역임. 대규모 자원병들을 모집해 이들을 소위 '키치너군'이라는 새로운 성격의 직업군인으로 훈련시킴. 영국국민들은 키치너를 적극 지지했으나 각료들은 그를 배제시켰다. 그는 임무를 띠고 러시아로 항해하던 중 타고 있던 영국순양함이 독일잠수함이 부설한 기뢰폭발로 격침되어 사망했다. 그는 영국사상 유례없는 대규모 육군을 조직해 승리를 향한 국민의지의 상징이 되었고, "조국이 그대를 원한다!"는 모병 포스터는 유명하다.)

◈ 역사의 반복은 없다. 그러나 약한 민족이 강한 민족에 지배당하는 기본적인 패턴은 만고불변의 진리이다. —미셸—

(미셸(Louise Michel, 1830~1905), 프랑스의 교육자, 여성 혁명가. 저서로 『회상기』(1886)가 있다.)

◈ 과거의 모든 경험으로 비추어본다면, 각 국가가 다른 국가에 대하여 과

감히 자기의 이익을 지키고, 자기의 존립을 옹호하는 능력은 군사력이라는 폭력을 사용하여 상대방에게 알려줄 수 있는 능력에 달려 있었다. 물론 약간의 예외는 있지만 전쟁을 효과적으로 수행할 수 없는 국가는 자국의 요구를 응해 주리라는 것, 자국의 희망에 귀를 기울여 주리라는 것, 또는 자국의 생존권만을 인정해 주리라는 기대도 할 수 없었다. —슈만—

◈ 수 백 년 동안 평화를 희구하는 많은 사람들은, 전쟁은 군비에 의해 일어나며, 군비경쟁은 대립을 가져오며, 평화는 국가의 육·해군을 제한 내지 축소하는 협정에 의해서 획득되는 것으로 믿어왔다. 실제는 그 반대가 진실에 가깝다. —슈만—

◈ 항상 국방을 위하여 준비하는 것이 평화유지의 최선의 길이다. —워싱턴—

◈ 독립국가의 최초 임무, 즉 다른 어떠한 독립사회의 폭행과 침략으로부터 한 사회를 방위하는 임무는 군사력의 수단에 의해서만 수행될 수 있다.

—아담 스미스—

(스미스(Adam Smith, 1723~1790), 스코틀랜드의 정치경제학자, 도덕철학자. 경제학을 체계화한 시조始祖로 인정되고 있다. 글라스고 대학교에서 도덕철학을 허치슨에 사숙私淑했다. 그는 모교(1751~1763)에서 주로 도덕철학을 강의했으며, 1764년~1766년 가정교사로 젊은 버클루 공작과 함께 유럽대륙을 여행하고 1767년 고향인 커콜디로 돌아와서 버클루 공작의 연금혜택으로 9년간 저작에 종사할 수가 있어서 경제학상 최대의 고전古典인 『국부론國富論』을 간행할 수 있었다. 일반적으로 경제학의 아버지로 여겨지며 자본주의와 자유무역에 대한 이론적 기초를 제공했다. 주요저서로 『국부론』(1776)이 있다.)

◈ 사기士氣가 있다 하더라도 잘 훈련된 군이 이를 지원하지 않으면 아마도 사회의 방위와 안전보장에 충분하지 못할 것이다. 그러나 모든 시민이 군인정신을 가지고 있을 경우에는 보다 적은 상비常備를 필요로 할 것은 틀림없다. —아담 스미스—

◈ 약한 국가는 중립을 지킬 수 있는 권리마저 상실한다. 강해야만 정의가 지시하는 우리의 이익이 가리키는 대로 평화와 전쟁을 택할 수 있다.

—해밀턴—

(해밀턴(Alexander Hamilton, 1755/1757~1804), 미국독립시대의 연방주의자. 1777년 워싱턴의 참모였으며, 대륙회의 의원(1782), 미국 제헌회의의 뉴욕대표(1787)였다. 강력한 중앙정부제를 주장했고, 대통령과 종신제의 상원 및 연방정부 임명의 주지사에 의한 귀족적 공화제의 구상을 역설했으며, 워싱턴 대통령 하에서 초대 재무장관(1789~1795)을 역임했다.)

◈ 전쟁을 비웃는 것은…허공에 대고 외치는 것과 마찬가지이다. 왜냐하면 공정하고 강력한 집권자는 그러한 외침에 결코 구애되지 않을 것이기 때문이다. 그러나 결과적으로 반드시 군인정신이 조금씩 멸살되어 가고, 정부는 이 중대한 행정부문을 소홀히 여기게 되고 나아가서는 무장해제로 약화된 자국自國을 문명되지 못하지만 판단력과 분별력이 더 강한 호전국好戰國의 세력에 넘겨주고 말 것이다.

—기베르—

(기베르(Jacques Antoine Hippolyte, Comte de Guibert, 1743~1790), 프랑스의 장군. 폐병원廢兵院(부상당한 병사를 치료하는 병원) 원장의 아들로 태어남. 13세부터 아버지를 따라 종군했으며, 7년전쟁에서 전공을 세웠다. 1767년 골시가의 전투에 참가했고 1786년 여단장이 되었으며, 동년 프랑스 학사원學士院 회원으로 선출되었다. 국방장관을 역임했다. 1772년 익명으로 런던에서 『일반전술론』을 출판했다. 그는 국민병제도와 기동전의 필요성을 역설했는데, 그의 군사사상은 후에 나폴레옹에게 영향을 미친 것으로 평가되고 있다. 그는 젊어서 파리 사교계의 총아요 또한 여러 철학자들과도 접촉했으며. 몇 가지 문학작품이 있는데, 레피나스 양의 문학살롱에 출입하여 그녀가 그에게 보낸 서한집은 문학사상 잘 알려져 있다. 주요저서로 『일반전술론』(1772), 『근대전법옹호론』(1779), 『군사저작집』(5권, 1803) 등이 있다.)

◈ 장수는 천분의 일의 가능성 밖에 없는 위험에도 항상 대비해 두지 않으면 안 된다.

—나폴레옹—

(나폴레옹(Bonaparte Napoléon, 1769~1821), 프랑스의 군인, 정치가, 1804년부터 1815

년까지 프랑스 황제였다. 육군사관학교(1785)를 졸업, 포병소위로 임관되었다. 대위로 툴롱 요새의 함락에 무공武功을 세우자 일약 준장으로 진급되었으며(1793), 파리의 왕당파 데모를 진압(1795)한 공으로 이탈리아 원정 사령관(1796)으로 임명되어 속전속승速戰速勝함으로써 그의 출세의 길이 열렸다. 황제(1804)가 되어 형식은 입헌정치이나 내용은 독재정치를 했다. 대불동맹제국對佛同盟諸國을 침략(1805~1807)했으며, 러시아원정(1812)에 실패하고, 황제에서 퇴위(1814)하여 엘바 섬에 유형되었다. 그러나 탈출하여 워털루전투(1815)에서 패전하여 세인트헬레나 섬에 유배되어 사망했다.)

◈ 국가의 주민은 태어나면서부터 방위자이다. —샤른호르스트—

(샤른호르스트(Gehard Johann David von Scharnhorst, 1755~1813), 프로이센의 장군. 프로이센의 군제개혁에 막대한 영향을 끼쳤으며, 참모본부의 초대총장으로서 나폴레옹 전쟁 중 프로이센군을 지도했다. 그나이제나우와 더불어 참모본부제도 탄생의 아버지로서 군사상에서 특필할만한 인물이다. 1877년 사관학교 졸업. 하노버의 포병사관으로서 프랑스혁명군과 벨기에에서 싸워(1793~1794) 전공을 세웠다. 1801년 프로이센군에 입대하여 베를린에 신설된 군사학교의 부교장이 되었다. 1806년 대對나폴레옹 전쟁에서 참모로서 출전하여 포로가 되었다가 석방되었다. 군무국장, 참모총장, 병제兵制개혁위원장이 되어 프로이센 군대의 대개혁에 착수하여 이것을 국민적 군대로 개편했다. 그동안 나폴레옹의 미움으로 군무국장의 자리를 면직 당했으나, 비밀리에 그 사업을 수행했다. 그는 프로이센군 총사령관 블뤼허의 참모장으로 나폴레옹에 대한 작전계획을 입안했으나, 1813년 뤼첸 전투에서 총상을 입었고 오스트리아의 참전을 협상하기 위해 프라하로 갔다가 그곳에서 사망했다. 그는 클라우제비츠를 발탁하여 기용 육성했고, 클라우제비츠는 그를 '나의 정신적 아버지'라 불렀다.)

◈ 힘이란 협의狹義의 군사력, 국토의 면적 및 인구 그리고 동맹국, 이 세 가지를 가리킨다. 국토의 면적 및 인구는 군사력의 원천인 동시에 또한 그것 스스로 전쟁의 커다란 요소이기도 한다. —클라우제비츠—

(클라우제비츠(Carl von Clausewitz, 1780~1831.), 프로이센의 군사이론가. 즉, 『전쟁론』(1832)을 저술함으로써 오늘날에도 군사고전의 저술가로 명성을 유지하

고 있다. 12세(1792)에 입대, 13세의 나이로 제1차 대불전쟁에 참가했다. 1801년 베를린에 새로이 개설한 군사학교(3년 과정)에 입학하여 1804년 수석으로 졸업했고, 당시 부교장인 샤른호르스트 중령(후에 대장)의 추천으로 아우구스트 친왕의 전속부관이 되었다. 1806년 나폴레옹군과 아우어슈테트 전투에서 패배하여 포로가 되기도 했다. 1812년 나폴레옹의 러시아 원정 때, 프로이센은 나폴레옹에 가담했기 때문에 사표를 내고 러시아군 대령으로 나폴레옹군과 싸웠다. 1814년 4월 프로이센군에 대령으로 복귀하여 제3군단 참모장으로 워털루전투(1815. 6.)에 참가했고 파리에 입성했다. 1818년 소장으로 베를린의 군사학교(1860년 육군대학으로 승격)의 교장(1818~1830)으로 재직했으나 한직였기에 12년간 『전쟁론』의 집필에 몰두했지만, 미완성으로 남겼다(사후, 그의 부인이 출판했다). 1830년 브레슬라우의 포병감으로 전출되었으나, 1831년 11월 콜레라로 병사病死했다. 주요저서로 『전쟁의 원칙』(1812), 『전쟁론』(1832) 등이 있다.)

◈ 국가의 멸망이란 그렇게 급하게 일어나는 것은 아니다. 물에 빠진 자가 지푸라기를 잡는 것이 자연적 본능인 것과 마찬가지로, 멸망에 기울어진 국민은 그것을 면하기 위해 최후의 수단을 택하게 된다는 것도 당연하다. 어느 국가든 적국에 비하여 아무리 약소하고 또 열세하다 하여도 그런 최후의 노력을 아껴서는 안 된다. 그렇지 않다면, 그 국가는 혼이 빠진 국가라고 말하지 않을 수 없다. —클라우제비츠—

•주석 : 1808년 나폴레옹의 프랑스군이 스페인으로 침공하자, 스페인 국민들은 게릴라전으로 대항하여 프랑스군을 괴롭혔다. 프랑스군에 입대하여 참전했던 조미니(Jomini, 1779~1869) 장군은 국제법으로 게릴라전은 금지시켜야 한다고 주장했으나, 클라우제비츠(1780~1831)는 반대의 입장을 취했다.

◈ 안보가 문제되는 국가들은 강대국이든 약소국이든 간에 군비軍備에 힘을 쏟고 있다. —케네스 헌트—

◈ 치밀한 협상과 외교적인 지혜가 아니고, 군사적 행동과 군인들의 주먹이 국가의 운명을 결정지었다. —길버트—

•주석 : 나폴레옹의 이탈리아 원정에 대한 평.

◈ 전쟁을 경험하여 그 본질을 잘 아는 군인은, 전쟁을 모르고 헛되게 입으로 평화를 부르짖는 공상가보다 전쟁을 더욱 두려워하는 것이다. –젝트–

(젝트(Hans von Seeckt, 1866~1936), 독일의 장군. 1887년 임관. 1899년 참모본부에 배속되었고, 제1차 세계대전 중 제11군 참모장(1915), 1917년 터키군 사령관이 되었다. 1919년의 베르사유 평화회의에 육군대표로 사절단에 참가했고, 1920년 참모총장이 되어 10만군의 건설에서 직업군인으로 구성된 소수정예의 군대육성에 큰 성과를 획득했으며, 1926년 대장으로 퇴역. 그는 장제스(蔣介石)의 난징(南京)정부의 군사고문관으로 초청을 받아 두 번 중국을 방문했다(1932, 1934~1935). 주요저서로 『한 군인의 사상』(1929), 『몰트케』(1930), 『독일의 장래』(1929), 『고대장수론古代將帥論』(1929), 『국방군』(1933) 등이 있고, 회고록인 『내 인생에서』(*Aus meinem Leben*, 1938)와 『그의 인생에서』(*Aus seinem Leben*, 1940)가 출판되었다.)

◈ 전쟁의 위험은 주로 군사력의 불균형에 있다. 평화 확보에의 길에 있어서 달성될 수 있는 첫째의 목적은, 즉 군비의 균형이다. –젝트–

◈ 근대의 전쟁에 있어서 준비의 필요는 과거에 비하여 한층 더 크며, 또한 한층 더 이것을 강행할 필요가 있다. –포슈–

(포슈(Ferdinand Foch, 1851~1929), 프랑스의 원수, 연합군 사령관, 군사사상가. 프로이센·프랑스전쟁(1870~1871) 때 지원병으로 참전하여 패배에 대한 책임은 전적으로 장수에게 있다고 생각했다. 후에 육군대학의 전사戰史 및 전략교관(1898)을, 1905년 제5군단장, 1907년 육군대학 교장, 1913년 낭시 제20군단장을 역임. 제1차 세계대전에서는 제9군을 지휘하여 제1차 마른전투(1914. 9.)에서 독일군을 저지하고, 조프르의 전진을 도와 승인勝因을 만들었다. 클레망소 내각의 군사고문, 연합군회의 의장(1917), 1918년 3월 연합군 최고사령관에 임명되었다. 제2차 마른전투(1918년 7월~8월)에서 독일군의 총공격에 치명적 타격을 가하여 승리의 발판을 만들고, 동년 8월에 원수로 진급, 휴전규약 기초起草를 담당했으며, 독일에 무조건 항복을 가했다. 독일의 군비해제軍備解除, 라인랜드의 영구점령 등 강경책을 주장했다. 주요저서로 『전쟁의 원칙』(1902), 『전쟁의 수행』(1904),

『전쟁회고록, 1914~1918』 등이 있다.)

◈ 세상에는 여러 가지 많은 착오도 있지만, 무위무책無爲無策만큼 불명예스러운 것은 없다. —포슈—

◈ 병력 수, 교육 및 장비는 국방군의 강도를 나타내는 대조적 표현이며, 정신적 및 도덕적 실체가 있어야 비로소 그것이 총력전의 요구에도 오래 견딜 수 있는 힘을 주는 것이다. —루덴도르프—

(루덴도르프(Erich Friedrich Wilhelm Ludendorff, 1865~1937), 독일의 장군. 1881년 소위 임관. 1908년 참모본부의 작전과장. 제1차 세계대전 발발 후 힌덴부르크의 참모장을 역임. 1914년 8월 타넨부르크에서 러시아군에 대승하여 국민적 영웅이 되어 군의 실권을 장악하여 이른바 군부독재를 실시했다. 휴전 후, 반反유태인주의를 표방하는 우익세력의 중심이 되었고, 1924년에는 나치당에 속하여 국회의원에 당선, 1925년에는 대통령 선거에 출마했으나 참패한 후 정계에서 물러났다. 주요저서로 『군국주의』(1934), 『총력전』(1936), 『전쟁회고록』 등이 있다.)

◈ 30만의 병사를 지휘하여 완패한 장수는 있었다. 그러나 그것은 결코 그들이 10만 내지 5만을 더 가졌다면 확실히 승리를 획득할 수 있었다는 것을 의미하지는 않는다. 다만 한 가지만은 확실하다. 즉 예로부터 장수에게 주어진 군대가 과다하다 하여 이의異議를 내세운 자는 없었고 또 과소하다고 불만을 호소하지 않는 자가 없었다는 사실이다. —슐리펜—

(슐리펜(Alfred von Schlieffen, 1833~1913), 독일의 전략가. 육군의 참모본부(1884)에 들어가서 참모차장(1888), 참모총장(1892~1903)을 역임했으며, 1911년에 원수가 되었다. 특히 참모본부 요원의 육성에 노력했으며, 「슐리펜 계획」의 작성으로 유명하다.)

◈ 군사력의 3대 기능은 적을 응징하고, 적에게 영토를 거부하며(또는 적으로부터 영토를 획득), 우리 측의 손실을 경감하는 것이다. —스나이더—

(스나이더(Glenn Herald Snyder, 1924~2013), 미국의 국제정치학자, 컬럼비아 및 뉴욕주립 대학교의 교수 역임. 주요저서로 『억지抑止와 방위』(1961), 『전략, 정

치 및 국방예산』(공저, 1962), 『연합정치』(1997) 등이 있다.)

◈ 우리 2천만 남녀가 다 군인이 되어야 하오.…우리는 다 군사훈련을 받읍시다. 매일 한 시간씩이라도 배웁시다. 나도 결심하오. 다만 30분씩이라도 군사학을 배우면 대한인大韓人이오, 불연不然이면 대한인이 아니오.

—안창호—

(안창호(安昌浩, 1878~1938), 호는 도산島山, 독립운동가·교육자. 평남 강서출신, 서당에서 한학漢學을 수학했다. 1895년 상경하여 1897년 구세학당 졸업 후 예수교에 입교, 독립협회에 가입했으며, 1907년 신채호 등과 신민회를 조직, 평양에 대성학교, 정주에 오산학교 등을 설립했다. 1910년 미국에 망명, 1913년 로스앤젤레스에서 흥사단을 결성했고, 1919년 3·1운동 후 상하이(上海)임시정부의 내무총장·국무총리 서리·노동총변 등을 역임하며, 「독립신문」을 창간했다. 1929년 상하이에서 일경에 체포되어 대전에서 복역 중 가석방되었으나, 1937년 동우회사건으로 다시 체포되었고, 1938년 병보석으로 서울대학교 병원에서 치료 중 사망했으며, 『안도산전집安島山全集』이 있다.)

◈ 대저 지구상에 여러 열국을 보면 패자가 되기도 하고 노예가 되기도 하고 흥하기도 하고 망하기도 하는데, 그 나라 국민이 무력이 강하고 용감하여 삶을 경시하는 자는 패자霸者가 되고 흥하며, 그 국민이 문약하여 겁을 먹고 죽음을 겁내는 자는 노예가 되고 망하게 된다. —박은식—

(박은식(朴殷植, 1859~1925), 조선 말기의 독립운동가, 학자, 언론인. 1898년 「황성신문皇城新聞」의 창간에 참여하여 주필이 되었다. 1925년 임시정부 국무총리, 1926년 대통령이 되었다가 동년 7월의 헌법 개정으로 동직을 퇴임했으며, 11월에 병사病死했다. 1962년 대한민국 건국공로훈장 복장이 수여되었다. 주요저서로 『조선고대사고朝鮮古代史考』, 『한국통사』, 『이순신전』, 『의사 안중근전』, 『독립운동지혈사獨立運動之血史』 등 다수가 있다.)

◈ 탄약이 떨어질 때까지 싸워라. 총알이 떨어지면 총검으로라도 싸워라. 절대 항복은 없다. 죽을 때까지 싸워라. —앙리 기상—

•주석 : 스위스 연방의회는 총사령관으로 앙리 기상 장군을 임명하였고, 그

는 3일 내로 전체 인구의 10%가 넘는 40만 명의 장정들을 소집하여 전투태세를 갖추고 위 내용의 명령을 내렸다. 그리하여 결국 제2차 세계대전 초기 나치 히틀러의 정예군도 스위스의 지형과 그들의 임전태세 때문에 스위스 침공을 단념하고 말았다.

(기상(Henri Guisan, 1874~1960), 스위스의 장군, 군사지도자, 스위스의 국민영웅. 제2차 대전시 영세중립국인 스위스를 침략하려는 히틀러의 침략욕구 앞에 43만 명의 민병대와 국민들을 영도하여 독일의 침략을 포기하게 만들었다.)

◈ 지금부터 독자적으로 조국을 방위할 수 있는 필요한 무기를 국가자원으로 국내에서 개발하고 생산할 수 있는 태세를 갖추어야 한다. 왜냐하면 아무리 우방국이라 할지라도 외국에 의존한다는 것은 일단 국가안보문제를 다룰 때는 결코 신뢰할 수 없기 때문이다. —갈루아—

◈ 국방사상은 단순히 군사적인 성격을 띠는 것은 아니며, 통상적으로 말하고 있는 국방의 뜻은 그 국가(영토, 국가, 주권)를 보위하기 위하여 취해진 일종의 전쟁준비를 가리키는 것이다. —장제스—

(장제스(蔣介石, 1887~1975), 중국의 군사지도자 및 정치가. 중국 국민당 정부의 주석(1928~1949)을 지냈고, 1949년 이후에는 타이완(臺灣)의 국민주석을 지냈다. 1937년부터의 중일전쟁(1937~1945)에서는 전 민족적 항일전이 전개되었다. 1945년 8월 일본의 항복은 국민당과 공산당과의 대립에 대한 신호였고, 내란이 재개되었다. 장제스와 마오쩌둥(毛澤東) 사이에 평화협정이 맺어지기도 했으나 곧 파기되었고, 미국의 중개로 정치협상이 열리기도 했으나 실패했으며, 내란에 패하여 1949년 타이완으로 옮겼다. 그는 타이완의 수반·군사령관·국민당의 종신적인 지도자로서 절대적 권위를 보존했고, 전 중국의 정통적 정부임을 항상 주장했다. 이와 같은 그의 주장은 미국의 전폭적 지지를 받았다. 그러나 냉전의 후퇴, 동·서의 해빙, 미·소·중의 접근 등 국제정세의 변화는 타이완의 고립화를 현저케 했다. 주요저서로 『중국의 운명』, 『중국 속의 소련』 등이 있다.)

◈ 터널을 깊이 파고, 널리 식량을 비축하고 헤게모니(Hegemonie)를 구하려

하지 말라. —마오쩌둥—

•주석 : 이것은 마오쩌둥이 소련의 위협에 직면하여 약자의 입장에서 행한 말이다.

(마오쩌둥毛澤東, 1893~1976), 중국 공산주의 이론가, 군인, 혁명가이며 '마오쩌둥주의'를 창시한 사상가이다. 1931년 이래 중국 공산당의 지도자였으며, 1945년 제2차 세계대전이 끝난 뒤인 중앙 제7차 전국대표대회 이후, 장제스의 국민당과 제2차 국공내전國共內戰에서 승리를 거두고 1949년 중국 대륙에 중화인민공화국을 수립하였다. 중화인민공화국의 국가주석을 지냈으며(1949~1959), 국가 주석을 사퇴한 이후에는 사망할 때까지 당 주석을 역임했다. 1969년 문화혁명의 성공으로 권력의 건재함을 과시했고, 그의 사상을 중공의 이념적 기초로 강령綱領에 명시했다. 주요저서로 『마오쩌둥 군사논문선毛澤東軍事論文選』(1969) 등이 있다.)

◈ 국방을 연구하는 중점重點은 여전히 전쟁이라는 데에 두어야 만이 시대적 요청에 부응할 수가 있다. —장웨이궈(蔣緯國)—

◈ 군제軍制의 종극적인 목표는 우리 측의 군사력 효능을 최대한으로 발휘하여 국가목적에 부합시키는 것이니, 군제를 제정할 때는 반드시 적측의 상황과 우리 측의 국력상의 제한요소를 동시에 참작해야 한다.

—장웨이궈(蔣緯國)—

◈ 오늘날 공군력은 전쟁에 있어서 가장 우위를 차지하는 요소이다. 물론 공군력만으로 승리할 수 없지만, 그러나 그것 없이 커다란 전쟁에서 승리할 수 없다. 우리들이 아는 한, 공군력은 공격과 방어의 양 측면에 또 타군을 지원함에 있어서 가장 필요하다. —래드포드—

•주석 : 해군 제독이면서 대규모의 현대전을 수행하자면 공군력의 필요성을 정확하게 평가했다.

(래드포드Arthur William Radford, 1896~1973), 미국 해군 제독, 해군 비행사. 태평양 함대사령관과 합참의장을 역임했고, 한국전쟁 시 맥아더 장군의 지지자였다. 그는 아이젠하워 대통령의 고문으로서 극동지역에서 중국이나 소련에 대

해 미국의 핵 우위를 제안했으나, 이 제안을 아이젠하워는 일축했다.)

◈ 나의 전문은 국방이다. 마치 식물병리의 전문가가 외국에 나가서 병이 생긴 식물을 관찰하여 그 치료법을 배우는 것처럼, 나는 베트남전쟁을 배워 우리의 전쟁에 적응할 수 있는 가능성을 찾고자 한다. —다얀—

•주석 : 1966년 4월, 그가 월남을 방문하려고 하자, 국회는 이스라엘이 미국의 베트남전쟁을 지지하고 있다고 해석되는 것을 두려워 그 여행을 반대했을 때, 친구에게 한 얘기.

◈ 평화는 힘을 필요로 한다. 우리의 기본적 이익과 우리 맹방들의 기본적 이익을 무력으로 위협하는 자들이 있는 한 우리는 강력한 힘을 갖추어야 한다. —닉슨—

•주석 : 1970년 2월, 「평화를 위한 새 전략」에서.

◈ 국방에 관해서는 어떤 대통령도 우리의 군사준비가 침략의 유인을 마련하지 않고 또한 우리가 보호하려고 노력하는 안전을 위협할지도 모를 군비경쟁을 도발하지 않도록 보장하기 위해 두 가지의 주요한 임무를 가지고 있다. —닉슨—

◈ 우리가 지금 말하는 자주국방의 개념이라는 것은, 즉 외부의 지원 없이 북한 공산집단이 단독으로 공격해 올 경우, 우리도 우방의 지원 없이 단독의 힘으로 1대1로 능히 이를 격퇴하고 막아낼 수 있는 정도의 국방력을 빨리 갖추어야 되겠다는 것입니다. —박정희—

•주석 : 1976년 1월, 박 대통령의 연두기자회견에서.

◈ 모든 국가는 국방계획이 필요하다. 모든 국방계획은 기본적으로 정치적 과정으로 이루어진다. 국방계획자들은 자국이 장차 충분하게 안전함을 느끼기 위해 필요한 것을 알아야 한다.

국방계획 전 과정에서 중요한 정책 목표는 정치적 선택의 문제이다.… 국방계획에는 불확실성이 상존한다. 과학적으로 올바른 결정을 내리기는 불가능하기에 국방계획자들은 미래의 국방문제에 관해 그래도 충분한 해결책을 제시하려고 해야 한다.…

어느 나라의 국방계획이든 간에 다음의 질문에 충분한 답을 제시해야 한다.

·어느 정도의 무기를 구매해야 하는가?

·무슨 종류의 무기를 구매할 필요가 있는가?

·언제까지 이런 무기를 구매해야 하는가? —콜린 그레이—

(그레이(Colin S. Gray, 1943~), 영국·미국의 전략적 사상가. 맨체스터 대학교와 옥스퍼드 대학교에서 선임부교수, 토론토 대학교·브리티시 컬럼비아 대학교의 교수를 역임했다. 1982~1987년까지 레이건 행정부의 자문위원. 주요저서로 『핵시대의 지정학』(1977), 『전략연구』(1982), 『현대전략』(1999), 『전략과 역사』(2006), 『전략의 미래』(2015) 등 다수가 있다.)

◈ 우리들의 주州에서는 모든 아이들은 병사가 되기 위해서 태어난다.

—스위스의 옛 노래—

◈ 병역兵役은 건전한 스위스 시민 전원에 있어서 제2의 직업이다.

—스위스의 격언—

•주석 : 육군 21사단의 최지혁 이병은 미국 시민권을 취득하면 한국 국적을 포기하게 돼 군대에 입대하지 못한다는 사실을 알게 되자, 그는 미국 시민권을 포기하고 군대에 입대했다는 신문기사가 나왔다.(「국방일보」, 2017. 10. 16.)

한편, 최근의 신문보도에 의하면, '양심적 병역 기피자'가 수천 명이 되고, 그 수가 증가 추세라고 한다. 헌법에 병역의무가 명시되어 있고, 한반도의 군사정세가 위급하고 또한 국가의 자위독립自衛獨立을 위해 그들의 국적을 박탈하고 국외로 추방하며, 또 병역 신체검사에서 낙방한 자는 장기간 '병역 면제세'를 납부토록 단시일 내에 입법화할 것을 건의한다.

◈ 지금 이 순간부터 우리의 적이 공화국의 영토 밖으로 축출될 때까지 전

프랑스 국민은 영구히 군에 복무해야 한다. —프랑스 의회의 칙령—

◈ 슬프다, 군軍은 나라의 간성干城이니, 간성이 없이 어찌 나라를 지킬 수 있으며, 나라를 보호하지 못하고 어찌 국민이 존재할 수 있으랴. 이것은 공허한 이론이 아니라 천고만역千古萬域의 진리이며 역사가 주는 교훈이며 내 자신이 경험한 사실이다. —임시정부 포고문(1941. 11.)—

정치·전쟁 그리고 국가전략(대전략)

◈ 그러므로 백 번 싸워 백 번 승리하는 것이 결코 훌륭한 전략이 아니고, 싸우지 않고 적을 굴복시키는 것이 최상의 전략이다. 따라서 가장 훌륭한 전략은 적이 전쟁하려는 의도를 분쇄하는 일이고, 그 다음은 적의 동맹관계를 끊어 고립시키는 일이며, 그 다음은 무력을 사용하여 적군을 격멸하는 일이며, 최하의 전략은 적의 성城을 공격하는 일이다. —손자—

•주석 : 싸워서 승리하는 전략·전술보다 싸우지 않고 적을 굴복시켜야 한다는 국가전략을 역설한 탁월한 군사사상이다.

◈ 장수는 통치자를 보좌하는 중요한 존재이다. 보좌가 완전하면 국가가 강대해질 것이고, 보좌가 불완전하면 국가는 반드시 약해진다. —손자—

◈ 장수가 유능하고 통치자가 간섭하지 않으면 승리한다. —손자—

◈ 무릇 싸워 승리하고 공격하여 토지·성곽 등을 탈취했으면서도, 그 전쟁 목적을 달성하지 못한다면 그것은 '낭비'이다. 그래서 총명한 군주는 그 점을 깊이 생각하여 전쟁을 시작하고, 훌륭한 장수는 그 명을 받으면 깊이 생각하여 용병을 결정해야 한다. 그래서 유리하지 않으면 전쟁을 하지 않으며, 얻을 것이 없으면 군대를 사용하지 않으며, 위태롭지 않으면 싸우지 않는다. —손자—

•주석 : 전쟁에 의해서 달성하는 것은 정치목적(political purpose)이고, 전쟁에 있어서 달성하는 것은 군사목표(military objective)이다. 장수가 군사목표를 정할 때는 정치목적을 달성하는 데 이바지 하는 목표를 선정해야 한다.

일본의 연합함대 사령관 야마모토 이소로쿠(山本五十六) 제독은 하와이의 미국 태평양 함대를 1941년 12월 7일 기습 공격함으로써 태평양의 제해권을 장악(군사목표)할 뿐만 아니라, 미국 국민의 전의戰意(정치목적)를 상실케 하고자 기습작전을 실시키로 했다. 그리고 하와이 공격 30분 전에 대미 최후통고를 미국정부에 하도록 외무부에 당부했으나, 주미 일본 대사관의 부주의로 공격 후에 전달되었다.

일본 기동함대의 기습공격으로 미국 해군 전함 6척을 비롯하여 18척의 선박이 격침 혹은 대파되었고, 340여대의 항공기가 격파·손해를 입었으며, 3,000여 명의 인적 피해를 입었으나, 일본 기동함대는 29대의 항공기 손실을 입었을 뿐이었다. 일본의 연합함대는 전술적으로 대성공을 거두었으나, 미국정부는 기습공격 후에 최후통첩을 했다는 것을 최대한으로 활용하여 '속임수의 기습'으로 단정하고, '진주만을 상기하라!!' 등의 구호로 전 국민을 대일전쟁에 집결시켰고, 국민의 적개심과 사기를 자극하는 자료와 구실로 삼았다. 따라서 일본 기동함대가 달성하고자 했던 정치목적은 오히려 역효과를 가져오고 말았다.

◈ 적의 허술함을 보거든 진격하고, 임전태세를 갖추고 있으면 멈추어라. 3군의 군사가 많고 강하다 하여 적을 가벼이 보지 말 것이며, 군주의 명이 중하다 하여 반드시 죽기를 기약하지 말 것이며, 장수의 몸이 비록 존귀하다지만 사람을 낮춰 보지 말 것이며, 독단적인 편견으로 다수의 의견을 무시하지 말 것이며, 재치 있는 능력만을 믿어 그 말을 쉽게 받아들여서는 안 된다.

—『육도』—

•주석 : 군주가 출전하는 장수에게 주는 작전지침이다.

(육도六韜 : 무경칠서武經七書의 하나로 삼략三略과 함께 병칭된다. 「문도文韜」, 「무도武韜」, 「용도龍韜」, 「호도虎韜」, 「표도豹韜」, 「견도犬韜」 등 6권 60편으로 이루어졌으며, 모든 편목이 태공망 강상太公望姜尙이 주나라의 문왕, 무왕에게 병법을 전수하는 내용으로 구성되어 있다.)

◈ 군주는 천하의 재물을 활용하여 경제권을 장악하고, 천하의 법제를 확립하여 통제력을 행사하여야 한다. 그리하여 정령政令을 올바로 세우고 상벌을 분명하게 시행함으로써, 천하 사람들에게 "우리나라는 농사에 힘쓰지 않으면 먹고 살 수가 없으며, 전장에 나가서 싸워 이기지 못하면 작록을 얻을 수 없다"는 것을 인식시켜야 한다. 이렇게 하면 백성들은 모두가 팔을 걷어붙이고 나서서 평시에는 농사에 힘쓰고, 유사시에는 전쟁에 몸을 바치게 되어 천하무적의 강국이 될 수 있을 것이다. 그러므로 이런 경우를 두고 "국가에서 명령을 내리면 백성들이 이를 믿고 따르게 된다"고 말하는 것이다.

—울료자—

• 주석 : 무경칠서武經七書 중의 하나이다. 중국 전국시대 후기에 이미 중국 전체에 널리 퍼져서 무사의 필독서가 되었다.

◈ 전쟁을 일으키기 전에 또는 전투를 개시하기 전에 적방의 투지와 사기를 꺾는 데 다섯 가지 방법이 있다.

- 첫째, 조정에서 치밀한 전쟁수행 계획을 세우는 것이다.
- 둘째, 전군을 지휘할만한 실력을 갖춘 장수에게 임무를 부여하는 것이다.
- 셋째, 전군 장병이 적국의 국경을 넘어서도 적이 감당하기 어려울 만큼 왕성한 투지를 발휘하게 하는 것이다.
- 넷째, 참호를 깊이 파고 보루를 높이 쌓아 견고한 수비태세를 갖춤으로써, 적으로 하여금 진공도 철수도 못하도록 진퇴양난의 곤경에 몰아넣는 것이다.
- 다섯째, 적 앞에 전열을 당당히 갖추고 전쟁의 명분을 따져 적을 질책하는 것이다.

—울료자—

◈ 그 임금은 인자하여 백성을 사랑하고, 신하들은 충성으로써 임금을 섬기므로, 나라는 비록 작다고 하더라도 마음대로 해치울 수 없었습니다.

—소정방(蘇定方)—

•주석 : 660년 나당연합군이 백제를 멸망시키고, 소정방이 돌아가서 백제의 포로를 바치자, 당 고종은 그에게 "어째서 신라를 치지 않았는가?" 하고 묻자 위에 말한 내용의 답변을 했다.

(소정방(蘇定方, 592~667), 당나라의 장군. 본래의 이름은 열(烈), 정방은 자이다. 강행군과 속공을 구사하여 서돌궐, 사결을 멸하고, 660년 신라와 협공하여 백제를 정벌했다. 고구려의 평양까지 공격하였으나, 신라의 김유신이 지휘한 신라군의 목숨을 건 식량보급으로 목숨을 건져 철수했다.)

◈ 재정상태의 양부는, 말하자면 국가의 맥박이며, 정치와 군사에 대해서는 사람들이 생각하는 이상으로 영향을 미친다. —프리드리히 대왕—

◈ 국가의 진정한 안전이 그 결정(전쟁의 화전和戰)에 달려 있는 경우에는 정의와 불의, 인간애와 잔인성, 영광과 수치의 어떠한 것에 대해서도 구애되어서는 안 된다. —마키아벨리—

•주석 : 전쟁의 수단은 오직 국가의 안전에 관련시켜서만 판단해야 한다는 것이다.

◈ 군주된 자가 위대한 일을 하고 싶으면 사람을 농락하는 수법, 꼭 권모술수를 배울 필요가 있다. 그런 수법을 습득해야 할 필요성은 군주국뿐만 아니라, 공화국의 경우에 더욱 필요해진다. 적어도 그 나라가 대단히 강력해져서 라이벌이 없어질 만큼 강대해질 때까지는 술책을 사용한다는 것은 필요할 뿐만 아니라, 생존술이다. —마키아벨리—

◈ 강력함과 기만은 전쟁에 있어서 두 가지의 주요한 덕이다. —홉스—

(홉스(Thomas Hobbes, 1588~1679), 영국의 철학자, 정치사상가. 기계론적 유물론으로 정치이론을 구축한 창시자이며 최초의 민주적 사회 계약론자. 베이컨의 철학을 계승·발전시켰으며, 서구 근대정치철학의 토대를 마련한 책 『리바이어던』의 저자로 유명하다. 14세 때 옥스퍼드 대학교에 입학, 전통적인 스콜라적 논리학과 물리학을 배우고 1608년 학위를 받았다. 그는 『리바이어던』(*Leviathan*)에서 정부의 절대성을 왕권신수설王權神授說에 의해 주장한 것이 아니라, 평화를 바라는 인간의 이성을 토대로 하여 사회계

약에 의해 옹호했다는 데서 왕당파로부터 격렬한 비난을 받았다. 무신론자로서의 그의 저서는 영국에서 발붙일 곳이 못되었고, 만년의 홉스는 불리하고 고독한 형편에 놓여있었으나, 1675년에는 호메로스의 『일리어스』와 『오디세이』의 영역英譯을 완성했다. 주요저서로 『법학강요法學綱要』, 『리바이어던』, 『시민론』, 『물체론物體論』, 『인간론』 등이 있다.)

◈ 전쟁이란 다른 수단을 가지고 하는 정치의 계속에 지나지 않는다. 전쟁은 정치적 행위일 뿐만 아니라, 정치의 도구이며, 양국 사이의 정치적 교섭의 계속이며, 정치와는 다른 수단을 사용하여 이 정치적 교섭을 수행하는 행위이다. 전쟁은 정치적 교섭의 한 수단에 지나지 않으며, 그러기 때문에 결코 독립된 것이 아니다. —클라우제비츠—

•주석 : 이것은 정치와 전쟁과의 관계를 정립시킨 클라우제비츠의 『전쟁론』의 기반을 이루는 근본사상이다.

◈ 전쟁은 정치에 속하기 때문에 따라서 정치의 성격을 띠게 된다. 따라서 정치가 대규모이고 강력해짐에 따라 전쟁도 또한 여기에 준하게 된다. 그리고 양자의 이러한 관계가 극도에 달하면 전쟁은 마침내 그 절대적 형태를 취하게 된다. —클라우제비츠—

◈ 최고의 입장에서 전쟁술은 정치가 되며, 물론 그것은 외교문서 대신에 전투를 하는 정치이다. —클라우제비츠—

◈ 전쟁은 결코 한가한 유희가 아니며, 모험과 성공을 구하는 정열도 아니며, 또 방종과 열광의 소산도 아니다. 전쟁은 진정한 목적을 위한 진정한 수단이다. —클라우제비츠—

◈ 전쟁이란 이것을 야기 시키는 동기와 상황에 따라 매우 달라져 간다. 그래서 정치가와 장수가 내리는 가장 위대하고 결정적 행동의 판단은 그가 기도하는 전쟁은 그 전쟁이 놓여 있는 여러 단계에 있어서 정확히 인식하고 상황의 성질상 도저히 얻을 수 없는 것을 바라거나 또 강요하지 않는

다는 것이다. 실로 이 문제는 모든 전략문제 가운데 가장 중요한 문제라 해도 좋다. —클라우제비츠—

◈ 어떤 경우의 전쟁도 독립된 것으로 생각해서는 안 되며, 하나의 정치적 수단으로서 생각해야 한다. 이런 견지에서만이 우리들은 모든 전쟁사를 모순 없이 이해할 수 있다. —클라우제비츠—

◈ 오늘날의 군사기구는 대단히 다종다양하며 또한 현저히 발달했다 하여도 그러나 전쟁의 요강은 반드시 정부에 의하여, 환언하면 군사당국이 아니라 정치당국에 의해서만 결정되어야 한다는 것은 오랫동안의 경험이 보여준 바와 같다. —클라우제비츠—

◈ 그런데 이 통일체라는 것은, 전쟁이란 정치적 교섭의 일부에 지나지 않으며, 따라서 그것만으로 독립적으로 존재하는 것이 아니라는 개념에 지나지 않는다.

우리들은 전쟁이 여러 국가의 정부 및 국민 사이의 정치적 교섭에 의하여 야기되는 것으로 알고 있다. 그런데 보통 이것을 다음과 같이 생각하고 있다. 즉 전쟁의 개시와 더불어 교전하는 양국 간의 정치적 교섭은 단절하고 이것과는 전혀 별개의 상태가 나타나며, 그리고 이런 새로운 상태는 그 자신의 법칙에 따른다는 것이다.

이에 대한 우리의 주장은, 즉 전쟁은 정치적 교섭의 계속에 지나지 않으며, 그리고 정치적 관계의 계속이며, 다른 수단을 섞은 계속이라고 하는 것이다. —클라우제비츠—

• 주석 : 위의 내용은 현실전쟁론자의 관점에서 정치와 전쟁의 관계를 명시한 내용이며, 마지막 내용은 그의 전쟁이론의 핵심사상이다.

◈ 전쟁은 정치적 목적에 합치되어야 하며, 또 정책은 그의 수단인 전쟁에 무리한 요구를 가용해서는 안 된다고 한다면, 정치가와 군인이 한 사람으로 겸비되지 않는 한, 남은 방법은 한 가지이다. 즉 최고의 장수를 내각의

일원으로 만들어 내각이 장수의 주요한 활동에 관여할 수 있도록 하는 데 있다. —클라우제비츠—

•주석 : 위의 내용은 클라우제비츠의 문민통제(civilian control)의 기본원칙을 제시했는데, 1853년 『전쟁론』의 재판 때부터 뒷부분의 주어를 개찬했다. 즉 "장수가 내각의 주요한 활동에 관여할 수 있도록 하는 데 있다"고 했는데, 제2차 세계대전 이전에 독일·일본 등에 '통수권의 독립'으로 인한 군국주의가 등장한 이론적 근거가 되었다.

◈ 정치인과 지휘관들이 해야 하는 가장 우선적이고 중요하며 영향력이 큰 판단행위는 그들이 개시하는 전쟁의 유형을 시험할 수 있는 방안을 수립하는 것이다. —클라우제비츠—

◈ 전쟁은 정책의 도구이며, 전쟁은 필연적으로 정책의 성격을 띠지 않을 수 없다. 전쟁은 언제나 정책의 척도를 가지고 측정해야 한다. 따라서 전쟁의 수행은 그 대체의 줄거리에 있어서 정책 그 자체이다. 정책은 전쟁에 있어서 펜 대신으로 칼을 사용하지만, 그렇다고 해서 정책 자신의 법칙에 따라서 생각하는 것을 그만 둔 것은 아니다.

따라서 정치적 목적—전쟁을 하게 된 근본 동기—은 달성해야 할 군사적 목표와 그것을 이루기 위해 필요한 노력의 양을 결정한다.

—클라우제비츠—

◈ 정책은 왕이지만 대개 전쟁의 본질과 특징은 잘 모른다. 정치인들이 전쟁을 하기로 결정하는 순간, 그들의 전문 영역은 사라진다. 특히 군사기구에 행동을 취하라고 명령하는 정책 결정자들은 군사전문가가 아니다. 실제로 그들은 자신들이 명령을 내리는 군사기구에 대해서 깊이 알지 못할 수 있다.…여기서 전하는 핵심 내용은 정치인과 군인들 사이에 본래부터 내재된 구조적 긴장관계가 있다는 것이다. —콜린 그레이—

◈ 기술과학과 기계과학이 전쟁 수행방법에 막대한 영향을 끼치고 전시와

같은 모든 운영이 국가의 세입상태에 의존해 있고 국가전체가 부유한가, 빈한한가. 현명한가, 우둔한가. 정신적인가, 침체되어 있는가. 그리고 동정심이 전적으로 조국에게로 가는지 또는 일부 외국에로 가는지 그리고 국가를 방위할 자를 많이 소집할 수 있느냐, 소집할 수 없느냐 등의 여러 문제에 국방의 성패가 달려 있을 경우에는 그 어느 때보다도 생산 가치는 정치적 견지에서 평가되어야 한다. —리스트—

◈ 7년전쟁(1756~1763) 당시 영국의 해군, 육군 및 외교의 세 가지 요소가 대재상大宰相 윌리암 피트라는 한 위인의 손안에서 통제되었다는 사실은 영국군이 강경한 작전을 할 수 있었던 원인이다. 각종의 조건은 이 한 사람의 뇌리에서 계량 조화되어 각 조건이 상호 지원하여 최대의 공동행위로 나타났다. —콜벳—

(콜벳(Julian Stafford Corbett, 1854~1922), 영국의 해군전사가海軍戰史家. 케임브리지 대학교에서 법률을 전공했다. 그는 많은 저술을 했는데, 그것으로 인하여 해군대학에서 전사戰史의 강사가 되었다. 1917년 그는 기사騎士의 칭호를 받았다. 주요저서로 『지중해의 영국, 1603~1713』(1904), 『7년전쟁에서의 영국』(1907), 『트라팔가의 전역』(1910), 『해양전략의 원칙』(1911) 등이 있다.)

◈ "미국 그리고 연합국에 있어서 최대의 목적은 승리이다. 그 승리를 확실히 할 수 있는 것은 참모총장으로서의 마셜 장군의 정치적 수완과 헌신이 있기 때문이며, 그것이 없이는 승리를 바랄 수 없다"고 킹 대장은 루스벨트 대통령에게 마셜 장군의 유럽 최고사령관 임명에 대해 반대 의견을 건의했다. 루스벨트 대통령은 그 건의를 수락하고 마셜 원수에게 말했다.

"장군, 당신이 워싱턴에 없으면 나는 편히 잘 수가 없겠어." 하는 표현으로 최고사령관 임명의 중지를 말하자, 마셜 원수는 조용히 대답했다.

"저는 대통령의 어떠한 결정에도 따르겠습니다. 그것이 저의 임무입니다. 하물며 그 문제는 개인적 감정을 고려하기에는 너무나 중대합니다."

—마셜—

•주석 : 제2차 대전에 있어서 연합군이 유럽 침공작전의 최고사령관으로 임명될 것이라는 말을 듣고 마셜 원수는 기뻐하며 이사준비를 시작했는데, 왜냐하면 마셜 원수는 지금까지 대부대의 실전지휘 경험이 없었기 때문이었다. 하지만 아이젠하워 장군이 임명되었다.

(마셜(George Catlett Marshall, 1880~1959), 미국의 육군원수, 노벨 평화상 수상(1953). 1901년 버지니아 군사학교 졸업. 1939년 이래 제2차 대전 중 육군 참모총장, 1944년 육군원수, 1945년 11월 예편했다. 1945~1947년까지 트루먼 대통령 특사로서 국공國共 문제해결을 위해 중국에 주재했으며, 1947~1949년 국무장관, 1950~1951년 국방장관 역임. 1947년 6월 하버드 대학교에서 행한 유럽의 경제생활을 부흥시키고 공산주의를 견제해야 한다는 역사적 연설은 1948년 유럽 부흥계획으로 입안되어 전후 유럽의 경제적 부흥에 결정적 공헌을 했다.)

◈ 역사적으로 보아 미국은 전쟁에 대한 사전 준비를 충분히 할 수 없는 체질을 가지고 있다. 즉 시민의 이익을 첫째로 생각하는 미국식 민주주의 하에 있어서 정책은 시민에게 중점이 놓이게 되고 국가는 우선되지 않는다. 시민의 관심이 각자의 개인적 이익에 집중되고 있는 이상, 국가의 입장에서 위기에 대비한다는 배려는 시민의 환호를 유발하기에는 불가능하기 때문이다. —킹—

•주석 : 미국은 2차대전 전까지만 해도 태평양 및 대서양을 사이에 끼고 있었기 때문에 사태가 발생한 후의 동원전략으로 위기에 대처했으나, 핵탄두와 미사일의 출현은 전략적 차원에서는 불가능함을 알고 있지만, 정치적 차원에서는 아직 이런 사고방식이 뿌리 깊게 내려져 있지 않았다.

(킹(Ernest Joseph King, 1878~1956), 미국의 해군 제독, 원수. 1901년 해군사관학교를 졸업. 아시아함대, 대서양함대, 잠수함 및 항공대 등을 거쳐 태평양전쟁이 시작됐을 때 해군대장이며 대서양함대 사령관이었다. 제2차 세계대전 시 미합중국 함대사령관, 1942년 3월에는 해군참모총장이 되었다. 미합중국 함대사령관의 내시內示를 받고 워싱턴에 가서 대통령의 대일전략對日戰略에 대해 질문을 받자 즉석에서 자신에 찬 답변을 했는데, 그것은 그가 대령시절에 구상했던 것이었다. 루스벨트 대통령은 "가장 유리

한 태평양 진격로進擊路에 대한 복안이 있습니다." 하고 계속하려는 킹 제독을 말리고는 그가 사전에 이렇게도 치밀하고 확고한 연구를 해둔 것에 대해 감복했다. 그는 태평양전쟁을 성공적으로 수행하여 승리를 획득하였고 태평양함대 사령관 니미츠의 직속상관이었다. 1945년 12월 사직했고, 후임에 니미츠 원수가 되었다.)

◈ 나는 언제나 정치 지도자는 인물을 바르게 판단할 능력을 갖추어야 한다고 생각한다. 정치가는 군의 수뇌를 선택할 때, 평화로운 시대에는 품격, 능력 및 일의 추진력 등으로 판단해야 한다. —몽고메리—

•주석 : 영국 육군은 2차 대전 직전까지 전적으로 무능한 참모총장이 그 지위에 오래 있었고, 따라서 육군의 수뇌부도 엉터리들만 모여 있었다고 평했다.

(몽고메리(Bernard Law Montgomery, 1887~1976), 영국의 육군 원수. 샌드허스트 왕립사관학교 졸업. 1914~1918년 제1차 대전에 종군, 제2차 대전에서는 제8군 사령관(1942~1944)으로서 북아프리카 작전을 지휘하며 로멜의 독일군을 엘 알라메인에서 격파한 후, 시칠리아와 이탈리아 작전에 참가. 1944년 영국군 총사령관으로서 북프랑스 작전을 지휘하고 원수가 되었다. 1945~1946년 독일점령 영국군 사령관·군정장관·독일군 관리이사회 대표. 종전 후 1946~1948년 참모총장, 1948~1951년 서유럽연합의 최고사령관회의 의장, 아이젠하워의 나토(NATO) 총사령관 밑에서 부사령관을 역임했다. 주요저서로 『노르망디에서 발틱까지』(1948), 『회고록』(1948), 『통솔의 길』(1961) 등이 있다.)

◈ 군의 고급사령부는 클럽이 아니다. 뛰어나게 유능한 인물은 설령 군부 안의 같은 연배들 사이에서 평판이 나쁘다 할지라도, 영제국에 대한 봉사를 방해받지 않도록 보장하는 것이 나의 그리고 영국 정부의 의무이다. —처칠—

•주석 : 제2차 대전 중, 처칠 수상은 인재 본위로 고급지휘관을 등용하여 그의 능력을 십분 발휘케 했다.

◈ 인류가 전쟁 책임을 판정할 유일한 기준은 침략이며, 침략의 가장 확실

한 증거는 침입이다. —처칠—

◈ 도덕의 힘은 불행히도 군사력을 대신할 수는 없지만, 매우 위대한 원군이기는 합니다. —처칠—

◈ 근대적 민주주의의 음산한 전쟁에서는 기사도가 끼어들 여지는 없다. 거대한 규모의 단조로운 학살과 집단적인 그 영향은 모든 개개의 감정을 압도하여 버린다. 그럼에도 불구하고, 나는 설령 시대착오라고 지적받을지는 모르지만, 로멜에게 보낸 찬사를 후회하거나 철회할 생각은 없다.

—처칠—

•주석 : 제2차 대전 중, 아프리카 전선에 있어서 나치 독일의 로멜 장군의 신묘한 용병술에 대해 적장이지만 처칠은 그를 칭찬했던 것이다.

◈ 프랭크, 태평양함대는 저 텍사스의 사나이에게 맡기자. —루스벨트—

•주석 : 루스벨트 대통령은 일본군의 기습으로 엉망이 된 미 태평양 함대의 사령관에 니미츠 소장을 임명하자고 프랭크 해군장관에게 먼저 말했다. 그리하여 1941년 12월 소장에서 대장으로(서열을 30여명 뛰어넘어) 승진 임명했다. 그는 대통령의 기대에 어긋나지 않게 미드웨이 해전을 비롯하여 태평양 전쟁을 승리로 이끌었다.

(루스벨트(Franklin Delano Roosevelt, 1882~1945), 미국의 제32대 대통령(1933~1945). 미국 최초의 4선 대통령으로 오늘날 미국 행정부의 기능과 역할은 그의 통치 방식에 힘입은 바가 크다. 그는 임기동안 대공황과 제2차 세계대전을 모두 경험한 20세기의 중심인물 중 한 사람이라 할 수 있다. 국내적으로는 1930년대의 대공황 타개를 위해 뉴딜정책을 추진했고, 대외적으로는 제2차 세계대전 동안 미·영·소 등의 강대국의 협력을 기초로 하여 전후 항구적 평화를 수립하고자 국제연합을 구상하여 미국이 세계평화에 기여하는 토대를 마련했으나, 독일과 일본의 항복은 물론이요, 국제연합의 탄생도 보지 못하고 1944년 4월 급사했다.)

◈ 장군, 참모총장은 더욱 더 정치적인 직무가 되었다. 그렇지 않은가!

—루스벨트—

•주석 : 1939년 4월, 루스벨트 대통령은 차기 참모총장으로 마셜 소장을 추천 받았으나, 직접 자기의 눈과 귀로 확인하고 싶었다. 그리하여 그에게 두 가지 질문을 했다. 즉 용기에 대해서 어떻게 생각하는가, 전쟁에서 개인과 조직의 관계를 어떻게 생각하는가. 그의 답변에 만족한 대통령은 곧 악수를 청하고, 비서관에게 다음 참모총장에 임명하는 서류작성을 명했다. 그리고 방을 나가는 그에게 잠깐 멈추게 하고 위의 얘기를 했다. 루스벨트 대통령은 1939년 9월 34인의 상급자를 뛰어넘고 마셜을 대장으로 진급시켜 참모총장으로 임명했다.

◈ "전쟁은 정치의 연장이다."라는 견지에서 말한다면, 전쟁은 곧 정치이며, 전쟁 그 자체가 정치적 성격을 띤 행동이다. 자고로 정치적 성격을 띠지 않은 전쟁이란 없었다. 항일전쟁은 전 민족적 혁명전쟁으로서 그 승리는 전쟁의 정치적 목적—일본제국주의를 몰아내고 자유·평등의 새 중국을 창건하는 것과 분리될 수 없으며, 항전과 통일전선을 견지하는 총 방침과 분리될 수 없으며,…한 마디로 말해서 전쟁은 한시라도 정치와 분리될 수 없다는 말이다.…그러므로 정치는 비유혈적인 전쟁이며 전쟁은 유혈적인 정치라고 말할 수 있다. —마오쩌둥(毛澤東)—

•주석 : 이것은 「지구전을 논함」이라는 1938년 5월 26일부터 6월 3일까지 옌안(延安) 항일전쟁연구회에서 한 마오쩌둥의 강연내용이다.

◈ 정책 결정자에 의한 개전의 결정은 모두 현존 병력이 적을 격파할 수 있다는 가정에서 나왔다. 이 가설은 전쟁에 의해 검증해보면 무서울 정도로 틀리는 경우가 많다. 만약 힘의 관계를 정밀하게 측정할 수 있다면 전쟁은 불필요하겠지만, 이 측정이 가능하지 않기 때문에 전쟁은 여전하게 열강의 상대적 힘을 확인하기 위한 대단히 훌륭한 방법으로 되어 있다.

—슈만—

◈ 정치가의 정치가다운 까닭은 필요한 것과 가능한 것을 알고, 최소의 비용으로 최대의 이익을 얻도록 무력과 외교를 혼용하는 데 있다. —슈만—

◈ 모든 술術 가운데 외교는 확실히 가장 약한 것이며, 가장 효과가 적은 것이다. 사실, 외교는 군사적 성공의 노예에 지나지 않으며, 의정서가 무게를 더 하는가의 여부는 배후에 준비를 갖춘 병력이 있는가의 여부에 전적으로 좌우된다. —발렌슈타인—

(발렌슈타인(Albrecht Wenzel Eusebius von Wallenstein, 또는 발트슈타인(Waldstein), 1583~1634), 보헤미아의 군인이자 정치가. 30년전쟁 중 3만~10만 명의 병력으로 신성로마제국 황제 페르디난트 2세에 충성하는 사령관으로 활약했으나, 황제가 등을 돌리자 황제에 반대하는 음모를 꾀하다가 부하들에게 암살당했다. 발렌슈타인의 생애는 독일의 시인이자 철학자인 실러(Johann Christoph Friedrich von Schiller, 1759~1805)가 지은 매우 극적인 3부작 「발렌슈타인」의 주제가 되었다.)

◈ 나는 생존하기 위해 '전략'에 대해서 좀 더 광의廣義의 개념이 필요불가결하다고 생각했다. 카사블랑카 회담(1943. 1.)에 출발하기 직전, 나는 다이크스 준장에게 전략에 대한 한 개념을 제시하였는데, 이 개념은 여러 해 후, 워싱턴의 국방대학원에서 강연했을 때(1950. 8. 30) 청중들에게 제시했다. 즉, "대전략(grand strategy)이란 국가정책에 의해 결정된 여러 목적을 달성하기 위해 국가의 모든 자원을 운용하는 기술이며 과학이다."

내가 여기서 지적한 것처럼 대전략에서는 측정測定할 수도, 만져도 알기 어려운 문제다. 인간의 감정을 다루기 때문에 그것은 기술(art)이고, 또 전략상의 여러 요인 가운데 과학적으로 정밀히 측정할 수 있는 것, 예컨대 거리, 면적, 속도 등 정확한 계산을 요구하는 요인도 있으니, 그것은 과학(science)이다. —웨드마이어—

•주석 : 웨드마이어 대장(예)은 미국 육군 참모본부 전쟁계획처에서 제2차 대전의 '승리의 계획'을 작성했고, 마셜 육군 참모총장의 두뇌역할을 수행했다. 중국방면의 미군사령관 겸 장제스(蔣介石) 총통의 참모장을 역임하면서 광복군을 적극적으로 지원했다(1944~1946). 1947년 그는 트루먼 대통령의 특사로 중국과 한국을 방문하고, 미국의 극동정책에 대한

건의서를 보고했으나 발표금지가 되었다. 위의 글은 그의 회고록『웨드마이어는 보고한다!』(1958)에 수록된 내용이다.

(웨드마이어(Albert Coady Wedemeyer, 1897~1989), 미국의 전략가. 미 육사를 졸업(1919)하고, 미 육군대학(1938) 및 나치 독일의 육군대학(1938)을 졸업했다. 미 육군참모본부 전쟁계획처에서 제2차 대전의「승리의 계획」을 작성했고, 마셜 육군참모총장의 전략계획 실무자로 활약했다(1940~1943). 중국방면 미군사령관 겸 장제스(蔣介石) 총통의 참모장(1944~1946)을 역임했고, 트루먼 대통령의 특사로 중국 및 한국을 시찰(1947)했으며, 육군대장으로 진급(1953)했다. 주요저서로『웨드마이어는 보고한다!』(1958) 등이 있다.)

◈ 실제 그들(마오쩌둥과 저우언라이)은 중국 인민이 놓여 있는 빈곤, 비굴, 비참 그리고 악정惡政 등은 국민당 때문이라고 강조했다. 그래서 나는 "책을 읽으나, 열성 있는 공산주의자가 주장하는 마르크스주의의 많은 목표달성을 듣고 있자면 그러한 것은 인도적人道的이며 건설적인 것으로 생각되지만, 공산주의자가 한 번 정권을 잡으면 반드시 이전에 주장했던 목표달성은 환상이고, 정권을 탈취하기 위한 함정이라는 것이 증명되었다"고 말했다. "프롤레타리아 계급은 언론의 자유도, 국민이 공산정권 수립에 협력한 보상조건인 정부선택의 기회와 신앙의 자유도 거부되었다." 저우언라이(周恩來)는 나의 설명을 차단하려고 노력했으나 구애받지 않고 아래와 같이 말했다.

"거짓말, 협박, 살인 및 노예화라는 공산주의자들이 정권을 탈취하기 위해 사용하는 수단은, 언제나 예외 없이 공산주의자가 정권을 탈취하고 유지하기 위한 상투적 방법이다."

저우언라이는 분명히 내 말을 듣고 흥분했다. 그는 지금까지 영어를 사용했는데, 내 말을 듣고서는 중국어로 말했기 때문이다. 그는 중국어로 조금 얘기하다가 내가 중국어를 모른다는 것을 느끼고 다시 영어로 말했다.

—웨드마이어—

•주석 : 웨드마이어 장군은 중국의 충칭(重慶)에 부임한 얼마 후 그의 숙소에

서 마오쩌둥과 저우언라이와 공산주의에 관해 토론을 했으며, 웨드마이어는 이 면담에서 두 공산주의 지도자의 의도를 확실하게 알기 위해 노력했다고 회고록에서 밝혔다. 당시 미국에는 중국 공산주의자는 국민의 복지를 바라는 단순한 토지제도 개혁자에 지나지 않는다는 풍문이 광범위하게 선전되고 있었다. 미국의 중국정책이 이런 풍문에 기초를 두었기 때문에 실패하여 중국이 공산화되었다고 생각한다.

◈ 승리를 획득하기 위해서 모든 국력을 걸고 전쟁의 위험을 치르는 것보다는 평화를 보전하기 위해 전쟁을 피하는 편이 더욱 현명하다. 이 결론은 관습에 역행하는 것이지만, 경험에 의해 확인된다. —리델 하트—

(리델 하트(Basil Henry Liddell Hart, 1895~1970), 영국의 군사이론가요, 군사평론가. 제1차 세계대전에 출전하여 5회나 부상을 입었으며 대위로 제대(1927)했다. 그 후 군사학에 흥미를 가지고 연구를 했으며, 「런던 타임스」지의 군사통신원으로 근무를 했고 또 케임브리지 대학교의 강사(1932~1933)와 육군장관의 군사고문(1937)을 역임했다. 주요저서로 『결정적인 전쟁사戰爭史』(1920), 『영국의 방위』(1939), 『전략』(1954), 『제2차 세계대전사』(1971) 등이 있다.)

◈ 한 국가 또는 국가들의 집단이 보유한 모든 자원을 전쟁의 정치적 목적, 즉 근본적 정책에 의해 정의된 목표를 달성하기 위해 조율하고 지시하는 것이다. —리델 하트—

◈ 전쟁에서 목적의 문제를 논할 때 '정치 목적'과 '군사 목표'의 차이를 분명히 하고, 그것을 명확하게 염두에 두는 것이 필요하다. 이 두 가지는 각각 다른 것이긴 하지만 분리할 수는 없다. 왜냐하면 국가는 정책을 추구하기 위해서 전쟁을 수행하는 것이지, 전쟁 그 자체를 위해서 수행하는 것은 아니기 때문이다. 군사 목표는 정치 목적을 위한 단순한 수단에 불과하다. 그러므로 군사 목표는 정치 목적에 종속되어야 하며, 정책은 군사적으로 사실상 불가능한 것을 요구하지 않는다는 기본 조건에 종속되어야 한다. —리델 하트—

◈ 정치우위의 원칙은 국가의 자체이익에 필수불가결한 것이니, 군사력은 그 자체로서는 아무 소용이 없는 것이요, 오직 국가목적에 봉사하는 한에서만 유용한 것이기 때문이다. 군사력이 유용한 것은 그것이 국가안전에 불가결하고 국가의 다른 모든 목표는 이 안전 여하에 달려 있기 때문이다. —오스굿—

(오스굿(Robert Endicott Osgood, 1921~1986), 미국의 외교정책 교수, 외교정책연구 워싱턴센터 소장, 존스 홉킨스 대학교 정치학 교수. 주요저서로 『미국 외교관계에서의 이념과 사리私利』, 『제한전쟁』, 『NATO : 미국전략에 대한 도전』 등이 있다.)

◈ 모든 전쟁행위는 전략, 전술, 전쟁의 종결 할 것 없이 국가의 정치적 목적의 성격에 의해 통제를 받아야 하며, 군사적 성공이나 영예의 독립적인 표준에 의할 것은 아니다. —오스굿—

◈ 우리의 세대는 신의 불을 훔치는 데 성공했고, 그 결과 공포에 떨며 살아가도록 심판이 내려졌다. —키신저—

•주석 : 『핵무기와 외교정책』(1957)에서 핵시대의 고민을 프로메테우스의 신화에 비유했다.

제 2 장

전 쟁

전쟁의 본질

◈ 무기는 흉기요, 순리를 거스르는 것이며, 다툼은 사물의 종말이다.…군은 무武가 줄기라면 문文은 뿌리이다. 그러므로 문과 무, 이 두 가지의 본질과 상호작용하는 관계를 잘 살펴보면, 전쟁에서 피아간의 승패를 점칠 수 있다.

군에 있어서 문은 적과 우리의 이해利害를 판단하고 군의 안전을 도모하는 것이며, 무는 강적에게 타격을 가하고 공격과 수비에 철저를 기하여 승리하는 것이다.

—울료자—

◈ 전쟁, 전투 그리고 혁명은 육체와 육체에서 발하는 욕망에서 나온다.

—플라톤—

(플라톤Platon, B.C. 428/427~B.C 348/347), 서양문화의 철학적 기초를 마련한 고대 그리스의 위대한 철학자이며 사상가이다. 소크라테스의 제자이고, 아리스토텔레스의 스승이다. 그는 정치가를 지망했으나 아테네를 황폐케 했던 펠로폰네소스 전쟁 전후前後 아테네의 정치적 상황을 목격한 그는 정치가 지망을 포기했다. 그의 생애를 결정케 한 중대한 사건은 청년시절에 소크라테스를 만났다는 것과 스승의 사상과 언론이 아테네 민주주의에 의해서 최초의 희생자가 되었다는 것이다. 정치적 야망을 단념한 그는 소크라테스가 처형된 후 해외여행을 했고, 그 후 아테네로 귀환하여

기원전 387년에 최초의 대학 '아카데미아'를 창건했다. 그 후 약 40년 동안 학문의 연구와 제자의 교육에 전념하게 되었다. 주요저서로 『변명』, 『대화편』, 『국가론』, 『정치가론』 등이 있다.)

◈ 패자는 비참하다. —고올인의 격언—

•주석 : 모든 군인들이 언제나 뇌리 깊숙이 새겨 두어야 할 말이다.

◈ 전쟁을 구성하고 있는 기본 요소, 즉 두 사람 사이에서 벌어지는 결투를 생각하려 한다. 전쟁이란 결투가 확대된 것에 지나지 않는다.…

따라서 전쟁이란 적을 굴복시켜 자기의 의지를 강요하기 위해 사용되는 일종의 폭력 행위이다.…

폭력, 말하자면 물리적 폭력은 수단(means)이고, 적에게 우리의 의지를 강요하는 것이 목적(purpose)이다. 이 목적을 달성하기 위해서는 적의 저항력을 무력화해야 하며, 이것이 모든 군사적 행위의 목표(objective)이다.…

전쟁에 의해 또한 전쟁에 있어서 무엇을 달성하려고 하는 두 가지 질문에 대답하지 않고서 전쟁을 개시하는 사람은 없을 것이다. 또한 당사자로서 현명하다면 전쟁을 개시해서는 안 될 것이다. 이 질문의 첫째는 정치목적(political purpose)이고, 둘째는 작전목표(operational objective)에 관한 것이다. —클라우제비츠—

•주석 : 두 사람 사이의 결투가 '전쟁의 본질'이며, 그 다음은 '전쟁의 정의定義'이다. 전쟁에 있어서 물리적 폭력은 '수단'이고, 우리의 의지를 강요하는 것, 즉 전쟁에 의해서 달성하고자 하는 것이 전쟁의 '정치목적'(political purpose)이고, 이를 위해 적을 무력화하는 것이 '군사목표'(military objective)라는 것이다. 이것이 클라우제비츠 전쟁이론의 기본 골격이다.

◈ 지금 두 종류의 전쟁이라고 말했는데, 첫째는 적의 격멸을 목적으로 하는 전쟁이며…둘째는 적국의 국경 부근에 있는 적 영토의 얼마간을 쟁취하려는 전쟁이다.…이 두 종류의 전쟁 사이에는 갖가지 중간적 단계가 있

다.…그런데 이 두 가지 종류의 전쟁 사이에 실제로 존재하는 근본적 차이도 차이려니와 그 밖에도 전쟁의 고찰에 있어서 역시 실제로 필요한 관점이 명백하고 또 정확하게 확립되어야 한다. 그것은, 즉 "전쟁이란 다른 수단을 가지고 하는 정책의 계속에 지나지 않는다"는 것이다. 언제나 이 관점에 선다면 전쟁에 관한 고찰은 지금까지보다는 훨씬 정연한 통일을 얻을 것이며 또 모든 것은 쉽사리 해명될 수 있으리라. —클라우제비츠—

•주석 : 위의 내용은 『전쟁론』 속의 '저자의 두 가지 수기手記' 가운데 날짜가 1827년 7월 10일로 명기된 곳에 있고 『전쟁론』을 이해·해석하는 데 중요한 내용이다.

클라우제비츠는 첫째, 적의 격멸을 목적으로 하는 전쟁을 절대전쟁(absolute war)이라 했고, 그는 1806년 10월 예나·아우어슈테트 전역戰役에서 나폴레옹으로부터 체험을 했을 뿐만 아니라, 패배하여 포로가 되기도 했다. 그는 이런 형태의 전쟁이야말로 전쟁다운 전쟁이라며 전쟁의 모델로 삼고 『전쟁론』을 집필하여 제1편에서 제6편까지 완성했다. 그런데 이 과정에서 그는 1568년(네덜란드 독립전쟁)부터 나폴레옹전쟁까지 130여 개의 전쟁사를 연구해보니, 1805년 10월의 울름전역, 1806년 10월의 예나·아우어슈테트 전역, 1809년의 바그람 전역이 절대전쟁에 속하고, 그 외는 둘째인 적국의 국경부근에 있는 적 국토의 얼마간을 쟁취하려는 전쟁, 즉 현실전쟁(real war)임을 알게 되어, "전쟁술에 있어서 경험은 모든 철학적 진리보다 가치가 높기 때문이다"(제2편 제5장). 여기서 클라우제비츠는 절대전쟁론자로부터 현실전쟁론자로 변신하여, 『전쟁론』의 제7·8편의 초고를 남겼고, 제1편에서 6편까지 현실전쟁의 관점에서 수정하지 못하고, 다만 '제1편 제1장, 전쟁이란 무엇인가'만 수정하고 1831년 병으로 요절했기에 『전쟁론』은 결국 미완성 작품으로 남게 되어 후세에 오해의 소지를 남기게 되었다.

◈ 전쟁이 폭력행위인 이상, 그것은 당연히 감정과 밀접한 관계가 있다. 예컨대 최초에는 감정에서 출발하지 않았다 할지라도 결국에 가서는 많으나 적으나 감정에 귀착하고 만다. —클라우제비츠—

◈ 전쟁이란 원래 위험한 것이다. 따라서 용기는 국민에 있어서 첫째의 자질이라 하겠다. 그런데 용기에는 두 가지의 종류가 있다. 하나는 개인의 위험에 대한 용기이며, 다른 하나는 책임에 대한 용기이다.

—클라우제비츠—

◈ 요컨대 용기와 자신自信은 전쟁에 있어서 본질적인 원리이다.

—클라우제비츠—

◈ 전쟁이 정치적 목적을 달성하기 위한 적절한 수단이 되기 위해서는 어떠한 목표를 가져야 하느냐 하는 것을 문제로 삼을 때, 우리들은 전쟁의 정치목적이 각각의 상황과 마찬가지로 그것은 경우에 따라 여러 가지가 있다는 것을 알게 될 것이다. —클라우제비츠—

◈ 전쟁이란 구체적 상황에 따라 그 성질을 달리하는 카멜레온과 같은 것일 뿐만 아니라, 그 현상 전체의 지배적인 여러 경향을 보았을 때, 기묘한 삼위일체(trinity)를 이루고 있다.

- 첫째는, 맹목적인 자연 충동이라 볼 수 있는 증오·적개심과 같은 본래의 격렬성.
- 둘째는, 전쟁을 자유로운 정신활동으로 만드는 개연성·우연성과 같은 도박의 요소.
- 셋째는, 전쟁은 순수히 오성(Verstand)의 영역에 속한다는 것에 의해 정치적 도구로서의 종속적 성격을 가진다.

이러한 세 가지 가운데 첫째의 것은 주로 국민에, 둘째의 것은 주로 장수와 군대에, 셋째의 것은 주로 정부에 각각 속하는 것이다.

—클라우제비츠—

•주석 : 위의 내용은 『전쟁론』의 '제1편 제1장, 전쟁이란 무엇인가?'의 결론이며, 그가 현실전쟁의 관점에서 수정·집필한 부분이다. 전쟁은 칸트

철학의 인식론의 관점에서 보면 '오성悟性'의 영역에 속하지 결코 이성理性의 영역에 속하지 않으며, 많은 번역자들이 과오를 범하는 내용이다. 그리고 후대의 전쟁이론가 가운데는 여기에다 '군사기술'(military technology)을 첨가해야 한다는 견해를 발표한 학자도 있었다. 그러나 미국이 베트남전쟁(1961~1973)에서, 소련이 아프가니스탄전쟁(1979~1989)에서 패배하자, 군사기술은 전쟁승리의 '필요조건'은 되어도 '충분조건'은 아니라는 것이 실증되었다.

◈ 이런 경우 사람들은 언제나 일은 최후의 끝맺음이 중요하다는 것을 상기하는 것이 좋으리라. 즉 '영관榮冠은 최후의 승리자에게 주어진다'는 것. 이러한 견지에서 본다면 전쟁은 불가분의 전체이며, 각각의 부분(개개의 결과)은 전체와의 관계에서만이 가치가 부여되는 것이다.

—클라우제비츠—

•주석 : 나폴레옹은 초기의 전역戰役에서 연전연승連戰連勝하여 프랑스의 황제가 되었으나, 1815년 워털루 전역에서 패배하자 남대서양의 외딴 섬 세인트 헬레나(St. Helena)에 유배당해 1821년 위암으로 사망했다. 우리의 인생도 축구시합처럼 전반전보다 후반전(60세 이후)이 더 중요하며, 그것은 역전승이 가능하기 때문이라는 것이 필자의 견해이다.

◈ 전쟁은 하나의 정확한 과학이기는커녕 실상은 서너 가지의 일반적 원칙에 의해 규제된다. 그러나 그 결과는 많은 정신적·물리적 문제에도 달려있는 지극히 열정적인 드라마이다. —조미니—

◈ 전쟁이란 교전국의 지배계급이 전쟁이 되기 훨씬 이전부터 행해온 정치의 폭력수단에 의한 계속이다.

강화講和란 군사행동에 의해 만들어진 적대자 상호간 힘의 관계를 기록에 남겨 둔 정치의 계속이다.

전쟁은 그 자체로서 전쟁 전의 정치가 발전해 온 방향을 바꾸는 것이 아니라, 이 발전을 촉진하는 데 지나지 않는다. —레닌—

(레닌(Vladimir Ilich Lenin, 1870~1924), 러시아의 공산주의 사상가 및 정치가, 러시아 혁명과 볼셰비키의 지도자. 공산주의자이면서 특히 마르크스의 과학적 사회주의 사상을 발전시킨 레닌주의 이념의 창시자이다. 마르크스와 엥겔스의 혁명이론에 충실한 국가를 건설하려 했고, 국영화·국유화 및 사상적 단결을 통해 국론통일을 지향했다. 스탈린, 호치민, 마오쩌둥, 티토, 카스트로, 김일성 등이 그의 공산주의 국가모델의 영향을 받았다. 주요저서로 『유물론과 경험비판론』(1908) 등이 있다.)

◈ 사회주의자가 전쟁에 반대한다면 벌써 사회주의자는 못된다. 우리는 전쟁의 근본적인 뿌리, 즉 자본주의와 겨누어 투쟁하고 있다. 그리고 자본주의가 아직 근절되지 않는 한, 우리는 일반적으로 전쟁과 투쟁하고 있는 것이 아니라, 반동전쟁에 대항하여 그리고 혁명전쟁을 위해 투쟁하고 있다.

—레닌—

•주석 : 레닌의 이런 사상은 핵무기의 등장과 소련의 붕괴로 폐기되어야 하는데도 불구하고, 북한 공산주의자들은 아직도 레닌의 사상을 고수하고 있다는데, 한반도의 통일문제가 위기와 어려움이 도사리고 있는 원인이기도 하다.

◈ 정치는 피를 흘리지 않는 전쟁이며, 전쟁은 피를 흘리는 정치이다.

—마오쩌둥(毛澤東)—

◈ 혁명의 중심 임무와 최고 형태는 무력으로 정권을 탈취한다는 것이며, 전쟁으로 문제를 해결한다는 것이다. 이 마르크스-레닌주의적 혁명원칙은 보편적으로 타당한 것이며 중국에서나 외국에서나 옳은 것이다.

—마오쩌둥—

•주석 : 이것은 「전쟁과 전략문제」(1938. 11. 6.)라는 제목으로 발표한 내용이며, 중국에서의 재래식 전쟁을 바탕으로 하는 견해이지, 결코 핵전쟁을 바탕으로 하는 견해는 아니리라. 왜냐하면 전 국토가 폐허로 변하고 또한 온 국민이 살상을 당한 후에 정권의 탈취가 무슨 소용이 있는가! 그런데 오늘날 북한의 「조선로동당 규약」에 의하면 무력에 의한 한반도

의 적화통일을 최종목적으로 삼고 있기에 한반도 안보의 심각성이 도사리고 있다. 그러니 북한으로 하여금 전쟁도발 뿐만 아니라, 여러 형태의 도발을 사전에 억제하게 큼 해야만 하리라.

◈ 인간은 놀라울 정도로 비합리적으로 행동한다. —로렌스—

(로렌스(Thomas Edward Lawrence, 1888~1935), 영국의 고고학자, 군사전략가. 옥스퍼드 대학교에서 동양학을 전공하고, 대영박물관의 탐험대에 참가하여 아라비아와 시리아를 조사하였다. 제1차 세계대전 때는 정보장교로 참전, 아랍군을 지휘하여 아랍전쟁을 승리로 이끌었고, 아라비아인에게 헌신적으로 활약하여 아랍인들로부터 '아라비아의 로렌스'라는 칭호를 받았다. 1935년 5월 12일 친구를 초대하기 위해 전보를 치러가던 중 오토바이 사고로 세상을 떠났다. 제1차 대전 때 중동지역에서의 전설적인 활약을 하여 이름을 떨쳤는데, 이 경험을 회고하여 저술한 『지혜의 일곱 기둥』(*The Seven Pillars of Wisdom*, 1926)이 있다.)

◈ 지금까지 전쟁은 인류 생존의 기본요소가 되어왔고 또 인간의 천성이 갑자기 변하지 않는 한, 그 전쟁 양상을 달리하면서 계속 존속할 것이다.

—뒤 피크—

(뒤 피크(Ardant Du Picq, 1821~1870), 프랑스의 전술연구가. 크림전쟁에 참가했고 시리아 및 알제리에서 근무를 했으며, 프로이센·프랑스전쟁 당일(1870. 8. 15.) 메츠 부근에서 그의 연대를 지휘하다 전사했는데 계급은 대령이었다. 제1차 대전 중 프랑스 군인들은 참모 속에서 톨스토이의 『전쟁과 평화』를 제외하고는 그의 저서 『전투연구』가 널리 애독되었으나, 그렇게 이름이 알려져 있지는 않다. 그의 군사상의 업적은 과학적 방법으로 군사문제를 다루었고, 특히 전쟁은 전투의 문제라며 전투를 깊이 연구했다. 주요저서로 『전투연구』(1880) 등이 있다.)

◈ 인류의 역사는 전쟁이다. 짧고 불안스런 간격을 뺀다면, 세계에 평화가 있은 적이 없다. —처칠—

◈ 소련이 전쟁을 바란다고는 믿지 않는다. 그들이 바라는 것은 전과戰果와 그 세력과 그리고 이론理論을 무한히 확대하는 일이다. —처칠—

◈ 총력전은 그 본질상 국민전체가 그 생존을 위협받고, 이와 같은 전쟁을 스스로 담당할 각오를 정했을 때만 일어날 수 있는 것이다. –루덴도르프–

◈ 전쟁의 본질이 변하고 정치의 본질도 변한 이상, 정치와 전쟁수행과의 관계도 또한 변하지 않을 수 없다. 클라우제비츠가 세운 모든 이론은 이제는 모두 폐기되어야 한다. 전쟁과 정치는 똑같이 국민의 생존을 위하여 행하여지는 것이며, 특히 전쟁은 국민의 생존의지의 최고 표현인 것이다. 따라서 정치는 전쟁수행에 봉사해야 하는 것이다. –루덴도르프–

•주석 : 루덴도르프는 클라우제비츠가 그의 명저 『전쟁론』에서 "전쟁이란 다른 수단을 가지고 하는 정책의 계속에 지나지 않는다.", "전쟁은 정치의 한 수단이다. 전쟁은 필연적으로 정치의 특징을 띠며, 그 행하는 바는 정치에 상응해야 한다"고 하는 전쟁이론에 정면도전하고 나섰다.

오늘날 세계의 추세는 정치와 전쟁의 관계는 클라우제비츠의 견해를 따르고 있으며, 루덴도르프의 견해는 군국주의적 견해로 받아들여지고 있다.

◈ 전쟁은 서로가 자기네의 의지를 관철시키려고 애쓰는 주권국가 사이의 조직화된 무력충돌이다. –오스굿–

◈ 전쟁은 주로 무력행사를 통하여 자기가 원하는 평화의 조건을 상대방에게 강요하려는 국가 간의 전면적 투쟁이다. –스타크–

(스타크(John Stark, 1728~1822), 미국 독립전쟁 당시 유명한 미국의 장군. 1754~1759년 로저스 유격대의 장교로 프렌치 인디언 전쟁에 참전했고, 미국 독립전쟁이 일어나자 여러 전투에 참여하여 승리를 거두었다. 특히 1777년 10월에 뉴욕의 새러토가에서 영국의 존 버고인 장군으로부터 항복을 받는데 이바지했다.)

◈ 전쟁의 발생원인은 단일한 것이 아니다. 평화는 많은 세력에 있어서의 힘의 균형이다. –퀸시 라이트–

(라이트(Quincy Wright, 1890~1970), 미국의 정치학자. 하버드 대학교 강사, 미네소

타 대학교 교수, 1923년부터 시카고 대학교 교수, 1956년부터 시카고 대학교의 명예교수. 1949년 미국 정치학회 회장, 1955~1956년 미국 국제정치학회 회장. 여러 나라 대학교의 교환교수로 활약했다. 주요저서로 『전쟁의 연구』(*A Study of War*, 1942)는 유명하며, 『국제관계의 연구』(1955), 『국제법의 강화强化』(1959) 등이 있다.)

◈ 어느 분석에 의하면, 기원 전 1496년부터 기원 후 1861년까지의 3,357년 동안 평화로웠던 것이 227년간이요, 전쟁은 3,130년간이었다. 즉 1년의 평화에 대하여 13년의 전쟁을 했다. —카네기 국제평화재단 발간, 「세계의 전쟁」—

◈ 현대에 있어서 조직집단간의 무력분쟁이라고 정의되고 있는 전쟁은 그 빈도가 적어지는 것이 아니라, 오히려 증가하고 있다. —볼드윈—

◈ 역사는 힘의 부족이 전쟁을 가져옴을 증명하고 있다. —싱글러브—

(싱글러브(John Kirk Singlaub, 1921~), 미국의 육군 장군, OSS의 책임자 및 CIA 창립멤버. 한미연합사 참모장 역임. 카터 대통령의 '주한 미군철수'에 반대하다 해임됐다.)

◈ 전쟁은 정부의 행위인 고로 군대는 전쟁에 관한 문제를 결정할 수 없으며 또한 전쟁을 개시할 수도 없다. 전쟁은 정부에 의해 발발하게 되며, 전쟁에 관한 문제는 정부 사이의 조약에 의해 결정된다.

군대의 임무는 단지 전쟁에 관한 군사목표를 달성하는 데 있으며, 그 밖에 모든 일은 그 영역 외에 속한다. 정부는 전쟁의 개시와 종결 이외에도 여러 가지 일을 한다. 즉 정부는 군대를 창설하고, 그 규모와 조직의 형태, 지휘권 및 그것의 주요한 목표를 결정한다. —무니에와 리라이리—

(무니에(Emmanuel Mounier, 1905~1950), 프랑스의 철학자이며 가톨릭 계통의 사상가. 실존주의와 가까웠고, 사회적 도덕을 강조. 진보파 가톨릭의 추진력 역할을 했다.)

◈ 전쟁에 대한 연구는 군사사가軍事史家에게 맡겨버리기에는 너무나 중요한 것이다. —마이클 하워드—

•주석 : 영국의 유명한 군사사학자 마이클 하워드가 1950년대에 킹스 칼리지 런던(King's College London)에 전쟁학과(war studies department)를 설립하는 책임을 맡았을 때, 전쟁을 이해하려면 다양한 학문분야의 출신자들, 즉 사회학·인문학·정치학·경제학 그리고 기술분야의 학자들도 참가해야 한다는 뜻을 말한 내용이다.

◈ 전쟁과 전략에서 가장 중요한 것은 사람이다. —콜린 그레이—

•주석 : 콜린 그레이가 『현대전략』(1999)에서 주장했지만, 클라우제비츠는 "전쟁이란 두 사람 사이에서 벌어지는 격투의 확대이다.…전쟁술은 살아있는 것과 정신적 힘을 다루는 것"이라고 말했다.

◈ 전쟁은 정의定義하기가 어렵다. 전쟁은 조직적인 군사적 폭력을 포함한다는 합의合意는 있지만, 어느 정도의 폭력이라면 '전쟁'이라는 용어를 사용해서 좋은지 명확하지가 않다.

국가 간의 전쟁이 적어지고, 국내분쟁이 빈발하게 되었다. 민족분쟁에는 클라우제비츠의 전쟁모형을 간단하게 적용하기 어렵다. 민족분쟁은 특히 폭력이며, 사람들의 행동이나 정치보다 오히려 그들이 누구인가 하는 이유 때문에 살해되는 경우가 많다.

앞으로 전쟁은 국가나 민족보다, 오히려 문명 사이에서 일어난다는 설說이 있다. —존 가넷—

•주석 : 유엔 안전보장이사회가 이슬람 수니파 무장단체 '이슬람국가(IS)' 등 극단주의 이슬람 단체의 자금줄을 차단하는 결의안을 2015년 2월 12일(현지시간) 만장일치로 채택했다. 이들 무장단체는 최근 납치와 살인, 테러를 자행하고 있기에 앞으로 193개 유엔회원국의 개인이나 기업은 이들 단체로부터 원유나 고대 유물을 구입하면 제재를 받게 된다고 하는 단계에 이르렀다.

(가넷(John Garnett, 1936~2012), 영국의 국제정치 학자. 핵전략에 선도적인 학자. 영국의 에버리스트위스 대학교에서 교수. 국방대학, 왕립연구소, 외무부에서 군비통제 자문위원과 영국대표 일원으로 유엔에서 군축에 관한 자문위원회의 고문을 역임했다. 주요저서로 『상식과 국제정치의 이론』

(1984), 『영국의 외교』(공저, 1997) 등이 있다.)

◈ 전쟁은 인간 역사의 항구적인 한 단면이다. 그것은 인간이 목적을 달성하기 위해 폭력을 사용하여 서로 죽임으로써 인간성의 어두운 측면을 보여주는 악한 행동이라고 비난받는다. 그러나 동시에 전쟁은 특별히 '사회적' 행위이며 효율적 수행을 위해 충성과 복종, 결속에 의존하며 고도의 조직성을 필요로 한다. —마이클 시한—

(시한(Michael A. Sheehan, 1955~), 미국의 테러리스트 분석가. 일반참모대학 졸업. 조지타운 대학교에서 석사학위 받음. 육군 특수부대 장교. 국방부 차관보, 대對테러 대사(1998~2000) 역임. 주요저서로 『우리를 두려워하지 않고 테러를 물리치는 방법』(*Crush the Cell : How to Defeat Terrorism Without Terrorizing Ourselves*, 2008) 등이 있다.)

◈ 전쟁은 민족, 국가, 통치자들 또는 동일한 민족이나 국가 내의 당파 간에 수행되는 무장전력(armed force)에 의한 적대적 투쟁이다.

—『옥스퍼드 영어사전』—

전쟁의 원인과 형태

◈ 전쟁의 발생 원인에는 다음과 같은 다섯 가지가 있다.

- 첫째, 패왕의 명예를 쟁취하기 위하여(공명심)
- 둘째, 영토나 재화 등의 이익을 쟁탈하기 위하여(소유욕)
- 셋째, 누적된 원한을 갚기 위하여(증오)
- 넷째, 내외국의 반란을 평정하기 위하여(내정의 문란)
- 다섯째, 흉년으로 인한 기아를 해결하기 위해서이다(생활의 궁핍)

—오자—

◈ 인간의 본성에는 싸움에서의 중요한 요인 세 가지가 포함되어 있다. 그것은 경쟁, 불신, 명예이다. —홉스—

- 주석 : 토마스 홉스(1588~1679)는 인간이란 애초부터 싸움에 대한 본성을 타고 난다고 했으며, 그것은 위의 세 가지라고 말했다.

◈ 전쟁은 왕들의 거래이다. —드라이든—

- 주석 : 영국의 시인이자 극작가인 드라이든의 말이다. 일찍이 그리스의 철학자 헤라클레이토스(B.C. 535?~475?)는 "전쟁은 만물의 아버지요, 만물의 왕이다. 전쟁은 어떤 것은 신으로 만들고, 어떤 것은 인간으로 또 어떤 것은 노예나 자유인으로 만드는 것이다"고 했다. "전쟁은 인류를

괴롭히는 최대의 질병"(루터), "전쟁은 파괴의 과학"(에버트), "모든 인류 죄악의 총합은 전쟁"(그라이트)이라 했는데, 그래서 칸트(1724~1804)는 "상비군은 결국 전폐되어야 한다"고도 주장했다. 그러나 그 후 전쟁은 여전히 대규모로 빈번히 발생해 왔고 세계사는 전쟁사의 연속이라고 본다면, 드라이든의 말은 전쟁의 원인에 대해 핵심을 찌른 내용이리라. 어느 전쟁이나 명분이 없는 전쟁은 없었다. 그러나 어느 전쟁이나 정치가들의 불온한 욕망에서 비롯되었다고 보여 지는 경우가 많다.

(드라이든(John Dryden, 1631~1700), 영국의 시인이자 극작가, 문학비평가. 당대를 '드라이든 시대'라고 부를 만큼 문학계를 주도했다. 그의 정확한 셰익스피어 비평은 그 후 100년간에 걸쳐 셰익스피어 비평기초가 되었고, 사무엘 존슨에 의하여 '영국 비평의 아버지'라고 불리었다. 주요 작품으로 안토니우스와 클레오파트라의 비련을 엮은 『지상의 사랑』(1677)이 잘 알려져 있고, 『경이驚異의 해』(1667), 『압살롬과 에키토벨』(1681), 『알렉산더의 향연』(1697) 등이 있다.)

◈ 전쟁의 근본적 동기로서의 정치적 목적이라는 것은 군사적 행동에 의하여 달성되어야 하는 목표에 대해서도, 그것에 필요한 힘의 발휘에 대해서도 마찬가지로 하나의 척도가 될 수 있다. 그러나 정치적 목적은 그 자체로서 척도가 되는 것은 아니다. -클라우제비츠-

◈ 전쟁을 야기 시키는 정치적 목적은 여러 가지가 있다는 것을 알아야 한다. 즉 한편에는 한 국가의 정치적 존망을 위한 필사적 전쟁과 또 다른 한편에는 강요되거나 혹은 해소되어가는 동맹관계가 참전을 불쾌한 업무로서 가하는 전쟁도 있다. -클라우제비츠-

◈ 전쟁에서의 모든 것은 대단히 단순하다. 그런데 너무나 단순한 이것이 오히려 더 어려움을 간직하고 있다. 이 어려움은 누적되어 전쟁을 아직 보지 못한 자는 상상도 못할 마찰(friction)이 있다.

그래서 강철과 같은 강한 의지가 이 마찰을 제거하며, 여러 가지 장애를 분쇄해버린다.…어쨌든 큰 도로가 마주치는 광장에 서 있는 오벨리스크처럼 전쟁술의 중앙에 당당히 솟아있는 것이, 즉 불굴의 정신을 갖춘 장수의 견고한 의지인 것이다. —클라우제비츠—

•주석 : 클라우제비츠는 물리학의 마찰의 개념을 전쟁이론에 최초로 도입하였으며, 그것을 극복하는 것은 장수의 견고한 의지라 주장했다.

◈ 우리들이 지금까지 보아온 위험·육체적 고통·정보 및 마찰이라고 불리는 것은 전쟁의 분위기를 형성하는 방해적 요소로 나타나는 것이다. 그리고 모든 군사적 행동은 이 무거운 분위기 속에서 실시되며, 이러한 방해적 작용을 비추어 본다면 이것을 일반적으로 마찰(friction)이라는 총괄적 개념 속에 포함시켜도 좋을 것이다. 그런데 이러한 마찰을 완화시키는, 말하자면 윤활유와 같은 것은 없을까?—다만 하나가 있다. 그것은 장수나 군대도 마음대로 되지 않는 것, 즉 전투 경험인 것이다. —클라우제비츠—

◈ 정치가와 군 지휘관이 하여야 할 가장 우선적이고 주요한 판단은 그들이 시작하려는 전쟁의 형태를 결정하는 것이다. 그들이 수행하는 전쟁의 성격을 잘못 파악해도 안 되며, 그 전쟁의 성격상 구할 수 없는 것을 그 전쟁에서 구하려고 해도 안 된다. 이것이 모든 전략문제에서도 가장 기본적이고 포괄적인 문제이다. —클라우제비츠—

◈ 전쟁을 둘러싸고 있는 분위기의 네 가지 요소, 즉 위험·육체적 고통·불확실성 및 우연 등 이러한 것을 주시하고 또 이런 괴로운 분위기에 대처하며 확실하고 유효한 행동을 하기 위해서는 반드시 정의情意와 오성悟性의 커다란 힘이 필요하다. —클라우제비츠—

◈ 국민전쟁(게릴라전을 뜻함)을 유효케 하는 주요 조건은 다음과 같다.

(1) 전쟁이 방어자의 국내에서 수행될 것.

(2) 전쟁이 단 1회만의 파국으로 결정되지 않을 것.

(3) 전장이 광대한 면적을 점하고 있을 것.

(4) 국민의 성격이 국민전쟁이라는 수단을 지지할 것.

(5) 방어자의 국토가 지형적으로 단절지가 많고 접근하기 어려울 것.

—클라우제비츠—

◈ 이전의 전쟁에서 바다를 지배한다는 것은 제해권을 가진 나라에서 마음대로 적의 해안에 상륙할 수 있는 커다란 이점을 가져다주었다. 왜냐하면, 적이 모든 지점에 걸쳐서 바다로부터의 침입에 대처하여 방비를 갖춘다는 것은 불가능했으니까. 그러나 공군력의 출현은 모든 사정을 일변시켰다. —처칠—

◈ 만약 전쟁이 다른 수단에 의한 정치의 계속이라면, 평화도 다른 수단에 의한 투쟁의 계속에 지나지 않는다. —샤포슈니코프—

- 주석 : 공산주의자의 견해에 따르면, 전쟁과 평화 사이의 구별은 없어지고 다만 군사력의 사용 정도에만 차이가 있을 뿐이다.

  (샤포슈니코프(Boris Mikhailovich Shaposhnikov, 1882~1945), 소련군의 원수. 제1차 세계대전에 러시아제국군의 장교로 참전하였고 대령까지 진급했으나, 1917년 '10월 혁명'이 일어나자 적군赤軍에 참여, 1918년 최고사령부의 작전분야를 담당했다. 그는 프론즈의 육군대학 교장과 참모총장을 3회(1928~1931, 1937~1940, 1941~1942, 11) 역임했다. 그가 첫 번째 해임당한 것은 트로츠키(Trotsky)에 대한 찬양의 글을 썼기 때문이며, 두 번째와 세 번째는 신병身病에 의한 것이었다. 그러나 정치에 관심이 없어 스탈린의 신임을 받았기 때문에 1938년 대숙청도 무사히 넘겼으며, 스탈린에 대한 그의 지적知的 영향은 저술, 강의 및 교제交際를 통하여 대단히 컸다고 한다. 주요저서로 스탈린이 책상에 항상 두고 있었다는 『군의 두뇌』 등이 있다.)

◈ 무기는 전쟁의 중요한 요소이기는 하지만 결정적 요소는 아니다. 결정적 요소는 인간이며 물건은 아니다. —마오쩌둥(毛澤東)—

- 주석 : 유물론자들의 견해로는 특이한 내용이다.

◈ 게릴라전+심리전=혁명전쟁

이 방정식을 주장하라. 그것은 오늘날 세계를 흔들어 놓고 있는 모든 혁명적 운동을 위한 하나의 신중한 법칙을 설정해 준다. —보넷—

(보넷(Georges-Étienne Bonnet, 1889~1973), 프랑스의 정치가. 급진사회당 소속으로 제2차 세계대전 발발 직전 외무장관에 올라 독일에 대하여 유화정책을 시도했고, 연합군이 파리 수복작전에 착수하기 직전 프랑스를 떠났다. 해방 후 수차례에 걸쳐 그에 대한 기소의 움직임이 있었으나 모두 기각되었다. 1944년 급진사회당에서 제명되었다가 1952년 당적을 되찾았으나, 1952년 피에르 맹세스 프랑스와의 반목으로 다시 축출되었고, 1956~1968년 하원의원을 지냈다. 주요저서로 회고록인 『외무부』 등이 있다.)

◈ 전쟁을 일단락하기 위한 조약이 차례로 체결되었다. 그러나 대량 살인수단이 발달함에 따라 전쟁은 점차로 야만화 되었다. 전쟁은 통제할 수 없다. 그것은 다만 폐지할 수 있을 뿐이다. 이것을 이상주의적이라고 거부하는 자야말로 평화의 참다운 적이며 또한 전쟁도발자이다. —맥아더—

◈ 군사적 승리를 최후로 결정하는 것은 여전히 지상에 발을 디디고 있는 병사들이다. —리지웨이—

◈ 현대전의 특징인 속전속결의 전술개념도 과학전을 바탕으로 하고 있기 때문에 우리 공군의 과학화는 초미의 과제입니다.

나날이 발전해 가는 과학 지식을 익히고 창조적인 연구와 노력을 통해 우리 실정에 가장 알맞은 효율적인 전기·전술戰技戰術을 개발해야 합니다. —박정희—

•주석 : 1973년 3월, 박정희 대통령의 제21기 공사졸업식의 유시에서.

◈ 현대전에는 전후방의 구별이 따로 있는 것이 아닙니다. 내 고장 내 직장이 바로 전선입니다.

우리는 어떠한 일이 있더라도 이 전선에서 일보의 후퇴도 할 수는 없습니다. —박정희—

•주석 : 1975년 4월, 박 대통령의 「예비군의 날」 담화문에서.

◈ 현대전은 전후방이 따로 없으며 온 국민의 결집된 역량을 필요로 하는 총력전입니다. —박정희—

•주석 : 1976년 4월, 「예비군의 날」 담화문에서.

◈ 제한전쟁이란 교전국이 전쟁목적을 구체적이며 한계가 분명한 목적에 한정시키는 전쟁이다. 이러한 목적에는 교전국에게 가능한 최대한의 군사노력도 필요 없으며, 타협해결로 조정할 수가 있다. —오스굿—

◈ 총력전쟁에서는 목표계열이나 공격방법을 사전에 신중히 준비하여 중앙에서 계획을 수립하여, 이것에 따라 전쟁을 수행할 수 있다. —키신저—

•주석 : 목표 계열이란 우선순위를 정하여 공격하기 위해 계열적으로 선발된 일련의 목표의 집합체.

◈ 힘의 균형이 무너진 시기와 장소에서는 자칫 분쟁이 일어나기 쉽다. —볼드윈—

◈ 전쟁의 주된 원인은 어디서 찾을 수 있을까? 하는 질문에 대한 답을 정치철학에서 구할 수도 있다. 답은 매우 다양하고 서로 모순적이어서 갈피를 못 잡게 만든다. 이 다양성을 정돈하기 위해 그 답들은 다음 세 개의 범주로 순차적으로 정리될 수 있다. 즉 인간의 본성, 개별 국가의 구조, 국가체계에서 구할 수 있다.…

기만과 술책이 있고 그것으로부터 전쟁이 발생한다. —케네스 월츠—

(월츠(Kenneth Neal Waltz, 1924~2013), 미국 국제정치학자. 현대국제정치이론의 기초를 쌓았다는 평가를 받는다. 컬럼비아 대학교에서 박사학위를 받고, 동 대학교에서 교수 역임. 한국전쟁에 중위로 참전했다(1951~1952). 주요 저서로 『인간, 국가, 전쟁』(*Man, the State and War : A. Theoretical Analysis*, 1959), 『국제정치이론』(*Theory of International Politics*, 1979), 『핵무기의 확산』(*The Spread of Nuclear Weapons : A Debate Renewed*, 1995), 『현실주의와 국제정치』(*Realism and International Politics*, 2008) 등이 있다.)

◈ 가장 중요한 것은 전쟁의 맥락(context)이다.

모든 전쟁은 일곱 가지 맥락을 통해 이해할 수 있다. 즉 정치, 사회문화, 경제, 과학기술, 군사전략, 지정학·지정전략地政戰略 그리고 역사를 말한다. 모든 전쟁, 즉 모든 시대, 모든 종류의 전쟁은 이 일곱 가지 맥락에 의해 분석 가능하며, 나아가 특정 무력분쟁의 본질적 특질을 부각시킨다. …

만일 현재 이라크와 아프가니스탄을 상대로 전쟁을 벌이고 있는 미국처럼 다른 문화와 싸울 전략을 생각하는 경우에 그 분쟁의 사회 문화적 맥락을 확실하게 파악하지 못하면 실패로 이어질 공산이 높다. –콜린 그레이–

◈ 어떤 사람들은 인간이 폭력적인 것은 유전적으로 폭력성이 내장되어 있기 때문이라고 믿는다. 그러나 전쟁이 본성적인 것인지, 학습된 행동인지에 대한 논쟁은 계속 진행 중이다.…

정치인의 오인, 오해, 오판 등으로 일어난 전쟁은 소통의 개선과 보다 정확한 첩보로 예방할 수 있다. –존 가넷·존 베일리스–

(베일리스(John Baylis, 1946~), 영국 사회과학학술원과 왕립역사학회 회원. 웨일스대학교에서 박사학위 받음. 스완지 대학교 정치·국제관계학과 명예교수. 스완지 대학교 부총장 역임. 주요저서로 『현대세계전략』(*Strategy in the Contemporary World*, 공편, 2000), 『미국과 유럽』(*The United States and Europe : Beyond the Neo-Conservative Divide*, 공편, 2006) 등이 있다.)

◈ 비정규전은 주로 정치와 조직에 대한 것이다. 모든 형태의 전쟁에서 그렇듯이 폭력은 정치적 목적을 위해 역할을 수행한다. 폭력의 직접적인 목적은 통치정부의 정치적 무능을 보여주고 주민을 협박하고 강압하는 도구로서 사용하는 것이다. 비정규전의 궁극적 목적은 정치적·사회적·경제적 그리고 종교적 변화를 가져올 정치권력이다.

비정규전의 특성은 역동적이지만, 앞서 개관했듯이 그 본질은 그렇지 않다. 이러한 특성은 사회적·환경적·기술적 요인에 의해 형성된다. 반군, 테러리스트, 그리고 혁명가는 자신들의 군사적·조직적 약점을 상쇄

시킨다는 주요한 실용적 이유 때문에 비정규적인 방법론을 채택했다.

—제임스 D. 키라스—

(키라스(James D. Kiras, 1923~), 미국 공군대학교 고등항공우주연구대학 소속 민간인으로서 공군교육사령부가 수여하는 2006~2007년 '올해의 교육자상'을 수상했다. 주요저서로 『특수작전과 전략』(2006), 『현대전의 이해』(공저, 2008) 등이 있다.)

◈ 비정규전(非正規戰, Unconventional Warfare)

(1) 적 지역이나 적 점령지역 내에서 현지 주민이나 침투한 정규군 요원이 주로 외부의 지원과 지시를 받아 수행하는 군사 및 준군사활동으로서 유격전, 도피 및 탈출, 전복활동을 포함함.

(2) 유격전, 도피 및 탈출 그리고 전복활동 등을 포함하는 작전으로서 적이 확보 또는 지배하는 지역에서 주로 주민에 의하여 수행되며, 통상 외부로부터 여러 가지 면으로 직접적이거나 간접적인 지원과 지시를 받음. 즉 기존 정권이나 점령세력을 제거 또는 약화시킬 목적으로 수행되는 주로 주민에 의해서 실시되는 총제적인 저항활동.

(3) 무장공비의 군사(무력)활동과 간첩이나 정치공작원에 의해 수행되는 비군사적 활동(정치, 경제, 사회, 심리전 등)을 배합, 국민을 선동 또는 동원, 장기적으로 유격전을 전개, 세력을 강화하고 확대하여, 정규전으로 전환 또는 정규전을 지원하기 위한 전쟁 형태. —『군사용어사전』—

◈ 혁명전쟁(革命戰爭, War of Revolution)

(1) 혁명전쟁이란 비합법적 수단으로 기존정권을 뒤집어엎어 새로운 정권을 세우기 위한 투쟁.

(2) 북한의 혁명전쟁은 3대 혁명 역량을 강화하기 위해 남한 내 인민 봉기를 지원하는 형식의 무력남침에 의한 적화통일로 유리한 국제정세 조성, 북한 내 혁명기지 강화, 남한 내 동조세력 역량구축을 통하여 혁명 역량을 성숙시켜 적화통일 하는 것을 말함. —『군사용어사전』—

전쟁수행

◈ 전쟁을 시작하기 전에 가장 중요한 일은 정부요인 및 군 수뇌 회의에서 양편의 전력분석·비교에 의한 계산이다.

승리할 자는 성산成算이 많은 것이다. 전쟁을 시작하기 전에 전력의 비교에서 승리할 수 없는 자는 성산이 적은 것이다. 성산이 많은 자는 승리하고, 성산이 적은 자는 승리하지 못한다. 하물며 성산이 전혀 없는 자는 말해 무슨 소용이 있겠나. —손자—

◈ 군주는 한 때의 노여움 때문에 전쟁을 해서는 안 되며, 장수도 분노 때문에 전투를 해서는 안 된다. 국가의 이익에 합치되면 행동하고, 이익에 합치되지 않으면 전쟁을 해서는 안 된다. —손자—

◈ 총명한 군주는 전쟁을 일으키는 것을 삼가하며, 훌륭한 장수는 전쟁을 경계한다. 그것은 국가를 안전하게 하고, 군대를 보존하는 방법이다. —손자—

◈ 군주의 명령도 받아들여서는 안 될 명령이 있다. —손자—

◈ 전쟁을 하는 데 있어서 장기전을 벌이면 무기가 무디어지고 장병들의 사기도 저하된다. 따라서 적진을 공격해도 공격력이 약화될 것이다.…

전쟁은 속전속결로 승리하는 데 가치가 있는 것이지, 결코 지구전을 하는데 가치가 있는 것은 아니다. —손자—

◈ 적을 압도하는 방법에는 다음 열두 가지가 있다.

- 첫째, 장수의 위엄은 일단 내린 명령을 가볍게 변경시키지 않는 데 있다.
- 둘째, 부하에 대한 은혜는 적절한 시기에 맞추어 베푸는 데 있다.
- 셋째, 전기戰機 포착은 시기를 놓치지 않는 데 있다.
- 넷째, 전투력은 군의 투지와 사기를 진작시키는 데 있다.
- 다섯째, 공격의 성공은 적의 의표를 찌르는 데 있다.
- 여섯째, 수비의 성공은 수비태세를 은폐하여 적을 기만하는 데 있다.
- 일곱째, 작전에 있어서 판단 착오나 행동상의 과실을 범하지 않으면, 피아간의 형세판단이 정확해야 한다.
- 여덟째, 군이 곤경에 빠지지 않으려면 사전 대비가 있어야 한다.
- 아홉째, 작전에 실패하지 않으려면, 사소한 일이나 하찮은 일이라도 주의 깊게 관찰하고 대처해야 한다.
- 열째, 상황을 지혜롭게 주도하려면 그 대국大局을 파악할 줄 알아야 한다.
- 열한째, 군 내부의 화근이나 병폐를 제거하려면 장수에게 과단성이 있어야 한다.
- 열둘째, 장수가 장병들의 신망을 얻으려면 자신을 낮추어 겸손하여야 한다. —울료자—

◈ 신이 한 번 육지로 오르면 적선은 서해를 거쳐 바로 서울로 올라갈 것이오니 위험합니다. —이순신—

- 주석 : 정유재란 때, 백의종군하던 이순신은 1597년 8월 3일 통제사의 임명장을 수령했다. 그러나 그의 병선은 불과 12척밖에 없었다. 이때 조정에서는 그의 병력이 약한 것을 알고 염려해서 해전海戰을 그만두고 육지에서 적을 막으라고 명했을 때 그는 이렇게 건의했으며, 왕은 그의 의견을 따랐다. 이때(8월 16일) 상소내용은 다음과 같다.

"임진년으로부터 오늘날까지 5, 6년간 적병들이 감히 전라도와 충청도 지방을 덮치지 못한 것은 우리 수군이 그 길목을 막고 있는 까닭입니다. 지금 신에게는 전선이 아직도 12척이나 있으므로 죽을힘을 내어 막아 싸운다면 오히려 넉넉합니다. 지금 만약 수군을 전부 없애버린다면, 이는 적병들이 다행으로 여기게 될 것이며, 이러고 보면 적병들은 전라도의 서해안을 거쳐 한강에 이를 것이오니, 이는 신이 염려하는 것입니다. 지금 전선은 비록 적다고 하더라도 미천한 신하가 죽지 않는 한, 적병들은 우리를 업신여기지 못할 것입니다." 그 후 이순신은 명량해전(1597. 9. 16.)에서 판옥선 13척으로 왜倭의 세키부네(關船) 130여척과 싸워 31척을 격파해서 승리하여 왜선倭船의 서진西進을 포기케 했다.

(이순신(李舜臣, 1545~1598), 조선이 낳은 수군명장水軍名將. 무과에 급제(1576)하여 그 해 함경도 동구비보童仇非堡의 권관(權管, 변경지방의 진관체제에서 최하위 단위인 진보鎭堡에 있는 종9품 무관)이 되었다. 전라좌수사로 임명(1591)되었으며, 임진왜란이 발발(1592)하자 왜 수군을 격파하여 그들의 병참선을 위협했다. 삼도 수군통제사로 임명(1593)되었으나, 원균의 모함으로 서울로 압송(1597)되었다. 원균이 지휘한 수군의 패배(1597)로 다시 삼군 수군통제사로 재임명(1597)되어 명량해전에서 일본수군을 격파하여 정유재란의 전환점이 되었다. 그리고 노량해전(1598. 11. 18)에서 적을 격멸하고 전사했다. 『이충무공전서李忠武公全書』(1795)가 있다.)

◈ 천하에 평정하지 못할 만큼 어려운 난리는 없으니, 먼저 난리를 평정할 만한 인물을 구해야만 하느니라. —『증호치병어록(曾胡治兵語錄)』—

•주석 : 국가 원수가 조심스럽게 장수의 선택을 해야 한다는 내용이다.

◈ 조국의 존폐를 걸고 일을 결정하는 경우, 그것이 정당하거나 도리에 어긋나거나, 자비에 가득차거나, 냉혹하거나 또 칭찬할만한 것이거나, 파렴치한 것이거나, 일체 그러한 것을 고려할 필요가 없다. 모든 사고思考의 주저함을 버리고 오직 조국의 운명을 구하고, 그 자유를 유지할 수 있는 방법을 철저히 추구해야 한다. —마키아벨리—

◈ 전쟁을 수행함에 있어서 우선 명심해야 할 것은, 프랑스인이 말했듯이

'전쟁은 단기간에 집중해서 자웅을 겨루어라'는 것이다. 이처럼 일을 진행시키기 위해서 로마인은 라티움인, 삼니움인, 에트루스키인을 상대로 했든 어느 전쟁에서나 대군을 전선에 투입하고 지극히 단기간에 처리를 해 나갔다.

로마가 건국 초부터 베이의 포위 공격에 이르기까지 그들이 치른 모든 전쟁을 검토하면 모두가 6일, 10일, 길어야 20일 내에 종결시키고 있다는 것을 알 수 있다. 그것은 로마인이 사용할 수단이 다음과 같은 것이었기 때문이다. 즉 전쟁이 발발하기가 무섭게 로마인은 군대를 파병하고 적군과 격돌시켜서 즉각 결전을 벌였다. 격파된 적은 자기 나라가 형편없이 황폐될까 두려운 나머지 항복해 왔다. —마키아벨리—

•주석 : 『손자병법』에 "전쟁은 승리가 다소 미흡한 점이 있더라도 속전속결로 끝내야지, 완벽한 승리를 기하고자 교묘하게 오래 끌어 이로웠다는 예를 본 적이 없다. 하물며 장기전을 해서 그 나라가 이익을 보았다는 예는 아직 없다."(2. 작전)고 했다. 세계 최강 미국의 베트남전쟁(1961~1973)과 소련의 아프가니스탄전쟁(1979~1989)은 모두 10년 이상의 장기전으로 인하여 패배했다.

◈ 누구든지 전쟁을 시작하려고 마음먹으면 언제든지 시작할 수는 있지만, 그만 둘 때는 마음대로 되지 않는다. 그러므로 군주는 전쟁을 시작함에 있어서 제 힘을 너무 과신하지 않도록 신경 써야 한다. 제 실력을 짐작할 때 국력이나 지리만으로 계산하든가, 또는 신하들의 선의에만 기대를 걸어서는 안 된다. 동시에 자국의 군대가 어느 정도 강한가를 계산에 넣지 않으면 대개 계획은 어긋나버리고 말 것이다.…

나의 이 생각의 정확성을 입증하는 것으로서는 티투스 리비우스(Titus Livius, B.C. 59~A.D. 17)의 말보다 나은 것은 없다. 즉

"가령 알렉산드로스 대왕이 이탈리아에 침입하여 로마인을 격파했다고 한다면, 전쟁에 있어서 필요한 것은 세 가지이다. 즉 많은 정예 병력과 명

장과 행운이다." —마키아벨리—

◈ 전투에 즈음하여 책략을 써서 적을 속이는 것은 오히려 훌륭한 일이다. 일반적인 일에서는 어떤 경우라도 간계를 써서 상대를 속이는 것은 꺼려야 할 일이다. 그렇지만 단지 전쟁에서만은 칭찬할 만한 일이고 명예도 얻을 수 있는 일이다. —마키아벨리—

•주석 : 『손자병법』에 "병법은 작전목표를 달성하기 위한 속임수이다."(兵者詭道也)와 상응한 내용이다.

◈ 전쟁은 위치의 사무事務이다. —나폴레옹—

•주석 : 중앙 위치, 내선작전, 외선작전 등을 생각한다면 나폴레옹의 말은 실감이 나는 내용이다.

◈ 정부는 그의 장수에게 전폭적인 신뢰를 두어야 한다. 장수에게는 행동의 자유를 허용해야 한다. 장수에게 제시할 것은 달성해야 하는 목표뿐이다.

—나폴레옹—

◈ 총사령관은 명령을 내리는 위치에 있는 그가 작전 현장으로부터 떨어져 있고 전장의 최근황을 충분하게 알거나 전혀 모른다는 이유로 그의 명의나 부하의 이름으로 하달되는 명령이 전투에서 빚은 실수의 책임을 회피할 수 없다. 더구나 결함이 있다고 생각되는 작전계획을 실제로 수행하는 총사령관도 책임을 벗어날 수 없다. 그런 경우, 총사령관은 정당한 이유를 내세워 작전계획의 변경을 주장해야 한다. 총사령관은 그의 주장이 관철되지 않을 최악의 경우 그가 지휘하는 군대의 몰락을 재촉하기 보다는 차라리 사임해야 한다. —나폴레옹—

•주석 : 웨스트모어랜드 장군은 그가 주월 미군 사령관으로 사이공에 부임한 날로부터 집무실 책상 위에 놓인 유리판 밑에 이 경구를 끼워 두었다.

◈ 전쟁은 자기의 명성과 자국에 손해를 가져오는 위험한 유희이다. 총명한 자는 스스로 이 직무에 적합한가, 아닌가를 성찰해야 한다. —나폴레옹—

◈ 내 사전에 '불가능'이라는 말은 없다. —나폴레옹—

•주석 : 위의 말은 1806년 10월 예나 전투에서 프로이센군의 맹렬한 반격을 받아 고전할 때의 말이다. 그는 비가 퍼붓는 어두운 밤을 틈타 예나 북부의 랜드그라펜부르크 고지에 대포를 끌어올리고 다음날 이른 새벽부터 적에게 공격을 가해 승리를 이끌었는데, 그때 대포를 고지로 끌어올리는 것은 도저히 '불가능'하다는 한 병사의 말에 나폴레옹은 "내 사전에는 불가능이라는 말은 없다"고 대답했다.

◈ 정치가나 장수들이 먼저 내려야 하는 최고의 판단은 그들이 지금부터 수행하려는 전쟁을, 그 전쟁이 놓여 있는 여러 관계에 있어서 정확하게 인식하여 여러 가지 사정으로 그 전쟁에서 얻을 수 없는 것을 바라거나 또는 강요해서는 안 된다는 것이다. —클라우제비츠—

◈ 적을 피로하게 만드는 방법은 약한 국가가 강한 국가에 저항하려는 많은 경우에 사용되는 것이다. —클라우제비츠—

•주석 : 프리드리히 대왕은 7년전쟁(1756~1763) 당시 오스트리아 제국을 타도하는 데, 충분한 전력을 가지고 있지 않았다. 그래서 전력을 교묘히 절약하여 7년이라는 긴 세월에 걸쳐 적과 적의 동맹국을 괴롭혀서 마침내 그들로 하여금 전비戰費 지출의 막대함을 알게 하여 강화講和케 했다.

◈ 전쟁의 수단은 다만 하나에 지나지 않는다. 즉 그것은 전투이다. —클라우제비츠—

•주석 : 대륙국가의 전략적 성격을 여실히 보여주는 견해이다.

◈ 전투력은 국토방위를 위한 가장 필요한 것이기 때문에 먼저 적의 전투력을 괴멸시키고, 다음에 국토를 점령하여 이 두 가지가 성취된다면, 그 결과에 따라 이편의 상황을 고려하여 적으로 하여금 강화케 하는 것이 자연적 순서이다. —클라우제비츠—

◈ 전쟁에 있어서 강화의 동기를 가져오게 하는 요인이 두 가지가 있다. 첫

째는 승산이 전혀 없는 경우, 둘째는 전승을 얻기에는 희생이 너무 큰 경우이다. —클라우제비츠—

◈ 국제관계의 상황 변동에 따라 동맹자는 때때로 시기를 늦추어 참전하거나 혹은 일단 균형이 무너지는 것을 기다려 그것을 유리하게 회복하기 위해 비로소 병력을 투입하는 경우도 있다. —클라우제비츠—

◈ 여기서 염두에 두어야 할 조건은 다른 어떠한 지식보다도 전쟁 수행의 경우 특히 중요한 것이다. 즉 전쟁 수행의 지식은 완전히 정신 속에 동화同化되어야 하는 것이며, 조금이라도 동화되지 않고 남아 있어서는 안 된다는 것이다.…

전쟁에 있어서 지휘관의 지식은 정신 및 생활과 완전히 동화해서 참다운 능력이 되어 있어야 한다. —클라우제비츠—

◈ 폭력, 말하자면 물리적 폭력은 수단이고, 적에게 우리들의 의지를 강요하는 것이 목적이다. 이 목적을 달성하기 위해 적의 저항력을 무력화해야 하며, 이것이 모든 군사적 행위의 목표이다.…

전쟁에 의해 또한 전쟁에 있어서 무엇을 달성하고자 하는 이 두 가지 질문에 대답하지 않고서 전쟁을 개시하는 사람은 없을 것이다. 또한 당사자로서 현명하다면 전쟁을 개시해서는 안 될 것이다. 이 질문의 첫째는 전쟁의 정치목적(political purpose)이고, 둘째는 전쟁의 작전목표(operational objective)에 관한 것이다. —클라우제비츠—

•주석 : 전쟁에 의해 적에게 우리의 의지를 강요하는 것이 정치목적이고, 이 정치적 목적을 달성하기 위해 적을 무력화하는 것이 작전목표이며, 그 수단이 군사력임을 클라우제비츠는 명확히 밝혔다. 그러나 제2차 대전 중인 1943년 1월 모로코에서 개최된 미국과 영국 거두의 카사블랑카 회담의 마지막 기자회견에서 루스벨트 대통령은, 전쟁 종결의 조건(전쟁의 정치목적)으로 독일과 이탈리아, 일본측에 '무조건 항복'(unconditional surrender)을 요구하기로 결정했다고 발표했다. '무조건 항복'이란 작전

목표이지 결코 전쟁의 정치목적이 될 수 없다. 그래서 전쟁이 종결되자 소련의 스탈린은 세계의 영토 절반을 차지했지만, 미국은 폐허가 된 독일과 일본에 대해 전쟁 배상금도 받지 못하고 '마셜계획'으로 경제복구사업에 자원을 투입해야만 했다.

◈ 전쟁의 정치적 목적을 달성하기 위한 적절한 수단이 되기 위해서는 어떤 목표를 가져야 하느냐 하는 것을 문제로 삼을 때, 우리들은 전쟁의 정치적 목적이 각각의 상황과 마찬가지로 그것은 경우에 따라 여러 가지가 있다는 것을 알게 될 것이다.…

다른 모든 요소를 포함하고 있는 세 가지 요소에 대해서 고찰해 두어야 한다.

- 첫째, 적 전투력은 격멸擊滅시켜야 한다. 다시 말하면 전투력은 투쟁을 계속할 수 없는 상태로 빠뜨려야 한다.
- 둘째, 적의 국토는 점령되어야 한다. 그 이유는 국토란 새로운 전투력이 형성될 가능성이 있기 때문이다.
- 셋째, 전투력의 격멸과 국토의 점령이 동시에 실시된다 할지라도 그와 동시에 적의 의지를 굴복시키지 않는 한, 즉 적의 정부와 그의 동맹국과 강화조약을 조인시켜 적 국민을 항복시키지 않는 한, 전쟁, 즉 적의 여러 가지 힘의 긴장과 그 작용은 종결된 것으로 볼 수가 없다.

—클라우제비츠—

◈ 전쟁의 지도법은 과학이 아니라 기술이다. —조미니—

◈ 수많은 전역에 참가한 장수는 전쟁이란 일대 연극이며 수천의 정신적 물질적 요소가 강력하게 행동하고, 이는 수학적인 계산으로서 환산될 수 없는 것이다. —조미니—

◈ 원수元首는 전장지휘의 행동을 제한해서는 안 되며, 장수의 명령은 작전의 목표, 성질, 공세냐 수세냐, 그리고 인력과 물자의 가용 양에 관한 사항

등에만 국한되어야 한다. —조미니—

◈ 장병들에게 전해주시오. 정부는 그들에게 전폭적인 신뢰를 걸고 있다고. 그리고 지금 국가의 운명이 걸려있기 때문에 우리는 장병들에게 불가능한 것을 요구하고 있지만, 우리는 장병들이 반드시 이것을 수행할 것을 확신한다고. —클레망소—

•주석 : 1918년 4월 1일, 클레망소 수상은 독일군의 대공세를 맞이하여 전선을 시찰하면서 프랑스군 제1군 사령부에서 행한 유시의 한 부분이다. (클레망소(Georges Benjamin Clemenceau, 1841~1929), 프랑스의 언론인, 정치가, 수상. 「로로르(L'Aurore)」 지의 편집장 역임. 에밀 졸라, 아나톨 프랑스, 장 조레스 등 지식인들과 함께 드레퓌스의 결백을 위해 가톨릭교회와 군부 등 보수주의자들과 맞서 싸웠다. 1871년 의원이 되어 프로이센과의 조약에 반대했으며, 1906년 내상內相, 이어 수상이 되어 국가와 교회의 분리를 단행하고 열렬한 공화주의자로 왕당王黨과 교회주의를 반대했다. 1909년 수상직을 물러났다가 1917년 다시 수상이 되어 열렬한 애국심과 독재적 전권專權으로 제1차 대전에서 조국의 위기를 구하고 최종의 전승을 획득했다. 1920년 대통령 선거에서 실패하자 정계에서 은퇴했다.)

◈ 독일군은 파리를 점령할지 모르지만, 그것으로 나는 전쟁을 멈추지 않는다. 뒤에는 호말 강, 가론 강이 있다. 또 남부국경에는 피레네 산맥이 있다. 피레네 산맥이 점령당하면, 나는 해상에서 전쟁을 계속한다. 결코 평화교섭은 하지 않는다. —클레망소—

•주석 : 1918년 5월 말, 독일군의 대공세에 직면하여 프랑스 수상으로서 전쟁수행의 결의를 표명했는데, 다행히도 연합군은 독일군의 공세를 저지하였다.

◈ 승리는 전쟁의 변화를 예측할 수 있는 자의 위에 미소 짓는다. 변화가 일어나고 나서 비로소 이에 적응하려고 기다리는 자 위에는 승리가 미소 짓지 않는다. —두헤—

(두헤(Giulio Douhet, 1869~1930), 이탈리아의 장군, 항공전략 사상가. 이탈리아의

포병장교로 임관. 1909년 육군의 일반참모로서 장차 항공기가 전쟁에서 중요한 역할을 담당하게 된다고 역설하고 또 저술함으로써 1913년 이탈리아 항공대의 지휘 책임자가 되었다. 1916년 1차 대전에서 이탈리아 참모부의 정책에 대한 비판으로 군법회의에 회부되어 1년 징역이 언도되었으나, 그의 주장이 옳았다는 것이 증명되어 1920년에야 군법회의의 무효를 선언했다. 1921년 장군으로 진급하고 또 항공국장이 되었다. 그는 문필文筆로써 그의 항공전략 사상의 보급에 힘을 기울였다. 주요저서로 『제공권』(1921) 등이 있다.)

◈ 전략은 정치의 연장에 지나지 않는다. 전략은 정치와 밀접한 관계를 가지며, 특히 이 대전(1차 대전)과 같이 연합전쟁이 되면 더욱 그러하다.

—몰다크—

◈ 정치가 전략을 지도한다는 것은 알지만, 그 의미는 정치는 전략에 대하여 다만 달성해야 하는 목적을 제시하는 데 멈추고, 그 수단, 즉 어디를 공격할 것인가를 결정하는 것은 전략가에게 일임해야 한다. —몰다크—

◈ '전쟁은 위치의 사무이다' 할지라도 전쟁에 관계하는 것은 위치 그 자체보다는 주로 이것을 이용하는 인간이다. —마한—

(마한(Alfred Thayer Mahan, 1840~1914), 미국의 해군 전략이론가. 미 해군사관학교를 졸업(1859), 남북전쟁(1861~1865)에서는 북군에 참가. 1885년 해군대학에서 해군사, 해군전략·전술의 강의를 했다. 그는 제해권이 역사를 좌우하는 요인임은 알려져 있으나, 이 사실을 체계적으로 이해되거나 설명되지 않았다는 것을 알고, 『해양세력사론』(*The Influence of Sea Power upon History 1660~1783*, 1890)을 발간하여 세계적으로 유명해졌다. 특히 영국에서 "최초로 역사에 바탕을 둔 해양세력의 철학을 갖게 되었다"는 평가를 받았다. 그의 저서는 19세기 말, 미국·영국·독일·프랑스 그리고 일본의 제국주의 정책의 바탕이 되기고 했다. 주요저서로 『해양세력사론, 1660~1783』, 『해양세력이 프랑스혁명과 제국에 미친 영향, 1793~1812』(1892), 『해군전략』(1912) 등이 있다.)

◈ 전쟁의 경우 원리의 적용, 권리의 확실성은 반드시 언제나 명백한 것은

아니다. 언제나 명백하다면 전쟁은 정확한 과학이 되리라. 그러나 실제에 있어서 전쟁은 결코 정확한 과학이 아니며 오히려 예술이다.

회화나 조각에 있어서 참다운 예술가가 극히 소수인 것과 마찬가지로 전쟁 시 참다운 전쟁술가戰爭術家도 극히 소수이다. —마한—

◈ 전쟁의 승리는 더 큰 힘을 통합 발휘하는 편으로 돌아간다. —프라스카—

(프라스카(Sebastiano Visconti Prasca, 1883~1961), 이탈리아의 육군 참모총장, 전군 참모총장 역임. 비스콘티 가문의 귀족출신이라 뽐내며 허세가 있고 오만했다. 무솔리니 시대에 알바니아를 점령한 그는 대장으로 승진하면서 1940년 10월 28일 162,000여명(약 10개 사단에 이름)으로 그리스를 침공하여 초반에는 강세였으나 약한 리더십으로 인해 대패했다.)

◈ 전쟁술은 다른 예술과 마찬가지로 원리를 가진다. 만약 그렇지 않다면 전쟁은 술術이 아니다. —포슈—

◈ 전쟁을 할 것인가의 여부는 지도자의 일이다. 어떠한 싸움을 할 것인가는 지휘관의 일이며, 계획을 수립하는 것은 작전부장의 일이다. —요들—

(요들(Alfred Jodl, 1890~1946), 독일의 장군. 제1차 대전 후 참모장교로서 두각을 나타냈으며, 그 후 나치스의 국방군 참모총장(1939~1945)으로 히틀러를 보좌하여 전략 및 작전문제의 해결에 임했다. 종전 시 프랑스 랭스에서 국방군 대표로 항복문서에 서명(1945)하였으며, 뉘른베르크 국제군사재판소 전범재판戰犯裁判에 의해 사형선고를 받았다.)

◈ 귀관은 유럽대륙에 상륙하여 다른 연합제국과 노력 하에 독일의 심장부에 진입하여 그 병력을 괴멸하기 위한 군사행동을 전개하라. —루스벨트—

•주석 : 루스벨트 대통령이 유럽 최고사령관 아이젠하워 대장에게 내린 명령인데, 목표만 제시하고 목표달성의 방식을 위임한다는 내용이다. 280만의 대군을 지휘하기 위해 먼저 능률적 지휘계통의 확립에 고심했으며, 그가 얻은 결론은 '조화와 책임의 명확화'라는 평범한 공리公理였다고 술회했다.

한편 붕괴되어 가는 나치 독일군만 추격할 것이 아니라, 수도 베를린의 점령으로 인한 전후戰後를 고려했어야 했다.

◈ 독일 최고사령부가 범한 오산 가운데서 가장 심한 것은 미국과의 전쟁의 의미를 이해하지 못했다는 점이다. 아마 이것은 전쟁수행을 세움에 있어서 물질적 요소만을 계산에 넣은 실수의 가장 좋은 표본일 것이다.

—처칠—

◈ 현대전은 총력전쟁이다. 그러므로 이 전쟁을 수행하기 위해서 군사뿐 아니라, 정치·경제의 여러 역량을 이해할 수 있는 지식을 가지고 있고 또한 이러한 여러 역량을 국가의 전쟁목적에다 집중시킬 수 있는 권한을 가진 정부의 수뇌들이 기술이나 각 분야 전문 권위자들을 지원하고 필요하다면 직접 지휘할 필요가 있다. —처칠—

◈ 한 국가의 생존은 통상과 산업의 끊임없는 계속에 의존하고 있으며 또한 신속한 전쟁의 결정은 산업의 방향전환의 진행을 다시 개시하기 위해 필요하며, 소모전략은 수백만의 군대 유지가 수천만의 경비를 필요로 할 때는 불가능하다. —슐리펜—

◈ 총력전에서 군의 강약은 국민의 육체적, 경제적 및 정신적 강약에 좌우된다. 특히 정신력은 장기간에 걸친 전쟁에서 국민유지를 위한 생존투쟁에 필요한 단결력을 군 및 국민에게 부여하는 것이며, 이 단결은 또한 국가존망을 위하여 행하는 이와 같은 전쟁에 최후의 결정을 주는 것이다.

—루덴도르프—

◈ 총력전 수행에 즈음하여 어떤 환경에도 그 기초가 되는 국민의 정신적 단결은 민족전통과 신앙의 통일 및 민족전통의 생물학적 및 정신적 법칙과 성질을 신중히 고려하는 이외에 달리 수단이 없는 것이다. —루덴도르프—

◈ 확실히 국민을 파악하고 있는 국가는 전쟁수행상 필요한 수단, 즉 일이 국내에 관계되는 한 이것을 사용할 수 있으나, 국가는 그 때에 재정의 건

전한 원칙에 어긋나서는 안 된다. 그렇지 않으면 위험한 반동을 야기시켜, 군에 대한 악영향을 피할 수 없다. —루덴도르프—

◈ 총력전의 지도자는 전쟁을 가능한 한, 속히 종결하여 이로써 장기간의 전쟁에서 일어나기 쉬운 국민단결의 이완과 경제적 곤란에 의해서 국민과 전쟁수행에서 입은 심한 영향 때문에 불리한 결과를 보는 것과 같은 것을 피하는 데 노력해야 한다. —루덴도르프—

◈ 전쟁에 성공하기 위해서는 군사적 승리뿐만 아니라, 그 승리를 정치적으로 활용하는 것이 필요하다. —맥아더—

•주석 : 1950년 9월, 맥아더 원수는 인천상륙작전으로 군사적 승리를 획득했으나, 트루먼 행정부는 그것을 활용하지 못했다는 불만을 토로했다.

◈ 나는 사람들을 전투에 투입하게 되었을 때, 그곳에는 정치의 이름으로 가공될 것이 없다는 것을 의심한 바 없이 말할 수 있다. 이는 여러분 자신의 사람들을 방해하고, 승리를 위한 그들의 기회를 감소하고 또한 그들의 손실을 증가시킬 것이기 때문이다. —맥아더—

•주석 : 6·25전쟁에 대한 트루먼 행정부의 제한전쟁을 비판한 내용이다.

◈ 전쟁에 있어서 승리의 대용품은 없습니다. 일부에서는 여러 가지 이유로서 중공을 회유하려고 하는 자가 있습니다. 그들은 명백한 역사의 교훈에 눈을 가린 자입니다. 역사는 유연정책이 새로운 보다 더 피비린내 나는 전쟁을 발생시킨 데 지나지 않다는 것을 오해 할 여지없이 입증해 주고 있습니다. —맥아더—

•주석 : 1951년 4월 11일, 맥아더 원수는 트루먼 대통령에 의해 극동군 총사령관의 직위에서 해임당하고, 귀국한 후 4월 19일 상하 양원에서 연설한 내용의 일부이며, 그 연설의 마지막에 "노병은 죽지 않고 사라질 뿐이다"라는 명언을 남겼다.

◈ 전쟁에서의 승리는 국가의 사회적·경제적·정치적 체제에 의존하는 군

사와 기술면의 우세뿐만 아니라, 적을 패배시키는 조직의 능력과 이용할 수 있는 무기의 효과적 사용에 의해 결정되는 것이다.

이러한 목적을 위해 국가는 침략자에 대한 전쟁을 철저하게 그리고 과학적으로 준비해야 하며, 지휘관과 부대는 높은 수준의 군사숙련이 요구된다. —소콜롭스키—

(소콜롭스키(Vasily Danilovich Sokolovsky, 1897~1968), 소련의 원수. 내전內戰의 백전노장百戰老將이며, 1941년 독일군의 침공 때는 서부집단군 참모장으로 임명되었다. 1941년 12월 모스크바에서 역공세逆攻勢에 대한 계획과 집행의 책임을 졌고, 1942년에는 브린스크 전선의 군을 지휘했다. 1943년에는 크어스크, 오이엘 전투의 서부전선을 지휘했으며, 전후戰後 참모총장을 역임했다. 주요저서로 『소련의 군사전략』(편編, 1962) 등이 있다.)

◈ 생존을 바라는 국가는 모두 예기할 수 있는 모든 돌발 사태에 충분히 대처할 수 있는 형태의 스스로의 힘을 유지할 뿐 아니라, 또 실력이 충돌했을 경우 타국을 승리로 이끌게 하는 힘의 어떠한 증강도 저지시키도록 노력해야 한다. —슈만—

◈ 전략과 군사계획과 예산은 동일한 하나의 기초적 결정사항의 다른 국면에 지나지 않는다. —트루먼—

◈ 우리들의 전략계획과 기본적인 작전상의 지휘계통을 완전히 통일하는 것이 절대로 필요하다. 따라서 이 계획과 명령의 발의권은 독립된 삼군의 각 성各省이 아니다. 국방장관과 소요의 참모기구에 보좌된 장관이 작전고문인 합동참모본부에 있다는 것을 나는 알린다.

우리들이 혁명적인 신무기와 병력의 전개를 국가의 안전보장 목적에 결부시키는 전쟁계획의 검토만큼 군사적으로 중요한 업무는 없다. 따라서 그 출발점에서 참다운 통일을 도모해 두는 것이 절대불가결하다. 나중에 아무리 조정하려고 해도 군사계획을 검토하는 최초의 단계에서 생긴 중복이나 원칙상의 분규는 제거되지 않는다. —아이젠하워—

(아이젠하워(Dwight David Eisenhower, 1890~1969), 미국의 육군원수, 제34대 대통령(1953~1961). 육군사관학교, 육군대학 졸업. 1935~1940년 사이에 맥아더 군사고문의 보좌관으로 필리핀의 방위강화에 참가. 1942년 육군참모본부 작전부장, 유럽원정 미군사령관으로서 북아프리카 상륙작전을 지휘. 1943년 유럽 연합회 최고사령관으로 북프랑스로부터 반격해서 나치 독일군을 항복시켰고, 1944~1945년에는 서부전선에서 노르망디 상륙작전을 비롯한 프랑스와 독일지역 공격을 계획 감독. 1945년 원수로 승진, 육군참모총장이 되었다. 1948년 퇴역하여 컬럼비아 대학교 총장, 1950년에 현역으로 복귀, 1951년에 최초의 나토군 최고사령관. 1952년 사임하고 공화당 후보로 대통령으로 출마하여 당선. 전임인 민주당 트루먼 대통령 당시 발생한 한국전쟁을 종결시켰다. 주요저서로 『유럽의 십자군』(1948) 등이 있다.)

◈ 전쟁을 지도하는 지위에 있는 사람들은 객관적 조건이 허용하는 한계를 넘어서 승리를 추구해서는 안 된다. 그러나 그 한계 내에서 그들은 신중한 활동을 통해서 승리를 추구할 수 있는 것이며 또 그렇게 해야 한다.

—마오쩌둥—

◈ 전쟁지도의 법칙으로서의 전략·전술이야말로 전쟁이라는 넓은 바다에서의 유영술遊泳術이다. —마오쩌둥—

◈ 모든 군사행동의 지도원칙은 가능한 한 자기의 힘을 보존하고 적의 힘을 소멸시킨다는 기본원칙에 바탕을 두고 있다. —마오쩌둥—

◈ 건군의 목적은 자신의 역량을 증강시켜 적을 제압하는 데 있다. 군사전략의 사명은 이러한 목적을 어떻게 달성할 수 있을 것인가를 찾아내는 데 있으니, 적과 아군과 우군의 군사적 동태와 기타 발전 변화되고 있는 상황을 주시하면서 기술상의 연구와 용병 및 발전을 부단히 꾀해야 한다.

—장웨이궈(蔣緯國)—

◈ 대전략은 군사적 승리에만 있는 것이 아니라, 병력은 전시정책의 한 도

구에 지나지 않으며, 대전략의 참다운 목적은 전후에 있어서 우리의 평시 정책의 진보적 및 번영의 계속을 확보하는 데 있다. —리델 하트—

◈ 전략의 진정한 목적은 되도록 전투를 하려 하지 않고 부득이 하다 할지라도 유리한 전략적 상황을 추구하며, 만일 그렇게 좋은 결과에 도달하지 못할 경우에는 전투를 계속하면서도 이것을 성취하고자 한다.

—리델 하트—

• 주석 : 클라우제비츠의 견해와 반대되는 해양국가의 전략적 성격을 잘 표현한 내용이다.

◈ 몽골군의 최고 통수권은 황제의 손에 쥐어져 있었다. 그러나 일단 황제에 의해 계획이 승인되면, 휘하의 장수들은 아무런 간섭을 받지 않고 실제의 작전을 수행했으며, 그 사이에 최고 통수권자로부터 지시를 받는 일은 거의 없었다. 그리고 승진은 고참의 순서에 의해서가 아니라, 세운 공적에 의해 결정되었다. —리델 하트—

◈ 만약 우리들이 전쟁을 해야만 한다면, 우리들은 현재와 같은 삼군에 흥미를 가지지 않을 것이다. 우리들이 흥미를 가지는 것은 육·해·공군을 기능별로 조합한 임무부대, 즉 원폭보복부대, 해외파견 부대, 대륙 방공부대, 해외 제한전쟁 부대 등이다. 그러나 문제는 우리들이 예산을 현재 그와 같은 형태로 가지고 있지 않다는 것이다. —맥스웰 테일러—

• 주석 : 1960년 테일러 장군의 미 의회 연설에서.
(테일러(Maxwell Davenport Taylor, 1901~1987), 미국의 4성 장군. 육군참모총장, 합동참모본부 의장 등을 역임. 미 육군사관학교를 졸업, 1944년 6월 노르망디 상륙작전 때는 101 공수사단을 지휘하였고, 종전 후에는 육군 사관학교장을 지냈다. 한국전쟁에 참전하여 2년간 주한 미 8군사령관을 역임. 1954년 11월 이승만 대통령으로부터 금성태극무공훈장을 받았다.)

◈ 주駐베트남 미군사령관으로서 나는 수많은 좌절을 겪었고, 간섭을 참았으며, 헤아릴 수 없이 많은 짜증나는 일들에 당면했다.

정치인들은 시비곡직은 여하간에 "전쟁은 장군들에게 맡기기에는 너무 중요한 것"이라고 주장한 20세기 초 프랑스 수상 클레망소의 생각에 지나치게 젖어 있다.

야전군사령관은 승리를 위해 필요하다고 확신하는 한 좌절과 간섭, 실망과 비판에서 살아가는 것을 배워야 한다. —웨스트모어랜드—

•주석 : 통신수단의 발달은 정치가의 전쟁에 대한 협조와 간섭을 용이케 하는 계기를 만들어 주었으며, 베트남전쟁에서의 정치가의 간섭을 비판했다. (웨스트모어랜드(William C. Westmoreland, 1914~2005), 미국의 장군. 미 육군사관학교 졸업. 제2차 세계대전에서 제34포병대 대장으로 독일의 로멜 장군과 맞서 싸웠고, 한국전에도 참전해 전선에서 준장으로 진급. 웨스트포인트 교장을 거쳐 1964년 3성 장군으로 베트남전 미군 총사령관으로 부임하여 1968년까지 미군을 지휘했다. 회고록 『한 군인의 보고서』(*A Soldier Report*)가 있다.)

◈ 오류의 대부분은 워싱턴 행정부가 전쟁수행을 강력히 통제한데서 원인을 찾을 수 있을 것이다. —웨스트모어랜드—

•주석 : 미국의 월남전쟁의 패인은 행정부가 지나치게 야전군에 대해 간섭한 데서 비롯되었다는 것이다.

◈ 미국이 1965년 전투 병력을 월남에 투입한 후에도 월맹에 대한 점진적으로 대응하는 잘못된 정책만 아니었다면 전쟁은 역시 몇 년 내에 끝날 수도 있었다. 조금 폭격을 가했다가 적에게 항복할 기회를 주기 위해 잠시 이를 중지하고, 그 다음 폭격을 약간 더 늘리되 실질적으로 타격을 입지 않을 정도로 하는 방식으로써는 결코 전쟁에 승리할 수 없었다.

—웨스트모어랜드—

•주석 : 미국의 베트남전 수행을 위해 채택한 맥나마라 국방장관의 점진적 확전정책을 비판한 내용이다.

◈ 어느 전투, 어느 전쟁에서나 겉으로 보기에 더욱 많은 노력과 자원, 신념이 끝없이 요구됨에 따라 쌍방이 전의를 상실하게 되는 때가 온다. 이런

시점에서 새로운 활력을 가지고 버텨나가는 쪽이 승리한다.

—웨스트모어랜드—

•주석 : 1966년 2월, 웨스트모어랜드 장군이 호놀룰루 회담에서 한 내용.

◈ 우리들은 전쟁에 승리했으나, 그러나 평화를 잃었다. 어떠한 전쟁에 있어서 그것의 정치적으로 의도하는 목적은 가장 중요하며, 따라서 그 목적은 명확히 설명되어야 한다. 그리고 전쟁을 수행하기 위한 전략과 방법은 소기의 목적을 달성하는 데 지향되어야 한다. 종국적 승리를 당연한 것으로 가정하는 것만으로는 충분치 않다. —볼드윈—

◈ 힘에는 억제가 수반되어야 하지만, 일단 군사력을 행사하는 경우에는 신속하게 대량으로 그리고 결정적으로 이것을 사용해서 우리들의 목표를 달성하려고 하지 않는다면, 그것은 목적이 없는 폭력행사가 되어버린다.

—볼드윈—

•주석 : 미국의 군사평론가 볼드윈의 미국의 베트남전쟁 수행에 대한 논평이다.

◈ 정치가는 전쟁문제에 대한 준비 또는 전쟁을 어떻게 사용할 것인가에 대해 이를 회피하거나 이런 문제를 고려하는 군인을 비난하는 경향이 있지만, 개전의 시기를 포착하고 어떠한 종류의 전쟁을 할 것인가에 대해 그 방향을 제시하는 것도 정치가로서의 임무이다. —마이어스—

◈ ·제1세대 전쟁은 선과 대형의 전술을 반영하는 세대로서 주공主攻에 병력을 집중하는 것이 핵심 요구사항이었다. 이는 한편으로는 기술에 바탕을 두면서도 다른 한편으로는 프랑스 혁명에서 나타난 사회적 변화를 바탕으로 하고 있다.

·제2세대 전쟁은 무기체계의 질적·양적 발전에 따른 것으로 화력의 집중에 의존하는 방식이었다고 보고 있다. 특히 구식 소총, 철조망, 기관총 및 간접 화력이 전장의 변화를 가져왔다. 이런 전장의 변화는 제1차 세계대전 시 전술에서 최고조에 달했다.

· 제3세대 전쟁은 기동에 의한 전투이다. 1939년 독일은 신뢰성이 높은 전차, 기동성을 보유한 포병, 차량화 보병, 효과적인 근접항공지원 및 무선통신을 이용하여 전장에 기동성을 다시 불어넣음으로써 공격 측의 우위를 되찾았다.

· 제4세대 전쟁에서는 정치·경제·사회·군사 부문의 모든 가용 네트워크를 동원하여 적의 정치지도자들로 하여금 그들의 전략적 목표는 결코 달성할 수 없으며, 얻는 것에 비하여 값비싼 대가를 치러야 한다는 것을 인식하도록 하는 데 주안을 둔다. —토마스 햄즈—

• 주석 : 토마스 햄즈에 의하면, 4세대 전쟁은 마오쩌둥(毛澤東)에 의해서 최초로 창안된 이래 실전에 적용되는 과정을 거쳐 왔다. 특히 중요한 두 가지 특징이 있는 데, 첫째는 이런 형태의 전쟁은 특히 장기간에 거쳐 수행된다는 점이다. 예컨대 중국 공산당은 27년, 베트남인들은 30년 동안, 산디니스타들은 18년간을 싸웠다. 월맹은 미국을 물리치기 위해 12년(1961~1973), 아프가니스탄은 소련을 물리치기 위해 10년(1979~1989) 동안을 싸웠다. 둘째는 초강대국(super power)을 물리친 전쟁은 4세대 전쟁이 유일하다는 점이다. 4세대 전쟁은 여러 곳에서 미국도 물리쳤고 또한 소련도 물리쳤다.

(햄즈(Thomas X. Hammes, 1953~), 미국 해병대 대령, 테러전쟁 전문가. 미국 해군사관학교를 졸업, 옥스퍼드 대학교에서 석·박사(현대사) 학위를 받았고, 해병대 지휘참모대학과 캐나다 국립국방대학을 졸업. 국가전략연구원과 국방대학 선임연구위원을 역임했으며, 현대전을 '제4세대 전쟁'이라 지칭했다. 주요저서로 『21세기 전쟁-비대칭의 4세대 전쟁』(*The Sling and the Stone : On War in the 21ST Century*, 2006), 『잊혀진 전사戰士』(*FORGOTTEN WARRIORS*, 2010) 등이 있다.)

◈ 1세대에서 3세대까지는 전쟁의 목표가 적의 군사력을 분쇄하고 군사력 재창출 능력을 파괴하는 것이었지만, 4세대 전쟁에서는 그런 방식을 취하지 않는다.…4세대 전쟁에서의 승리란 직접적으로 적 지도부의 의지를 분쇄하기 위하여, 그들의 전쟁목표는 달성될 수가 없을뿐더러 값비싼 대

가를 치러야 한다는 인식에 도달하도록 모든 가용 네트워크를 동원함으로써 달성된다.

—토마스 햄즈—

전쟁과 과학기술

◈ 기술은 국가의 가장 중요한 경제적 원천이다. —야곱—

◈ 기술적 우월성은 군사력을 위한 중요 핵심으로 간주된다. 미·소의 초강대국처럼 군사연구에서 앞서 있다는 것은 그 자체가 군사력의 중요한 구성 요건을 충족시키고 있다. —볼드윈—

◈ 장비, 특히 신식 무기를 평가함에 있어서 경제면을 경시해서는 안 된다. 무기를 생산하여 군대를 무장시킨다는 것은 거대한 사회적 노동량을 필요로 한다. 장비나 무기의 생산비는 대단히 높다. 현대전은 대량의 장비를 필요로 한다. 신기술은 집중적으로 사용함으로써 작전의 경과에 효과적으로 영향을 미칠 수 있다. 따라서 각종 전투수단의 대량 생산능력은 그들 전투수단의 효과를 결정하는 중요한 요소의 하나이다. 이처럼 무기의 개발과 생산에 노력을 소비한다는 것은 극히 중요하다. —포구로프스키—

◈ 19세기의 산업기술은 전쟁의 수행을 극적으로 바꾸었다.

- ·철도, 증기선, 전신 그리고 대량생산 같은 민간기술은 대규모 군대를 징발하고 장비를 갖추고 통솔하는 것을 가능하게 했다.
- ·라이플총, 후진총, 기관총, 장갑군함, 지뢰 그리고 잠수함 같은 신무기

를 등장케 했다.

•정부는 전쟁을 지지하도록 군민軍民을 동원하기 시작했다.

•전술의 변화는 느리기 때문에 대량의 사상자가 발생하는 것이 일반적이었다.

—마이클 시한—

◈ 군사기술은 20세기 초부터 급격히 발달하기 시작했다. 제1차 세계대전 때 최초로 내연기관內燃機關이 전장戰場에서 광범하게 사용되어 전차와 항공기의 발달을 가능케 했다. 제2차 세계대전에서 특징적인 것은 장비용품의 컨베이어 시스템에 의한 급격한 양산화量産化였다. 즉 기계시대의 군사기술의 특징은 전장에서의 사용방법이 대단히 다종다양하고 물량적으로 되었다는 것이다.

—포구로프스키—

◈ 오늘날의 군사는 이상할 정도로 급속히 발전하고 있다. 이것은 주로 군사기술, 특히 장비가 질적으로 양적으로 강력히 진보하고 있기 때문이다. 이러한 조건하에서 과거 전쟁경험의 연구, 군사기술의 발달이나 다른 요인의 분석을 기초로 하여 미리 현대전의 특수성이나 현대전이 군사 발전에 제기하고 있는 여러 요구를 알 필요가 있다.

—포구로프스키—

◈ 군사기술 가운데 결정적 역할을 담당하는 것은 적을 직접 공격하고 격파하는 것을 목표로 하는 것, 즉 장비이다.

—포구로프스키—

•주석 : 무기와 장비의 차이는, 즉 무기란 보통 어떤 보조적 기계나 장치를 고려사항에 넣지 않는 각종의 파괴수단이다(핵탄, 핵탄두를 붙인 로켓, 핵폭탄 등이다). 장비란 중요한 역할을 담당하는 보조적 기술을 포함한 것으로, 예컨대 핵장비라고 하면 핵탄두를 붙인 로켓은 물론이요, 그것의 발사에 필요한 모든 기재器材를 갖춘 발사장치도 포함한 것이다. 이것이 포구로프스키의 단어 정의이다.

◈ 장비의 발달은 하급에서 상급까지, 군간부 요원의 교육을 진실로 필요로 한다. 무선공학, 자동기계학 및 원자물리학의 여러 문제를 이해한다는 것

은 모든 규모의 전투임무 수행을 위해 필요하다. 따라서 군의 간부에게 요구되는 것은 여러 가지의 기술, 과학 및 조직상의 특수한 여러 문제를 해명할 수 있는 능력만이 아니다. 무엇보다도 개개의 문제를 분석하여 거기서 바른 결론을 도출할 수 있는 능력 및 주요한 임무의 수행을 위해, 즉 전투나 작전에서 승리하기 위해 모든 지식과 경험을 활용할 수 있는 능력이 필요하다. 이리하여 장비의 발달은 군의 간부에 대해 지식을 넓히고 창의력의 고양을 요구하고 있다. —포구로프스키—

◈ 각 군 사령관이 반드시 갖추어야 하는 특질은 군사기술의 이용에 임하여 생기는 여러 문제를 의식적으로 단기간에 해결할 수 있는 능력이다. 만약 이것이 결핍되어 있다면 종래의 어떠한 전쟁보다도 훨씬 대규모이고 새로운 전투수단을 사용하는 현대전의 여러 조건은 이해하기가 불가능하리라. —포구로프스키—

◈ 군사기술의 발달과 그 부대의 편성과 전투 수행방법에 대한 영향에 따라 군인이 필요로 하는 군사기술의 지식은 계속 증대하기만 한다. 군사기술의 발달은 군사 전체의 발전을 현저히 규정한다. 따라서 군사기술의 지식을 끊임없이 넓히지 않으면 어떻게 해서 전쟁의 성격이 변했는가, 미래전이 어떻게 될 것인가에 대해 이해할 수 없다. —포구로프스키—

◈ 군사기술 개발면에서의 선진 국가들이 대규모의 과학적·기술적 자원의 집중으로 이들 국가들로 하여금 만약 무제한 전쟁에서 사용된다면 모든 국가와 전 인류까지도 소멸시킬 수 있는 위협적인 강력한 파괴수단을 발명하고 전개시킬 수 있게 된다. —크라우스 노어—

(노어(Klaus Eugen Knorr, 1911~1989), 미국의 경제·정치학자. 독일 에센에서 출생하여 튀빙겐 대학교 졸업. 1937년 나치를 피해 미국으로 이주했다. 1941년 시카고 대학교에서 박사학위를 받았고, 프린스턴 대학교에서 28년간 가르쳤다. 그는 외교 및 경제정책을 통해 핵시대에서 군사력 우

위를 개발하는 많은 논문과 책을 썼다. 1968년 존슨행정부에서, 남베트남에서 미국의 군사개입을 가속화하기 위해 준비를 하는 중에 미국과 북베트남의 철수, 국제평화유지 도입에 대한 제안을 했다. 주요저서로 『군사력과 군사 잠재력』(*Military Power and Potential*, 1970) 등이 있다.)

◈ 군사 잠재력은 전략적 핵 억지와 마찬가지로 다른 국가가 고도의 과학 및 기술적 내실을 갖춘 군사력을 사용 못하게 억지시키는 가장 중요한 수단을 제공하는 것인 바, 미래에 있어서 특히 군사적 공격의 억지에 있어서 색다른 기술이 그 수단으로 될 것이다. —크라우스 노어—

◈ 기술혁신은 모험이 뒤따르고 자력 있는 특유의 경영이 요구된다. —부칸—

(부칸(Alastair Francis Buchan, 1918~1976), 영국의 교육자, 국제전략연구소 소장. 런던에서 출생, 이튼 칼리지와 옥스퍼드 대학교를 졸업. 1939~1945년까지 캐나다 육군소령으로 복무했으며, 「이코노미스트」 지의 편집장(1948~1951), 「옵서버」 지의 워싱턴 특파원(1951~1955), 1958년부터 국제전략연구소 소장 및 영국의 왕립 국방대학원장(1970~1971) 등을 역임했다. 주요저서로 『유럽의 군비軍備와 안전』(1963), 『현대사회의 전쟁』(1966) 등이 있다.)

◈ 우리의 경제력과 방위 잠재력이 증대하면 할수록 우리의 국경 너머로부터의 위험은 감소될 것이다. 이제부터는 방위와 기술개발은 국가경제계획의 일부로서 연결되어야 한다. —라다크리슈난—

•주석 : 1963년 2월, 인도의 라다크리슈난 대통령은 1962년 중공과의 국경분쟁과 파키스탄으로부터의 군사적 위협을 느끼고 언명했다.

(라다크리슈난(Sarvepalli Radhakrishnan, 1888~1975), 인도의 철학자이자 정치인. 인도의 초대 부통령(1952~1962)을 지냈으며, 제2대 대통령(1962~1967)을 역임했다.)

◈ 국가와 국민이 금후 핵전쟁에서 생존할 수 있는가의 여부는 당연히 기술을 무기나 무기체계에 전화轉化하는 속도와 효율에 달려 있다.

—로완 게이터—

•주석 : 1958년 12월, 미국의 랜드연구소 창립 10주년 기념연설에서.

◈ 풀러 장군은 무기가 승리의 99%를 형성한다고 했지만, 물론 이런 극단적인 견해에 동의할 사람은 거의 없다. 그러나 우세한 무기가 사용자에게 유리하다는 것은 사실이다. —프레스턴—

◈ 이 비행은 겨우 12초 밖에 되지 못하였으나, 세계 역사상 최초로 인간을 태운 기계가 그 자신의 동력에 의하여 육지를 떠나 대기 속에서 완전히 비행을 한 것이다. —오빌 라이트—

•주석 : 1903년 12월 17일, 라이트는 역사적인 항공시대를 개막했다. 이때의 항속거리는 보잉 747기의 날개 길이보다 더 짧은 40미터였다. 그러나 그 후 70년 만에 인간은 40만 킬로미터의 달 여행까지 하게 되었다. (라이트(Orville Wright, 1871~1948), 최초로 비행에 성공한 미국인 라이트 형제 중 동생이다.)

◈ 탱크가 '발명'되었다고 말할 수 있는 시기는 일찍이 없었다. '이 사람이 탱크를 발명했다'고 말할 수 있는 사람은 일찍이 없었다. 그러나 최초의 탱크가 실제로 제조되도록 발생된 시기는 있었다. 그것이 허가된 직접 결과로서 효과가 적은 기계차가 설계된 시기는 있었다. —처칠—

•주석 : 1915년 3월 26일, 육상선이라 불리던 탱크 18대를 해군상 명의로 처음 주문한 것은 처칠이었다. 1차 대전 중 전선이 교착되고, 진지전으로 변하여 병력소모가 심했다. 이를 타개하기 위해 전차의 착상을 낸 것은 처칠이었다. 전차를 만들어 전선에 보내면서 독일간첩의 눈을 피하기 위해 'tank', 즉 야전용 수조로 불렀던 것이 전차가 탱크로 불리게 된 유래이다.

◈ 우리가 앞을 내다볼 때, 장래의 희망은 과학자의 손에 달렸다는 것을 인식할 수 있다. 어떤 사람들은 오늘날의 인류생활은 이미 '절대무기' 시대에 살고 있다고 했으나, 사실상 이것은 과도기에 불과한 것이고 앞으로 더 놀라운 발전이 아직 우리를 기다리고 있다. —몽고메리—

◈ 3차 세계대전이 어떻게, 무슨 무기로 벌어질지는 모른다. 그러나 4차 세

계대전 때는 사람들이 돌로 싸울 것만은 틀림없다. —아인슈타인—

•주석 : 제3차 세계대전은 핵전쟁이며, 그렇게 되면 지구 자체가 폐허로 변한다는 것을 강조한 내용이다.

(아인슈타인(Albert Einstein, 1879~1955), 미국으로 귀화한 유태계 독일태생 물리학자. 그의 일반상대성이론은 현대물리학에 혁명적인 지대한 영향을 끼쳤다. 1921년 공전효과에 관한 기여로 노벨물리학상을 받았다. 1933년 나치 독일의 반反유태인정책으로 도미渡美하여 프린스턴 고급연구소 교수 역임. 제2차 대전 중에는 원자력계획을 루스벨트 대통령에게 진언하기도 했다. 자유·평화주의자로서 유대인 문제, 평화운동, 원수폭原水爆 금지문제에 적극적인 의견을 발표했고, 전쟁 근절을 위한 세계정부수립을 제창했다.)

◈ 근대물리학의 기초는 기본적인 탄도문제를 해결함으로써 생긴 부산물이라고 해도 과언이 아니다. —가락—

◈ 전쟁의 연구는 창조이다. 그러나 창조하기 위해서는 유형적 기반에서 출발하지 않으면 불충분하며, 또한 유형적 및 정신적 기반에서 출발하면 그 효과는 변화하고 불확정한 것이 되리라. —포슈—

◈ 과학과 전쟁의 원리는 전연 서로 다른 것이다. 왜냐하면, 모든 술術은 원리를 가지고 있으며 또 가져야 하지만, 이 원리에서 더욱이 과학을 만들려고 하는 것은 어리석은 짓이다. 오늘날 아무도 전쟁의 과학이 있다고 믿는 사람은 없다. 만약 있다고 한다면, 이것은 마치 시의 과학, 회화의 과학, 음악의 과학이 있다는 것과 마찬가지로 오류이다. —도라고미로프—

◈ 이스라엘의 강점은 과학적인 사고방식과 현실적으로 긴요한 기술과 지식에 그 바탕을 두고 있으며, 우리들의 약점은 서방제국주의에 있는 것이 아니라 바로 우리들 자신의 무지無知에 있었다. —후세인—

•주석 : 1967년 6월, 3차 중동전쟁에서 아랍군은 소련제의 T-54, 55 등 최신 공격무기를 가지고 있었지만 구형의 이스라엘 전차부대에 패배했는데,

이것은 바로 아랍군의 공학적 기술능력의 부족이 중요한 원인이었다.

(후세인(Saddam Hussein, 1937~2006), 이라크의 대통령(1979~2003) 역임. 이란·이라크전쟁과 쿠웨이트 침공 등을 일으켰으며, 2006년 12월 30일 사형 당함.)

◈ 현재 각국의 국방계획이 한 가지 공통된 추세를 보이고 있으니, 그것은 새로운 무기와 장비를 연구·발전시키는데 역량을 집중하고 있다는 점이다. —장웨이궈(蔣緯國)—

◈ 세계의 모든 과학자의 70% 이상은 어떤 형태이건 군사 분야에 이용되고 있다. —흐루쇼프—

•주석 : 1962년 7월, 모스크바의 「전반적 군축과 평화를 위한 세계대회」의 연설에서.

(흐루쇼프(Nikita Sergeyevich Khrushchov, 1894~1971), 소련의 공산당지도자, 수상. 스탈린의 대숙청 때 우크라이나에서의 숙청을 지휘하고 그 대가로 1939년 정치국 정위원에 선출되었으며, 제2차 대전에서는 육군중장으로서 우크라이나 방위에 임했다. 1956년 2월에는 30년간 그가 충성을 바쳤던 스탈린을 비밀연설에서 비판했고, 1953년 3월 수상에 취임했다. 그는 수상으로서 흐루쇼프 시대를 이룩했으나 1964년 10월 실각했다. 대외책정에 있어서는 평화공존의 구호 밑에 자유세계와의 관계개선이 이루어졌음에도 불구하고 미국의 매장을 호언했고, 3차 대전의 위험을 내포한 쿠바의 미사일 기지 건설 등을 자행했다. 주요저서로 『전쟁 없는 정복』, 『회고록』 등이 있다.)

◈ 한 국가의 안전보장은 자국의 과학기술 없이는 불가능하며, 과학기술진흥을 위해서는 면밀한 계획과 이에 따르는 강력한 국가적 시책이 과감하고도 계속적으로 이루어져야 한다. —최형섭—

(최형섭(崔亨燮, 1920~2004), 금속공학자이자 과학기술행정가. 과학기술정책이론가이며, 과학기술처장관을 역임. 1944년 일본 와세다 대학교 이공학부를 졸업, 1958년 미국 미네소타 주립대학교에서 화학야금학으로 박사학위를 받았다. 우리나라 과학기술행정의 기틀을 세운 원로 과학자이다.)

◈ 방위생산은 독자적인 것이 아니면 방위능력을 보유할 수 없다. —최형섭—

◈ 군사기술(military technology)은 과거 어느 때보다도 전쟁에 복잡한 환경으로 작용하고 있다. 기술이 전쟁에 미치는 효과를 일반화 하려고 한다면 과거에 있었던 전쟁의 지배적인 형태들이 거의 남아있지 않다고 하겠지만, 그래도 오늘날 꽤 많이 남아있는 것이 사실이다. 군대의 무장을 위한 도전과제는 그만큼 막대한 것이다.

새로운 기술에 의해 초래되는 변화는 끝이 없다. 국가들이 점점 더 통신과 항법, 첩보 수집을 위해 우주 이용에 대한 의존도가 커지고 점점 더 우주에 대한 접근이 쉬어지면서 이제 전쟁의 영역이 우주에까지 확장될 기미가 있다.…

이 모든 경우에 기술적 변화가 가져오는 가장 흥미롭고 중요한 결과는 아마도 인간의 전쟁에 대한 생각과 전쟁 수행 방식에 대한 파급 효과라 하겠다.

—엘리엇 코헨—

(코헨(Eliot A. Cohen, 1956~), 미국 국무부 고문. 존스 홉킨스 대학교 국제학 교수. 하버드 대학교에서 박사학위 취득, 부학장 역임. 주요저서로 『시민과 병사 : 군 복무의 딜레마』(1985), 『전쟁실패의 해부학』(1990), 『걸프전 항공전력 조사 요약 보고서』(1993), 『최고 사령부 : 전쟁』(2002), 『빅 스틱 : 소프트 파워의 한계와 군대의 필요성』(2017) 등이 있다.)

◈ 어느 국가이든 승리를 보장할 만한 절대적인 무기를 보유하지 않고서는 감히 전쟁을 발동하지 못하게 되었다.

—중화민국의 『군제학』에서—

•주석 : '승리의 보장'이란 정치가나 군사전략가에 속하는 문제가 아니라, 바로 과학자의 손에 달린 문제라는 주장이다.

제 3 장

지휘와 통솔

지휘관의 자질과 능력

◈ 전쟁의 본질과 수행방법을 잘 아는 장수는 국민의 생명을 맡은 사람이요, 또 국가의 안위安危를 좌우하는 주인공이다. —손자—

◈ 장수란 지혜, 신의, 인애, 용기, 엄정을 갖춘 지휘관을 뜻한다. —손자—

◈ 장수는 군주를 보좌하는 중요한 존재이다. 보좌가 주도면밀하면 국가가 강대해질 것이고, 보좌가 그렇지 못하면 국가가 반드시 약해진다. —손자—

◈ 군주가 군의 지휘권에 간섭하여 군을 위태롭게 하는 경우가 세 가지 있다.

- 첫째, 군대가 진격해서는 안 되는데 알지도 못하고 진격하라고 명령하며, 후퇴해서는 안 되는데 후퇴명령을 하는 등 군을 속박하는 일이다.
- 둘째, 군의 내부사정을 알지도 못하면서 군사행정에 간섭하여 군 내부에 혼란을 일으키게 만든다.
- 셋째, 지휘계통을 무시하고 군령에 간섭하여 내부에 불신감을 조성하는 일이다. —손자—

◈ 장수가 유능하고 군주가 간섭하지 않으면 승리한다. —손자—

◈ 용병用兵의 원칙상 승리가 확실하다고 예견되면 군주君主가 싸우지 말라고 하더라도 반드시 싸워야 하며, 용병의 원칙상 승리할 수 없는 것이라면 군주가 싸우라 하더라도 싸우지 말아야 한다. 따라서 장수된 자가 진격하는 것도 공명을 얻기 위함이 아니며, 후퇴하는 것도 처벌을 피하려 하지 않는다. 오직 국민을 보호하고 국가의 이익과 일치하기를 바랄 뿐이다. 이런 장수야말로 국가의 보배인 것이다. —손자—

•주석 : 이순신 통제사를 구속시킨(1597) 세 가지의 죄명 가운데 세 번째는 적을 쫓아 치지 않아 나라를 등진 죄이다. 전장에서 적을 지금 공격할 것인가, 안 할 것인가를 결정하는 것은 현장 지휘관의 권한에 속하는 것이지, 결코 왕명으로 간섭할 문제가 아니라는 것을 손무(孫武)는 주장하고 있다. 일부 학자들 가운데는 '이순신이 항명죄抗命罪를 범했다'는 주장도 있으나, 병법에 대한 무지無知에서 오는 견해이리라.

◈ 장수는 조용하고 깊이 성찰하며 정확하게 일을 처리해야 한다. —손자—

◈ 전쟁을 잘 하는 장수는 승리를 전세戰勢에서 찾고 병사에게 책임을 묻지 않는다. 그리하여 인재를 선택하여 적재적소에 배치하고 나머지는 전세에 맡기는 것이다. —손자—

◈ 용병을 잘하는 장수는 상하 일치를 도모하고, 군대의 편제, 규율 및 병참을 갖추는 것이니, 그는 능히 승패를 자유로이 결정한다. —손자—

◈ 장수에게는 다섯 가지 위험이 있다.

(1) 필사적으로 싸우는 자는 죽기 마련이다.

(2) 기어코 살겠다는 자는 포로가 되기 마련이다.

(3) 성미가 급한 자는 기만을 당하기 마련이다.

(4) 지나치게 결백한 자는 모함을 당하기 마련이다.

(5) 병사들을 너무 사랑하면 그 때문에 번민하기 마련이다.

대체로 이 다섯 가지는 장수의 과실이요, 용병에 있어서 재난이 된다. 군대를 멸망케 하고 장수를 죽게 만드는 것은 반드시 이 다섯 가지의 위험에서 비롯되는 것이니, 깊이 생각하지 않으면 안 된다. —손자—

◈ 군대는 달아나는 군대(주병走兵), 해이한 군대(이병弛兵), 결함이 있는 군대(함병陷兵), 무너지는 군대(붕병崩兵), 혼란한 군대(난병亂兵), 패배하는 군대(배병北兵)가 있다. 이 여섯 가지의 패병敗兵은 불가항력인 자연의 천재天災에서 비롯된 것이 아니고, 장수의 과실에서 생기는 것이다. —손자—

◈ 지혜가 있는 장수가 판단할 때는 반드시 '이익'과 '손실'을 아울러 참작해야 한다. '이익'을 계산해 두면 하는 일에 확신을 가질 수 있고, '손실'을 계산해 두면 환란을 방지할 수 있다. —손자—

◈ 전쟁을 잘하는 사람은 주어진 정세를 잘 이용하여 자기에게 유리하도록 이끌어 나간다. —손빈—

(손빈孫臏, B.C. 300년경), 중국고대의 병가兵家로 전국시대 제齊나라 위왕威王의 군사軍師였으며, 손무孫武의 5대손으로 손무와 같이 손자로 불린다. 전쟁 중에 좋은 무기에만 의지하는 것으로 강대하다 할 수 없다며, 특히 사람의 주관적인 능동 작용을 중시하였다. 『손빈병법孫臏兵法』이 있다.)

◈ 천시天時는 지리地理만 못하고, 지리는 인화人和만 못하다. —맹자—

(맹자孟子, B.C. 372?~289?), 중국 고대의 철학자. 전국시대 추鄒나라 사람으로 어릴 때부터 공자를 숭배하고 공자의 사상을 발전시켜 유교를 후세에 전하는데 큰 영향을 끼쳤다. 백성에 대한 통치자의 의무를 강조했고, 『맹자孟子』에서 인간의 성선설性善說을 주장했다.)

◈ 문과 무를 겸비하면 장수가 될 수 있고, 강剛과 유柔를 겸비하면 능히 전쟁을 맡길 수 있다. —오자—

◈ 장수가 해야 할 일이 다섯 가지가 있다. 즉

- 첫째, 지휘, 통솔에 능통해야 한다.
- 둘째, 작전준비에 완벽을 기해야 한다.

· 셋째, 과감한 용단력이 있어야 한다.
· 넷째, 적을 경시하지 말고 경계를 철저히 해야 한다.
· 다섯째, 군령 등은 간명簡明해야 한다. —오자—

◈ 무릇 전쟁터란 전사자의 시체가 뒹구는 비참한 곳이다. 반드시 죽을 결의로 싸우면 살아날 수 있고, 요행히 살아나겠다고 꾀하면 죽음을 당하는 곳이다. —오자—

• 주석 : 이순신은 『난중일기』(1597. 9. 15.)에서 부하 지휘관들을 모아놓고, "兵法云, 必死則生, 必生則死"라 강조했는데, 이것은 『오자』에서 인용한 위의 구절이다. 이순신은 다음 날 13척으로 적의 병선 130여척과 명량해전에서 반드시 죽을 결의로 진두지휘를 했기에 31척의 적선을 격파했을 뿐만 아니라, 완전한 승리와 왜군의 서해 진출을 좌절시켰다. 한편, 원균은 칠천량해전(1597. 7. 15.)에서 왜군의 기습을 받자 혼자 살려고 부하와 병선을 버리고 육지로 도망쳤으나, 왜倭의 복병에 의해 살해당하고 말았다.

◈ 용병상의 가장 큰 해악은 장수가 급박한 상황에 우유부단하여 결심을 하지 못하고 시간만 끄는 것이며, 전군의 재앙은 바로 의심이 많은 장수의 판단 결핍에서 비롯된다고 할 수 있다. —오자—

◈ 장수는 하늘의 제약이나 땅의 제약을 받지 않을 뿐 아니라, 또한 군왕의 통제도 받지 않고, 앞에서 가로막는 적이 없어야 한다. —울료자—

◈ 오기가 전투에 임박했을 때 측근에서 보검 한 자루를 바치자, 오기는 이를 물리치며 말하였다.

"장수는 북과 깃발로 지휘하는 것이 임무이다. 어려운 일을 결단하고 군사들을 지휘하여 전승으로 이끌어 가는 것이 장수가 해야 할 일이요, 칼을 잡고 직접 적과 싸우는 것은 장수의 임무가 아니다." —울료자—

◈ 옛날의 훌륭한 군주는 올바른 인재를 등용하여 국사를 맡기고, 간사한

소인배를 배척하였다. 그리고 항상 자비로운 마음으로 순리를 따라 백성을 사랑하였으며, 죄를 지은 자에게는 지체 없이 형벌을 가하였다.…

장수의 정성은 정신력을 집중함에 있으며, 작전의 주도권을 장악하는 것은 용병술을 잘 구사함에 있다. —울료자—

◈ 적에게 선제공격을 당하여 작전의 주도권을 빼앗기면 그 군의 사기는 없는 것이나 마찬가지가 된다. 사기를 잃고 공포심을 갖는 군사들은 그 병력이 아무리 많아도 성을 지킬 수 없다. 군이 전투에서 패하면 결과적으로 그 군은 없는 것이나 마찬가지가 된다. 이렇게 되는 것은 장수가 용병술을 모르기 때문이다. —울료자—

◈ 용병에 있어서 장수의 확고한 작전계획이 미리 세워져야 한다. 만약 확고한 작전계획이 세워져 있지 않으면, 군의 진퇴를 결정하지 못하고 의구심이 생겨 반드시 패하게 되고 만다. —울료자—

◈ 장수로 하여금 전투를 수행케 해주는 것은 병사들이며, 그들로 하여금 적과 싸울 수 있게 해 주는 것은 적개심에서 우러나는 투지와 사기士氣이다. 투지와 사기가 왕성하면 용감하게 싸우지만, 투지와 사기가 저하되면 패주하고 만다. —울료자—

•주석 : 전장에서의 지휘관이 고려할 사항은 많지만, 그 가운데서 첫째는 병사들의 투지와 사기를 강조하고 있다.

◈ 1,000명 이상의 병력을 지휘하는 장수로서 전투 중 패주하거나, 수비 중 항복하여 임의로 정 위치에서 이탈하거나, 부하를 저버리고 도망한 자는 '국적國賊'이라고 한다. 이러한 부류의 장수는 참형에 처하고 그 가산을 몰수하고 신분을 박탈하고 조상의 무덤을 파헤치고 그의 시신을 시장에 공개하여 치욕을 가하며, 처자는 남녀를 불문하고 관의 노예로 삼는다. —울료자—

•주석 : 통제사 원균은 칠천량해전(1597. 7. 15.)에서 왜군의 기습을 받자, 먼저 육지로 도망쳐 살해당했고, 160여척의 전선을 상실한 커다란 참패를

당했다. 전쟁이 끝나고 선조왕은 이순신·권율과 함께 원균도 '선무일등공신宣武一等功臣'으로 강제로 추봉했다. 왕은 병법에도 무지했을 뿐만 아니라, 신상필벌信賞必罰의 사리에도 어긋난 처리를 했다.

◈ 장수는 다섯 가지 자질을 구비해야 한다. 즉

- 첫째, 용맹스러우면 누구도 범할 수 없다.
- 둘째, 슬기로운 지혜를 가지면 어지럽힐 수 없다.
- 셋째, 인자한 성품을 가지면 병사들을 사랑하게 된다.
- 넷째, 믿음 있는 자는 사람을 속이지 않는다.
- 다섯째, 사람이 충성스러우면 그 임금이나 주인에 대해 두 마음을 품지 않는다.

—『육도六韜』—

◈ 문왕이 물었다.

"임금이 남의 말을 들을 때 어떻게 하여야 하오?"

태공이 대답하였다.

"경솔하게 그 말을 받아들여 허락하거나, 처음부터 거절하거나 하지 말아야 합니다. 경솔하게 허락하면 절도를 잃게 되고, 처음부터 거절하면 진언進言을 막게 됩니다. 임금의 기상과 도량은 높은 산과 같아서 사람들이 우러러 보되 높이를 측량하지 못하게 하며, 또한 깊은 못과 같아서 사람들이 굽어보되, 그 깊이를 측량하지 못하게 하여야 합니다. 신성하고 현명한 덕을 길러 항상 공정과 안정을 기본으로 삼아야 합니다."

—『육도』—

◈ 무왕이 태공에게 물었다.

"장수를 평가하려면 어떻게 하여야 하오?"

태공이 대답하였다.

"장수에게는 다섯 가지 미덕美德과 열 가지 결함이 있습니다. 장수의 다섯 가지 미덕이란, 용맹스러움(용勇), 지혜로움(지智), 인자함(인仁), 신의(신

信), 충성심(충忠)입니다.

장수의 열 가지 결함이란, 성질이 너무 강하고 용맹하여 생명을 가볍게 여기는 것, 성급하여 너무 서두르는 것, 본성이 탐욕스러워 재물과 이익을 좋아하는 것, 마음씨가 너무 인자하여 차마 인명을 살상하지 못하는 것, 지혜가 있으면서도 마음에 겁이 많은 것, 자기가 신의를 지킨다고 하여 남의 말을 너무 믿는 것, 청렴결백하기만 하고 다른 사람을 아끼지 않는 것, 기지機智가 있으면서도 결단력이 부족하여 의심을 잘 품는 것, 너무 고집이 세어 자기 의견만을 고집하는 것, 나약하여 모든 것을 남에게 맡기는 것입니다.…

그러므로 군사軍事는 국가의 가장 중대한 일이며, 국가 존망의 관건이 되는 것으로서 그 모든 것이 장수에게 달려 있습니다. 장수는 바로 국가의 기둥이므로, 옛날 성왕聖王들은 그 선임에 신중을 기해 왔습니다.…

무능한 장수가 군을 이끌고 국경 밖으로 출정하여 싸우게 되면 10일이 지나지 않아서 나라가 멸망하든가, 아니면 군이 격파되고 장수가 죽는 불행을 가져오게 됩니다."

—『육도』—

◈ 병법에 "훌륭한 장수는 자기 마음을 미루어 다른 사람의 마음을 헤아려서 다스리며, 은혜를 널리 베풀어서 환심을 얻어 통솔한다." 하였다. 장수가 이처럼 군을 지휘·통솔하면 군의 사기가 날로 왕성해져서 전투시에는 행동이 질풍처럼 재빠르고, 공격을 함에 있어서는 봇물을 터놓은 것처럼 세차게 달려든다. 그러므로 이러한 군에게는 적이 대항할 수가 없으며, 대항한 적에게는 항복만 있을 뿐 승리란 있을 수가 없는 것이다. 이에 아울러 장수가 앞장서서 솔선수범을 보인다면, 그 군은 천하무적의 강병이 될 것이다.

—『삼략』—

(삼략三略 : 중국의 무경칠서武經七書 중의 하나로 상·중·하의 3개 편목으로 구성되어 있어서 '삼략'이라고 한다. 태공망(太公望, 주周나라의 재상 여상呂尙의 속칭) 또는 황석공(黃石公)이 지었다고 하나, 후대의 인물이 태공망, 또는

황석공의 이름으로 쓴 것이라는 설이 유력하다.)

◈ 병법에 "장수는 청렴결백하여 탐욕을 부리지 말아야 하며, 침착하여 경망스럽지 말아야 한다. 공평하여 편벽되지 말아야 하며, 정돈되어 혼란에 빠지지 말아야 한다. 그리고 남의 충고를 받아들이고 분쟁을 해결할 줄 알아야 하며, 인재를 포섭하고 부하의 의견을 받아들일 줄 알아야 한다. 뿐만 아니라, 지방의 풍속을 알고 산천의 지형을 파악할 줄 알아야 하며, 지형지물에 밝고 지휘권을 제대로 행사할 줄 알아야 한다." 하였다.

—『삼략』—

◈ 상관이 현명한 부하의 권고를 잘 들을 줄 모른다면 마침내 반란을 일으킨다. —중국의 격언—

◈ 성공에 관해서는 말을 하되, 실패에 관해서는 말하지 않는다는 것은 훌륭한 장군이 지니는 중요한 자질이다. —소포클레스—

(소포클레스(Sophocles, B.C. 496?~406), 아이스킬로스(B.C. 524~456), 에우리피데스와 함께 고대 아테네의 3대 비극작가로 꼽힌다. 123편의 희곡을 썼지만, 현존하는 것은 『오이디푸스 왕』을 비롯한 7편이다.)

◈ 전쟁의 신은 주저하는 자를 증오한다. —에우리피데스—

(에우리피데스(Euripides, B.C. 484?~406), 고대 아테네의 3대 비극작가 가운데 아이스킬로스와 소포클레스에 뒤이은 마지막 인물이며, 『헤라클레스』 외 18편이 남아있다.)

◈ 장군은 부하를 모집하고 군량과 전쟁에 필요한 모든 종류의 비축물자를 획득하는 방법을 알아야 한다. 또한 창의적인 계획을 수립할 수 있는 상상력을 가져야 하며, 그러한 계획을 끝까지 추진할 수 있는 실무 감각과 추진력이 있어야 한다. 장군은 관찰력이 예리하고, 지칠 줄 모르며, 빈틈이 없어야 한다. 더불어 온화하면서 지독하고, 단순하면서 교묘하고, 지키면서 약탈하고, 아낌없이 주면서 탐욕스럽고, 관대하면서 인색하고, 성

급하면서 더디기도 해야 한다. 장군은 이러한 자질과 더불어 다른 많은 자질을 천부적으로 타고 나거나, 아니면 반드시 습득해야 한다. 또한 당연한 일이지만, 자기 나름대로 전술개념을 가지고 있어야 한다. 왜냐하면, 자재만 쌓아놓았다고 해서 집이라 할 수 없듯이 무질서한 군중을 군대라고 할 수 없기 때문이다. —소크라테스—

•주석 : 소크라테스는 아테네 출신의 그리스 철학자이다. 흥미로운 것은 적과 싸워서 승리하는 전술의 문제는 가장 마지막에 언급하고, 전투에 필요한 군사 자원의 문제를 먼저 얘기하고 있다. 그리고 다양한 상황에서 융통성을 가지고 장군의 지도력을 올바로 발휘할 수 있도록 여러 가지 상반된 자질을 강조하고 있는 것이 특색이다.

(소크라테스(Socrates, B.C. 470~399), 고대 그리스의 철학자. 기원전 5세기 후반에 활동. 서구문화의 철학적 기초를 마련한 고대 그리스의 위대한 세 인물인 소크라테스·플라톤·아리스토텔레스 가운데서 첫째 인물이다. 펠로폰네소스 전쟁의 혼란기에 살면서 "너 자신을 알라"는 충고와 도덕적 의미에 대한 연구를 통해 침식된 윤리생활을 뒷받침해야 한다는 소명을 느꼈다. 멜레토스, 아니토스, 리콘 등에 의해 '신성 모독죄와 청년들을 타락시킨 죄'로 고소되었고 사약을 마시며 세상을 떠났다.)

◈ 귀신같은 술책은 천문을 헤아리고,
묘한 계묘는 지리를 다 통했구나!
싸움마다 이겨 공이 이미 높았으니
족한 줄 알면 이제 그만 돌아가지. —을지문덕—

•주석 : 612년, 수 양제의 대군이 평양에 침입해 왔을 때, 적장에게 보낸 조롱의 시詩.

(을지문덕(乙支文德, ?~ ?), 고구려 영양왕(재위 : 590~618) 때의 장군. 612년 수 양제가 대규모 군을 이끌고 고구려를 공격했는데, 적정을 살피려고 온 을지문덕이 거짓으로 항복하여 허실을 탐지하고 돌아왔다. 그는 패하는 척하면서 적을 평양근처까지 유인하여 적군이 극도의 피로와 군량 부족으로 후퇴하면서 살수(청천강)를 건널 때 궤멸시켰는데, 이것이 '살수대첩'이다.)

◈ 장군도 이와 같은데 우리들이 어찌 부모형제와 이별하는 것을 한탄하리오! —김유신의 부하—

•주석 : 644년 9월, 김유신은 전장에서 돌아오자 곧 왕의 분부로 다시 출전하게 되었는데 집에 들어가지도 못하고 군사를 거느리고 싸움터로 갔다. 이때 집 안 사람들은 모두 대문 앞에 나와서 기다렸는데, 그는 집 앞을 그대로 지나다가 말을 세우고는 부하에게 집 우물에서 물을 떠오게 하여 이를 마시고 곧 길을 재촉하여 떠났다. 그러자 모든 군사들은 저마다 위에 말한 내용의 말을 했다. 이 얼마나 장수로서 인간미가 넘쳐흐르는 장면인가!

◈ 장군의 명령만 떨어지면 죽더라도 어찌 그 뜻을 따르지 않겠습니까!

—김유신의 제장諸將—

•주석 : 김유신이 경산의 군주로 있을 때, 김춘추가 고구려에 사신으로 가서 60일이 지나도 오지 않자, 어떤 어려움이 있어도 구해야 하지 않겠느냐고 물었을 때 여러 부하 장군들의 답변 내용이다.

장군은 부하들로 하여금 언제라도 사지死地에 즐거운 마음으로 갈 수 있도록 지휘·통솔해야 한다.

◈ 오늘 일에 대한 잘못은 강조(康兆)에게 있는 것이므로 크게 근심할 것이 아닙니다. 다만 많은 무리의 적은 군사로 대적할 수 없으니 마땅히 그 칼날을 피했다가 서서히 부흥을 도모하는 것이 옳을 것입니다. —강감찬—

•주석 : 1010년, 거란의 성종이 대군을 이끌고 서경西京을 공격하여 고려군이 패하자, 조정의 군신들이 항복을 논의했을 때 강감찬은 위에 말한 전략을 건의하여 채택되었고, 그 후 왕은 안동으로 가서 적과 화친을 맺어 난을 피했다.

(강감찬(姜邯贊, 948~1031), 고려 현종 때의 장군·문신. 문과에 급제한 문관출신 장군. 고려는 993년, 1010년, 1018년에 걸친 세 차례의 거란 침공시 두 번의 거란 침입을 물리쳤고, 특히 1018년 12월에 제3차의 침입이 있자, 1019년(현종 10년) 강감찬이 상원수上元帥가 되어 20여만 명을 이끌고 나가 곳곳에서 거란군을 격퇴했으며, 소배압(蕭排押)이 이끄는 10만여 명의 거

란군이 후퇴할 때 귀주에서 공격하여 크게 승리하였으니 이것이 귀주대첩龜州大捷인데, 우리나라 대외항전사상對外抗戰史上 손꼽히는 중요한 전투이다.)

◈ 단숨에 만 리가는 좋은 말馬 매어두고,
울분에 울며불며 세월만 흘러가네.
말 잘 타는 나에게 채찍 잡게 하여,
오랑캐를 짓밟아 원한을 풀었으면.

—조충(趙冲)—

•주석 : 1218년 거란족이 침입하여 아군이 패한 것을 한탄하면서 지은 시인데, 그 후 왕은 그를 서북면 원수로 임명하였으며, 그는 군을 잘 지휘·통솔하여 여진족이 함부로 침공하지 못하게 했다. 이 시는 장수의 기개를 잘 나타내고 있다.

(조충(趙冲, 1171~1220), 고려 중기의 문신·장군. 명종 때 문과에 급제한 후 여러 요직을 거쳐 추밀부사·한림학사승지로서 문무의 재능을 겸했다 하여 1216년 상장군이 되었다. 이때 거란족이 침입하자 부원수로 출정하고, 다음 해 정방보(鄭邦輔)와 함께 출정하여 패해서 한때 파면되었으나, 다시 서북면 병마사로 인주 부근에서 거란족을 무찔렀다. 1220년 다시 서북면 원수가 되어 남은 거란족을 진압, 이듬해 몽골·동진의 연합군과 함께 거란 잔적의 근거지인 강동성을 공략하여 완전히 평정했다. 그는 이 전투에서 획득한 포로들을 각도의 주현州縣에 분송分送하여 소위 거란장(契丹場, 고려에 귀속한 거란유민들이 집단으로 살던 구역)을 이루게 했다.)

◈ 유능한 지휘관으로서 마음에 새겨두어야 할 일이 두 가지 있다. 즉, 첫째는 적으로 하여금 아연실색케 할 수 있는 새로운 작전을 구상하는 것이요, 둘째는 적의 다음 수단을 간파하여 그 효과를 없애도록 대비케 하는 일이다.

—마키아벨리—

◈ 집정관, 임시 독재 집정관 그리고 그 밖의 군사령관을 전쟁에 보낼 때 어떤 권한을 주었는가를 알아두어야 한다. 이런 경우 그들은 절대적인 권한이 부여되었다. 따라서 원로원에는 새로 전쟁을 시작할 때와 화평을 강구

할 때의 권한이 겨우 남겨져 있을 따름이었다. —마키아벨리—

◈ 사령관이란 자기의 어떠한 행동도 여러 가지 책략策略을 구상하고, 적의 주력군을 분산하도록 속임수를 구사해야 한다. —마키아벨리—

◈ 총사령관이 염두에 두어야 할 가장 중대한 사항은 스스로의 신변에 신뢰할 수 있는 인물을 배치에 둔다는 것이다. 그리고 이 인물은 전쟁에 있어서 전술의 권위자이고 또한 모든 일에 신중한 사람이어야 한다. 그리하여 이 사람과 사령관은 계속적으로 부하의 상태와 적의 동태에 대해 논의해야 한다. 즉 적군과 아군의 병력은 어느 쪽이 우세한가, 무기는 어느 쪽이 완전한가, 기병騎兵은 어느 쪽이 강한가, 병사들의 훈련은 어느 편이 잘 되어 있는가, 어느 쪽이 어려움을 견딜 수 있는가, 더욱이 보병과 기병의 어느 쪽을 신뢰해야 하나 등에 관해 논의해야 한다. —마키아벨리—

◈ 아군의 힘과 적군의 힘을 아울러 냉정하게 파악하고 있는 지휘관은 패배하는 일이 결코 없다.…

장병으로 하여금 진영에 있을 때는 군기를 지키게 하고, 지키지 않을 때는 엄벌에 처해야 한다. 일단 싸움터에 나가면 희망과 포상으로 고무하는 것으로 충분하다.…

부하 장병들로 하여금 세련된 생활이나 사치스러운 소유물을 경멸하도록 유도해야 한다. —마키아벨리—

◈ 불행히도 본도(경상도)의 수군과 육군의 장수들이 모두 겁쟁이였다. 수군에서는 좌수사 박홍이 군사를 한 사람도 출동시키지 않았고, 우수사 원균(元均)은 비록 수로는 좀 멀지만 거느리고 있던 배가 많았으며, 또 적병이 단 하루 동안에 모두 몰려온 것이 아니므로, 우리 편에서 군대를 있는 대로 다 거느리고 앞으로 진출하여 군대의 우세를 보이며 서로 버티어 다행히 한 번만이라도 싸워 이겼더라면 적군은 마땅히 후방을 염려해 갑자기

깊이 쳐들어오지는 못했을 텐데, 적군을 바라만 보고 멀리 피해가서 한 번도 서로 싸우려 들지 않았다.…

처음에 적병이 이미 육지에 오르자, 원균은 적의 형세가 큰 것을 보고 감히 나가 치지 못하고 그 전선戰船 백 여척과 화포, 병기 등을 모조리 바다 속에 가라앉힌 다음, 다만 수하의 비장裨將 이영남, 이운룡 등만 데리고 배 네 척에 나누어 타고 달아나서 곤양昆陽 바다 어귀에 이르러 뭍으로 올라가서 적군을 피하고자 하니, 이에 그가 거느린 수군 1만여 명은 모두 무너지게 되었다.

—유성룡(柳成龍)—

•주석 : 유성룡의 저서 『징비록』(1633)에 기록된 임진왜란(1592 ~1598) 초기 전투에서의 수군, 특히 원균의 임전태세臨戰態勢의 모습을 보여주었다. 즉 싸우지도 않고 전선과 화포를 수장했는데도 처벌을 하지 않았을 뿐만 아니라, 또 거기에다 이순신을 옥에 가두고 원균을 수군통제사로 임명했으니, 철천량해전(1597. 7. 15)에서 조선 수군이 완패당한 것은 당연했으리라. 이것은 선조왕의 무능한 인사 조치에서 비롯된 패배였다.

(유성룡(柳成龍, 1542~1607), 호는 서애西厓. 조선 중기의 문신이며, 퇴계 이황의 문하생으로 성리학에 정통했다. 조선의 5대 명재상名宰相 중의 한 사람으로 평가된다. 임진왜란이 발발하기 직전 군관인 이순신과 권율을 천거하여 각각 임지왜란 때 방어책임자로 임명토록 했으며, 이순신과는 절친한 사이로 후견인 역할을 했다. 임진왜란 중 민정民政·군정軍政의 최고 관직을 지내면서 전시조정을 이끌었으며, 임진왜란으로 위기에 빠진 조선왕조를 재정비·강화하기 위한 응급책으로서 각종 시무책時務策을 제기했다. 임진왜란 때 겪은 후회와 교훈을 후세에 남기기 위해 『징비록懲毖錄』(대한민국 국보 제132호)을 저술했으며, 『서애집西厓集』 등이 있다.)

◈ 얼마 후에 이순신은 판옥선 40척을 거느리고 이억기와 약속하여 함께 거제도로 나와 원균과 군사를 합쳐 나가 적의 전선戰船과 견내량에서 만나게 되었다. 이순신이 말하기를 "이곳은 바다가 좁고 뭍이 얕아서 배를 돌리기가 어렵겠으니 우리가 거짓으로 물러가는 체 하여 적병을 유인하고, 바다가 넓은 곳으로 나가서 싸우는 것이 좋을 듯합니다." 하자, 원균은 분

함을 견디지 못하여 바로 나가서 맞닥뜨려 싸우고자 했다. 이에 이순신은 "공公은 병법을 알지 못하니 이같이 하면 반드시 패전할 것이요"라고 말하고, 마침내 깃발로써 배를 지휘하여 물러갔다. 그러자 적병은 크게 기뻐하여 앞 다투어 따라왔는데, 이미 좁은 곳을 다 나온 후 이순신이 북소리를 한 번 울리자 여러 배들이 일제히 노를 돌려 바다 가운데 열을 지어 벌려 서서히 정면으로 적의 배와 맞부딪치니, 서로 거리가 수십 보 밖에 떨어지지 않았다. —유성룡—

•주석 : 『징비록』의 기록으로, 한산대첩(1592. 7. 8.)의 상황을 밝힌 내용이다.

◈ 원균이 한산에 부임해서는 순신이 시행하던 모든 군중 약속을 모두 변경하고, 부하 장군과 군사들도 순신에게 신임 받던 사람들은 모두 쫓아버렸으며…또 순신이 밤낮으로 모든 장군들과 함께 전략을 토론하던 곳인 운주당에서 원균은 애첩을 데리고 같이 기거하며 울타리를 치고 있기 때문에 장군들이 그의 얼굴을 볼 수가 없었다. 또 술을 좋아해서 늘 취해 있었고, 그래서 취한 김에 부하들에게 함부로 형벌을 심히 하니 병사들은 서로 말하되, 만일 적병이 온다면 달아날 수밖에 없다고 했으며 장군들도 그를 비웃을 따름 군사에 관한 일은 전연 말하지 아니 하므로, 그의 호령이 시행되지 않았다. —유성룡—

•주석 : 『징비록』에 기록된 내용이며, 원균의 칠천량 해전(1597. 7. 15.)의 패인을 연구하는 데 도움이 되는 내용이다.

◈ •원균 : "나는 통제사라는 직함을 영광스럽게 생각하는 것이 아니라, 순신에게서 당한 부끄러움을 씻는 그것을 상쾌히 여기는 것이요."

•동암공 : "사또가 힘을 다하여 적을 무찔러서 공로가 순신보다 더 뛰어나야 그게 과연 부끄러움을 씻는 것이지, 단순히 순신을 대신한다는 것만 가지고서야 어찌 부끄러움을 씻는 것이라 하겠소."

•원균 : "내가 만일 적을 만나 싸우게 될 적이면, 멀 면 편전片箭으로 가까

우면 장전長箭으로, 그러다가 맞부딪치면 칼로써 할 것이요, 칼이 부러지면 몽둥이를 가지고선들 이기지 못 할 일은 없을 것이요."

• 동암공 : "허허! 대장으로서 칼과 몽둥이를 쓰게까지 되어서야 되겠소?"

이런 문답을 서로 나누고 원균이 돌아간 뒤에 동암공은 안방준을 불러, "균(均)의 사람됨을 보니 나랏일은 다 틀렸다." 하고 탄식했던 것이다.

—동암공—

• 주석 : 위의 내용은 원균이 안방준(安邦俊, 1573~1654)의 둘째 아버지 동암공(東岩公 安重洪, 1531~1597)을 통제사로 부임해 가기 직전에 인사차 찾아갔을 때의 문답이며, 안방준은 그의 『은봉전서隱峰全書』에 기록해 두었다. 원균은 안중홍의 처妻 원씨의 친족이다.

◈ 우후(수군절도사 다음가는 벼슬) 이의득(李義得)이 보러왔기에 패하던 정황을 물었다. 모든 사람이 울며 말하기를, "대장 원균이 적을 보자 먼저 뭍으로 달아나고 여러 장수들도 모두 그같이 뭍으로 달아나 이 지경에 이르렀습니다"는 것이었다. 대장의 잘못을 말로써 입으로 옮길 수가 없고 그 살점이라도 뜯어먹고 싶다고들 했다.

—이순신—

• 주석 : 이순신의 『난중일기』(1597. 7. 21)의 기록내용이다. 이순신은 칠천량해전에서 조선 수군이 완패한 원인을 알고 싶어서 우후 이의득에게 질문했고 그 답변내용이다.

조선 수군이 기습을 당했다는 것도 억울한데, 해전의 최고지휘관이 적과 싸울 생각도 없이 부하와 전선을 버리고 먼저 육지로 도망쳤고, 그나마 왜의 복병에 의해 살해당했으니, 필자가 아는 한 세계 해전사상 이런 전례는 아직 찾지 못했다.

◈ 여러 장수들을 불러 모아 약속하되, "병법에 이르기를 반드시 죽고자 하면 살고, 살고자 하면 죽는다 하였고…여러 장수들이 조금이라도 명령을 어긴다면 군율대로 시행해서 작은 일일망정 용서치 않겠다"고 엄격히 약속했다.

—이순신—

•주석 : 이순신의 『난중일기』(1597. 9. 15. 초서체 2)의 내용이며, 명량해전(1597. 9. 16.) 전날 밤에 장수들을 불러 모아 약속한 내용으로 그가 인용한 병법은 『오자吳子』이다. 즉 "무릇 전쟁터란 전사자의 시체가 뒹구는 곳이다. 필사적으로 싸우면 살 수 있고, 요행의 삶을 꾀하면 죽을 수 있는 곳이다.(凡戰之場 止屍之地 必死則生 幸生則死)

이순신은 다음날 해전에서 필사적인 진두지휘와 리더십을 발휘하여 주저하는 부하 지휘관들을 독전하면서 용감히 싸워, 조선 수군 13척(판옥선)으로 일본 수군 130여척(중선의 세끼부네)과 싸워 31척을 격파하여 명량해전에서 승리했을 뿐만 아니라, 적군의 서진西進을 저지했다.

이순신이 백의종군하면서 7월 21일 노량에 이르렀을 때, 우후(조선시대의 무관직으로 각 도에 배치된 병마절도사 및 수군절도사의 다음 가던 벼슬) 이의득(李義得)이 보러왔기에 패하던 정황을 물었다. 모든 사람이 울며 말하기를, "대장 원균(元均)이 적을 보자 먼저 뭍으로 달아나고 여러 장수들도 모두 그 같이 뭍으로 달아나 이 지경에 이르렀다"는 것이다. 8월 3일 이순신은 수군통제사로 재임명되었는데, 전투에 임하는 군인의 기본 자세가 무엇인가 하는 것을 절실하게 느꼈기에 명량해전 전날 장병들에게 제시했고 또한 해전에서 솔선수범의 진두지휘를 함으로써 세계 해전 사상 보기 드문 승전을 후세에 남겼다.

◈ 임진년 이후로 적이 감히 충청·전라 등 남방을 겁탈하지 못한 것은 실상 우리 수군이 그 세력을 막음 때문인데, 이제 만일 수군이 패하면 적이 반드시 호남을 거쳐 한강으로 올라갈 것이요. 다만, 순풍에 돛을 한 번 달면 될 것이니, 그것이 제가 가장 두려워하는 바입니다.…

이제 제게는 아직도 전선 12척이 있으니, 죽을힘을 내어 항거해 싸우면 오히려 할 수 있는 일입니다. 만약 수군을 폐하기만 하면, 왜적이 다행으로 여길 것이며, 곧 호서湖西를 거쳐 한수漢水에 이를 것입니다. 바로 이것을 제가 두려워하는 바입니다. 비록 전선은 적지만 제가 죽지 않는 한, 적이 감히 우리를 업신여기지 못할 것입니다. —이순신—

•주석 : 1597년 8월 3일에 '3도 수군 통제사'의 임명장을 받았는데 갑자기 8월

15일에 선전관 박천봉이 왕의 밀지를 가져왔다. 그 내용은 청천벽력과 도 같은 "수군을 폐하고 육전에 참가하라"는 것이었다. 이순신은 위 내용의 장계를 곧 작성하여 다음날 올렸다.

◈ 지금 날씨는 추운데 장병들이 옷도 없고 밥도 없으니, 무슨 힘으로 적과 싸울 수 있겠느냐. 그러니 너희들이 쓰고 남은 옷과 양식을 조금씩이라도 보태어 주면 그것으로써 적과 싸울 수 있고, 그래서 너희들도 살 수가 있을 것이다. —이순신—

•주석 : 이순신은 선조왕으로부터 '3도 수군통제사'라는 종이 한 장의 임명장(1597. 8. 3.) 밖에 받지 못했다. 그리하여 그는 흩어진 병사들을 모아야 했고, 남은 병선을 정비해야 했다. 거기에다 장병들이 먹는 식량과 입을 옷이 없어서 그는 피난민들에게 구걸해야만 했다. 그리하여 명량해전(1597. 9. 16.)에서 대승리를 거두었으니, 필자는 이순신에 대한 최초의 논문「명량해전의 군사 사학적 연구」(2006)에서 이 내용을 집필하면서 눈물을 흘린 생생한 기억이 남아있다.

◈ 이 원수를 무찌른다면 지금 죽어도 유한遺恨이 없겠습니다. —이순신—

•주석 : 그날(1598. 11. 19.) 자정이 되자, 문득 손을 씻고 혼자 갑판 위에 올라갔다. 두 무릎을 꿇고 하늘에 축원(위의 내용)을 올렸다. 그리고 노량해전에서 진두지휘를 하고 있는데, 적의 탄환이 날아와 이순신의 왼편 겨드랑이를 뚫고 나갔다. 공은 급히 명령하여 방패로 자기 앞을 가리게 했다. 적이 행여나 자기의 죽음을 볼까 걱정해서였다. "지금 싸움이 급하니 내가 죽었단 말을 내지 말라." 이것이 마지막 유언이었다.

◈ 님의 수레 서측으로 멀리 가시고
왕자들 북쪽에서 위태한 몸
나라를 근심하는 외로운 신하
장수들은 공로를 세울 때로다. —이순신—

◈ 바다에 맹세함에 용이 느끼고

산사에 맹세함에 초목이 아네.
이 원수 모조리 무찌른다면
내 한 몸 이제 죽는다 사양하리오. —이순신—

◈ 장부가 세상에 나서 쓰일진대 목숨을 다해 충성을 바칠 것이요, 만일 쓰이지 않는다면 물러나 밭가는 농부가 된대도 또한 족하니라. —이순신—

•주석 : 이순신은 뛰어난 재주와 충성심 그리고 병법에 대한 풍부한 지식을 갖추고 있음에도 불구하고 높은 지위와 진급에 누락되자 그를 아끼는 사람들이 위로하면서 얼른 성공하지 못하는 그의 운수를 탄식했다. 그러나 그는 조금도 흔들리지 않고 위와 같이 대답했다.

◈ 방패로 내 앞을 가려라. 싸움이 한창 급하다. 내가 죽었다는 말을 하지 말라. —이순신—

•주석 : 1598년 11월 19일, 노량해전에서 적탄을 맞고 최후의 유언으로 남긴 말이다.

◈ 무릇 인재人材란 나라의 보배입니다. 비록 저 통역관이나 주판질 잘 하는 사람에 이르기까지라도 재주와 기술이 있기만 하면 모두 다 사랑하고 아껴야 하옵거늘, 하물며 장수將帥의 재질을 가진 자로서 적을 막아내는 데 가장 관계 깊은 사람을 오직 법률에만 맡기고 조금도 용서할 수 없을 수 있사오리까. 일개 순신舜臣의 죽음은 진실로 아깝지 않사오나, 그의 죽음이 국가에 있어서는 관계됨이 가볍지 아니 하므로 어찌 이것이 중대한 사실이 아니겠습니까. 상감께서 장수를 거느리고 인재를 쓰는 길과 허물을 고쳐 스스로 새로워지는 길을 열어 주시오면 상감의 정치에 도움 됨이 어찌 적다하오리까. —정탁—

•주석 : 이순신이 한 번 고문을 당했다는 소식을 듣고 그를 죽음에서 건져내기 위해 죽음을 각오하고 왕에게 1,298자의 피눈물 나는 위의 상소문을 올렸다. 선조왕의 마음을 돌리기 위해 진정을 토로하니, 마침내 왕의 노여움이 풀렸다. 그리하여 사형死刑을 감하고 백의종군白衣從軍의

명령이 내려 이순신은 옥에서 풀려났다.

(정탁鄭琢, 1526~1605), 조선 중기의 문신. 임진왜란(1592)이 일어나자 좌찬성佐贊成으로 의주義州로 왕가王駕를 모셔갔고, 그 후 좌의정으로 등용됨. 판중추부사判中樞府事 때, 이순신이 고문을 당했다는 소식을 듣고 죽음을 각오하고 선조왕에게 진정을 토로하는 상소문을 올려 이순신을 구했다.)

◈ 그대의 이름은 일찍 수사水使의 책임을 맡겼던 그날 진작 드러났었고, 또 공적은 임진년(1592) 크게 승리한 뒤부터 떨치어 변방 백성과 군인들이 만리장성처럼 믿었었는데, 지난번에 그대의 직함을 갈고 그대로 하여금 죄인의 이름을 쓴 채 백의종군케 했던 것은 역시 사람의 지모가 밝지 못한 데서 생긴 일이요. 그래서 오늘 이같이 패전의 욕됨을 당한 것이라 무슨 할 말이 있으리오. 무슨 할 말이 있으리오. —선조왕의 교서—

•주석 : 백의종군하고 있는 이순신이 정개산성 건너편의 손경례의 집(현재 진양군 수곡면 원계리)에 묵고 있을 때, 서울에서 선전관 양호가 내려와 8월 3일 이순신에게 옛날의 직함인 '3도 수군통제사'의 재임명장에 대한 왕의 교서와 유서를 전했다. 이렇게 된 사유는 칠천량해전(1597. 7. 15.)에서 조선 수군이 크게 패배했기 때문이었다. 이 교서의 내용은 왕의 사과문이라 해도 좋으리라.

(선조宣祖, 1552~1608, 재위 : 1567~1608), 조선의 제14대 왕. 덕흥군 초의 아들로 하성군에 봉해졌다가 명종이 후사 없이 죽자 즉위하였다. 이황, 이이 등 많은 인재를 등용하여 유학儒學을 장려하였으나, 극심한 당쟁으로 국력이 쇠약해졌고 1592년 임진왜란이 발발하였다. 전후에도 당쟁 속에서 재위 41년간을 보냈다. 결코 현명한 군주는 아니었다고 논평한다.)

◈ 천기를 주무르는 재주요, 하늘과 해를 다시 손본 공이로다. —진린(陳璘)—

•주석 : 임진왜란(1592~1598) 때, 명明나라의 수군을 지휘했던 진린 도독陳璘都督이 우리 선조왕에게 전사한 충무공을 예찬해서 아뢴 말이다. 즉 '經天緯地之才 補天浴日之功'. 그리고 그는 명나라 황제에게도 주청하여 명나라로부터 충무공에게 수군도독水軍都督의 인장과 여덟 가지 하사품들을 보내오게까지 주선했던 것이다.

(진린(陳璘,1543~1607), 중국 광동지방 출신으로 명나라의 장군, 제독이다. 1562년 명나라 관직에 출사하였고, 1597년(선조 30년) 정유재란시 명나라 수군 5천명을 이끌고 전라도 강진군 고금도에서 이순신과 더불어 전공을 세워 광동백廣東伯에 봉해졌다.)

◈ 이순신은 작은 나라의 인물이 아니다. 그가 만약 중국에 들어와서 벼슬을 하였다면 천하의 뛰어난 장수가 되었을 것이다. 그가 이곳에 머무르는 것은 실로 애석하다. —진린—

◈ 나를 넬슨에 비기는 것은 가하나, 이순신에게 비기는 것은 감당할 수 없는 일이다. —도고 헤이하치로(東郷平八郎)—

•주석 : 일본의 가장 위대한 해군제독이요, 원수元帥인 도고 헤이하치로(東郷平八郎)가 쓰시마 해전(對馬島海戰, 1904. 5.)에서 러시아의 발틱함대를 섬멸하여 일본의 러일전쟁을 승리로 마무리 지었다. 그의 승전을 축하하는 피로연 석상에서 자기를 영국의 넬슨(Nelson, 1758~1805)과 조선의 이순신에 비겨서 칭찬하는 축사를 듣고 답사로 말한 것이 위의 내용이다. 도고 원수元帥는 영국의 넬슨보다 충무공을 훨씬 높이 평가·숭배하고 있었다.

(도고 헤이하치로(東郷平八郎, 1848~1934), 일본의 해군원수. 1866년에 번藩의 해군에 입대, 여러 해전에 참전했다. 1870년 견습사관見習士官으로 영국 상선학교商船學校를 졸업. 청일전쟁 때 함장으로 출전하여 전공을 세웠고, 러일전쟁(1904~1905) 때 연합함대 사령관으로 출전하여 쓰시마(對馬島) 해전에서 러시아의 발틱함대를 섬멸함으로써, 전쟁을 승리로 이끄는데 큰 공을 세웠다. 그는 이 전투에서 전진하는 적의 함대를 포위하는 새로운 기술을 개발했다. 정치참여를 싫어했고 또 침묵의 제독으로서 국민들의 존경을 받았다. 일본인은 그를 '군신軍神'으로 여기며, '동양의 넬슨'(The Nelson of the East)'이라는 별명이 있다.)

◈ "당신네 나라의 이순신 장군은 나의 선생입니다." —도고 헤이하치로—

•주석 : 현양사玄洋社의 회장 도야마(頭山滿)가 한국의 실업가 이영개(李英介)씨를 동반하여 도고 헤이하치로(東郷平八郎)를 만났을 때, 도고가 이영개

씨에게 한 말. 후지이 노부오(藤居信雄)의 『李舜臣覺書』(東京 : 古川書房, 1982)에서 인용했다.

◈ 무인武人의 일생은 잇달아 이어지는 전투이다. —도고 헤이하치로—

◈ 역사적 위인으로서 내가 추앙해 마지않는 인격자는…해군장관海軍將官인 나의 입장에서 평생 경모敬慕해 마지않는 해장海將은, 서쪽에서는 네덜란드의 명장名將 드 로이테르, 동쪽에서는 조선의 명장 이순신 그 사람이다. 이(李) 장군은 그 인격이라는 점에서나 장수로서의 도량이라는 점에 있어서 조금도 비난할 점이 없으며, 구태여 위의 두 장군에게 우열을 매긴다면 의심할 것이 없이 이(李) 장군을 추대한다.…넬슨이 세계적 명장으로 이름이 잘 알려져 있으나, 그 인격에 있어서, 그 창의적 천재에 있어서도 도저히 이(李) 장군과 비할 바 아니다.…이(李) 장군은 말할 것도 없이 도요토미 히데요시(豊臣秀吉)의 원정군遠征軍으로 하여금 목적을 달성할 수 없게 하는 동시에, 제해권制海權이 얼마나 국방상 중요한가를 사실적으로 증명한 명장이다.…나는 조선에 이순신이 있다는 것을 자랑으로 생각하며, 일본에 그와 견줄만한 장군이 없다 해도 원망하지 않지만, 다행히 새롭게 세계 제일의 명장 도고(東鄕平八郎) 원수로서 역사를 장식할 수 있음을 생각하면 한층 더 유쾌함을 느낀다. —사토 테츠다로(佐藤鐵太郎)—

•주석 : 일본의 해군 중장 사토 테츠다로의 「절세絶世의 명장名將 이순신李舜臣」의 내용이다. 그는 일본 국방의 관점에서 해군의 중요성에 관심을 가지고 이순신의 사적史蹟을 연구했다.

(사토 테츠다로(佐藤鐵太郎, 1866~1942), 일본의 해군 중장. 해군병학교를 졸업(1887). 1899~1901년 사이에는 영국·미국으로 유학하여 해양전략·전술에 관한 연구를 했고, 러일전쟁 때도 참전했다. 전쟁 후 해군대학교 교관으로 재직 중, 명저 『제국국방사론帝國國防史論』(1910)을 출간했다. 1915년 해군 군령부 차장 및 해군대학교장을 역임했으며, 1934년 귀족원 의원이 되었다. 전사戰史 연구의 대가로 불린다.)

◈ 이순신은 실로 개세蓋世의 해장海將이며, 불행히도 조선에서 태어났기 때문에 용명勇名도 지명知名도 서양에 전해지지 않았지만, 불완전하지만 정한征韓에 관한 기전紀傳을 보면 실로 훌륭한 해장이다. 서양에서 그분과 필적할만한 사람은 분명히 네덜란드의 해장 드 로이테르 이상이라고 해야 한다. 넬슨 정도는 그 인격에 있어서 도저히 비유할 수가 없다.

—사토 테츠다로(佐藤鐵太郎)—

•주석 : 『제국국방사론초帝國國防史論抄』(1912)에서. 이미 100여년 전에 이순신을 높이 평가했으며, 사토 제독은 일본의 지정학적 관점에서 영국처럼 '해주육종海主陸從'의 국방정책을 주장했으나 수용되지 않았다.

◈ 총사령관에 있어서 필요한 자질은 첫째는 용기이며, 둘째는 샘처럼 솟아나는 방책을 낳은 재간이며, 셋째는 건강이다. —삭스—

(삭스(Maurice, Comte de Saxe, 또는 작센(Hermann Mortz von Sachsen), 1696~1750), 프랑스의 백작, 대원수大元帥. 폴란드의 아우구스트 2세가 된 작센 선제후인 프리드리히 아우구스트 1세의 서자로 태어났다. 그는 12세 때 소위로 임관. 1711년(15세) 작센 백작(프랑스에서는 삭스 백작)이 되었으며, 17세 때는 4회의 전투에서 기병연대를 지휘하여 그의 능력을 과시했다. 1733년 프랑스의 루이 15세의 왕비의 후원으로 프랑스 육군 최고사령관(중장)에 임명되었으며, 1745년 보헤미아 침공시 프라그를 점령하여 약탈 없는 질서의 유지 및 박애정신을 발휘함으로써 명성이 높았고 원수로 승진되었다. 주요저서로 『전쟁술의 환상』(1757) 등이 있다.)

◈ 장수는 임기응변의 능력과 계획은 세밀하고 치밀해야 하나, 명령은 간단하고 짧아야 한다. —삭스—

◈ 범장凡將을 웃을 수는 없다. 우리들의 대부분은 범장이기 때문이다. 명장名將이 된다는 것과 명장을 얻는다는 것은 다 같이 대단히 어려운 일이다.

—나폴레옹—

◈ 장수에게 있어서 진정한 지혜란 열정과 강한 실천력 그것뿐이다.

—나폴레옹—

◈ 위대한 장수는 하루에도 여러 번 자문자답自問自答 해야 한다. 만약 그와 같은 위기에 처하여 장수된 자가 당황하여 어쩔 줄 모른다면, 그는 이미 적당하게 군대를 배치하고 바르게 질서를 유지할 수 없으리라. 장수된 자는 모름지기 이에 대한 구제의 방법을 강구해 두어야 한다.

—나폴레옹—

•주석 : 전승戰勝이란 바로 준비에서 비롯됨을 뜻하며, 언제나 위기에 대한 대응책을 강구해 두어야 한다.

◈ 통솔력(leadership)은 전쟁술의 반이다. —나폴레옹—

•주석 : 26세의 나이로 이탈리아 원정군 사령관으로 부임한 그의 부대는 '거지 떼', '불량배의 모임'으로 알려진 '거지 원정군'이었지만, 그는 프랑스인 전통의 군중심리와 인간성을 깊이 통찰하여 그들로 하여금 임무를 수행하기 위해 헌신적인 희생과 용기를 발휘하는 상승군常勝軍으로 만들었다.

◈ 사람을 통솔하는 힘은 위협과 이욕利慾이다. —나폴레옹—

◈ 나의 결심은 천재의 지시에 의하는 것이 아니라, 실은 연구와 사색에 의한 것이다. —나폴레옹—

◈ 용감한 그는 1개 사단의 적을 곧 격파할 수 있다. 그러나 그에게 아무런 명령을 주지 않고 모든 책임을 과하여 전선에 보냈더니, 그의 의지는 대단히 약해져 버렸다. —나폴레옹—

•주석 : 나폴레옹이 뮬러 장군을 평한 말인데, 전쟁의 한 국면을 담당케 하면 그 임무를 잘 수행하는 장군도 그의 군사적 행동이 곧 정치적 의의를 가지는 무거운 책임을 가지게 되면 주저하게 되고 해야 할 바를 잘 모르게 되는 장수가 실제로 대단히 많다.

◈ 골을 정복한 것은 로마의 군대가 아니라 카이사르였다. 로마를 전율케 한 것은 카르타고의 군대가 아니라 한니발이었다. 멀리 인도에 도착한 것은 마케도니아의 군대가 아니라 알렉산드로스였다. –나폴레옹–

•주석 : 군의 작전 수행의 주체는 바로 최고 지휘관에게 있다는 것을 강조한 내용이다.

◈ 전쟁에서 지휘관은 혼자서 판단할 수 있어야 한다. 즉 자기 자신의 뛰어난 재능과 결단력으로 모든 어려움을 극복할 수 있어야 한다. –나폴레옹–

◈ 지휘관의 첫 번째 자격요건은 냉정한 두뇌, 즉 사건과 사물을 있는 그대로 정확하게 평가할 수 있는 머리이다. 그는 좋은 소식에 우쭐대지 말아야 하며, 나쁜 소식에 의기소침해서는 안 된다.

그날 하루 동안 동시에 또는 연속적으로 받은 다양한 인상들은 마음속에서 있어야 할 제 위치에 자리 잡을 수 있도록 정확하게 분류되어야 한다. 그런 다음에 추리하고 판단하는 작업은 다양한 인상들을 중요성에 따라 비교하고 고찰하는 데 의존해야 한다.

어떤 사람들은 매사를 판단할 때 고도로 채색된 매개들을 통해, 즉 자기만의 독특한 시각을 통해 사물을 바라볼 정도로 정신적, 육체적으로 특이하게 형성된 경우가 있다. 그들은 모든 사소한 경우에도 일일이 신경을 쓰고 지나치게 관심을 쏟는다. 그러나 그런 사람들이 가진 지식이나 재능, 또는 용기와 기타 장점들이 무엇이든 간에 이런 특성은 군 지휘나 대규모 군사작전 지도에는 적합하지 않다. –나폴레옹–

◈ 최고지휘관은 자신의 경험과 재능에 의해 좌우된다. 공병 또는 포병장교의 전술과 자기발전, 임무 그리고 기타 사항에 관한 지식들은 교범을 통해 학습될 수 있지만, 전략 지식은 오직 자신의 경험과 과거 위대한 장군들의 전역戰役을 연구함으로써만 습득될 수 있는 것이다.

알렉산드로스(B.C. 356~323), 한니발(B.C. 247~183) 그리고 카이사르(B.C. 100~44)

와 마찬가지로 구스타브 아돌프, 튀렌 그리고 프리드리히 대왕 등은 모두 동일한 원칙 아래 움직였다. 부대의 단결 유지, 취약부분 엄호, 주요 지점에 대한 신속한 장악 등이 바로 그런 것들이다.

이러한 원칙들이야말로 승리를 이끌어내고, 아군의 위력에 대한 공포심을 자극하여 단번에 충성심을 유지하고 복종심을 확보할 수 있는 여러 원칙들이다. —나폴레옹—

◈ 한 마리의 양이 이끄는 천 마리의 이리떼는 한 마리의 이리가 이끄는 천 마리의 양떼에 패한다. —나폴레옹—

•주석 : 작전 수행에 있어서 최고 지휘관의 중요성을 강조한 내용이다.

◈ 야전에서 총사령관은 전쟁에 있어서의 그의 실수를 국가원수國家元首나 장관의 명령 탓으로 돌릴 수는 없는 것이다. 왜냐하면, 명령을 발령한 장본인은 전장에 있지 않기에 전황에 대한 최신 정보를 부분적으로만 알거나 전혀 알지 못하기 때문이다. 따라서 야전에 있는 총사령관은 자기가 수행하고 있는 작전계획에 어떤 결함이 있다고 판단될 때는 정당한 이유를 밝히고 그 계획의 수정을 주장해야 한다. 만약 정당한 주장이 관철되지 않을 최악의 경우에는 그가 이끄는 군대의 패배를 자초하는 것보다는 차라리 지휘관 자신이 사임해야 한다. —나폴레옹—

◈ 지휘관은 정치적 용기를 가져야 한다. —넬슨—

(넬슨(Horatio Nelson, 1758~1805), 영국의 해군 사령관. 1770년 해군에 입대하여 1780년 미국 독립전쟁 때는 영국 함대의 작전에 참가했다. 여러 전역에서 공功을 세웠고 오른쪽 눈을 잃기도 했으며, 나일 강 전투(1798)의 공으로 남작이 되었다. 1805년 10월 21일 트라팔가르 전투에서 프랑스·스페인 연합함대를 격멸하여 영국의 해상권을 확고부동한 것으로 만들었지만 영국군함 '빅토리 호'에서 적의 포화를 맞고 이 해전에서 전사했다. 그는 영국 역사상 가장 위대한 해군영웅으로 떠올랐으며, 전쟁이 한창이었던 1813년 로버트 사우디(1774~1843, 영국의 계관시인)가 그의 생애를 노래한

시를 쓰기도 했다. 해밀턴 부인인 엠마와의 오랜 연애사건은 유명하다.)

◈ 지휘관은 크게 시야를 넓혀야 한다. 지휘관은 그의 전문직업에 대해서 아는 것만으로는 오늘날 충분치가 않다. 산업의 여러 문제 및 중대한 요소를 충분히 이해하고, 국민경제에 입각한 동원 가능의 한도를 평가·판단할 수 있어야 한다. 경제력, 정치적 결속, 사회복지 및 군비軍備 등은 상호 의존하는 것이다. —헐—

◈ 전략에 있어서 모든 것은 매우 단순하다. 그렇다고 해서 모든 것이 쉬운 것은 아니다. 국가의 상황에 기초를 두고 전쟁의 목적은 무엇이며, 또 전쟁은 그 목적을 달성하기 위해서 일단 무엇을 할 수 있을 것인가 하는 것을 결정하면, 이것을 실행하는 방책을 찾아내는 것은 그다지 어려운 일이 아니다. 그러나 이 방책을 견지하고 당초의 계획을 성취하고 또 수많은 유인誘引에 빠지지 않고 소정의 방침을 관철하기 위해서 장수는 견고한 성격과 명석한 정신이 필요하다. —클라우제비츠—

◈ 지위가 높아짐에 따라 무능하게 되는 자가 적지 않다. 지위와 더불어 지력智力이 높아지지 않기 때문이다.

상급지휘관이 됨에 따라 결단을 잃는 자가 있다. 두려움을 알게 되기 때문이다. 최고의 지위에 있으면서 담력이 있는 장수는 드물다.

—클라우제비츠—

◈ 위험과 책임감은 명장名將의 판단력을 활발하게 만들지만, 범장凡將의 판단력을 망치게 한다. —클라우제비츠—

◈ 어떠한 참모도 장수의 결단력 부족만은 보좌할 수 없다. —클라우제비츠—

◈ 나폴레옹이 이런 어려운 군사적 과제를 뉴턴과 같은 석학碩學마저도 주저하게 되는 대수학代數學의 문제를 푸는 것과 같다고 평한 것은 지당한 말이라 하겠다. —클라우제비츠—

◈ 전쟁술의 중앙에 당당히 솟아 있는 것이, 즉 불굴의 정신을 갖춘 장수의 견고한 의지인 것이다. —클라우제비츠—

◈ 일단 전쟁이 발발된 경우 우리들 자녀의 행복과 조국의 명예 및 안전을 맡길 수 있는 인물은 창조적 두뇌를 가진 것보다는 사려 깊은 반성적 두뇌를 가진 인물, 한꺼번에 목적을 추구하기 보다는 상황을 개괄적으로 파악할 수 있는 인물, 그리고 정열적인 것보다는 오히려 냉정한 인물일 것이다. —클라우제비츠—

◈ 병사들의 힘이 상실되어 가고 그들 의지의 힘만으로는 스스로를 고무하여 지탱할 수 없는 상황에 이르면 병사들의 무기력한 기분은 그대로 장수의 의지 위에 무섭게 덮치게 된다. 이러한 시기야말로 장수의 마음 깊숙이 간직해 두었던 정열과 정신력에 의해서 병사들의 차가운 가슴에 당초의 정열과 희망의 불을 다시 켜 주어야 한다. 이것을 할 수 있어야 비로소 그는 장수가 될 수 있고 또 병사들을 지휘하는 장長이 될 수 있다.

—클라우제비츠—

◈ 일단 개시된 전쟁을 완수하고, 또 전쟁에 있어서 최대의 활동, 즉 출진出陣이라고 말하는 사업을 수행하여 소기의 목표를 달성하고, 나아가 유종의 미를 거두기 위해서는 내정 및 외교의 고등정책에 대한 훌륭한 지견智見을 필요로 한다. 전쟁수행과 정치는 여기서 일치되며, 장수는 동시에 정치가가 된다. —클라우제비츠—

◈ 적의 정세에 관한 정확한 판단, 잠시나마 소수의 열세한 병력만으로 적과 대치하려는 용기, 강행군을 하는 기력, 신속한 기습을 감행하는 대담성, 위기에 직면하여 더욱 활발성을 지닌 활동, 이것이야말로 빛나는 승리의 원천이다. —클라우제비츠—

◈ 장수는 다음의 자질을 구비해야 한다.

- 첫째, 대결단을 내릴 수 있는 높은 정신적 용기
- 둘째, 위험을 두려워하지 않는 육체적 용기
- 셋째, 전쟁술에 바탕을 둔 전쟁원칙의 완전한 터득
- 넷째, 인간적인 인격 —조미니—

◈ 위대한 지휘관이 되려면 현명한 이론과 위대한 인격이 겸비되어야 한다.
—조미니—

◈ 지휘관의 용기와 활력은 전쟁의 승패에 대단히 중요한 영향을 미치는 요소이며, 만일 쌍방의 조건이 서로 비등하다면 어느 쪽 지휘관의 재능이 우수한가에 따라서 승패가 좌우된다. —조미니—

◈ 장수의 과학적 또는 군사적 박학博學은 부차적인 문제이다. 장수는 박식인博識人이 될 필요는 없지만, 그의 지식은 제한되어 있어도 좋으나 정통精通해 있어야 하며, 전쟁술에 바탕을 둔 전쟁의 원칙을 완전히 터득하고 있어야 한다. —조미니—

◈ 나는 이와 같은 장수 밑에서 일하는 것을 큰 기쁨으로 생각한다. 언제나 위험에 대해 가장 먼저 몸을 내밀고, 위험에서 탈출하는 것은 누구보다도 늦는 것이 습관처럼 되어 있는 인물을 보지 못했다. 장교들 사이에 끼어들어 그들의 곤란과 피로를 같이 하여 그들의 존경을 한 몸에 받는 인물, 시기와 상황의 변화에 따라 부하장병들 앞에서 어떤 행동규모를 해야 하는가를 숙지하고 있는 인물…아군 계획의 진행을 통찰하며 또한 적의 자원, 계획, 병력, 군규軍規 및 적이 점령하고 있는 진지의 지세 및 위치를 잘 아는 이런 인물은 보지를 못했다. —먼로—

- 주석 : 여기의 장수란 근대 전쟁술의 선구자로 알려진 스웨덴의 구스타브 아돌프 왕을 말한다.

◈ 전쟁행동에 임하여 무엇을 할 것인가가 아니고, 어떻게 할 것인가가 중요하다. 굳은 결심과 간단한 착상의 불굴의 실행은 가장 확실하게 목표를 달성한다. —몰트케—

(몰트케(Helmuth Karl Bernhard Graf von Moltke, 1800~1891), 프로이센 및 독일제국의 군인이자 근대적 참모제도의 창시자. 코펜하겐 사관학교를 졸업(1818)하고 프로이센 육군에 입대하여 베를린사관학교 연구생(1826)을 거쳤으며, 프로이센의 육군 참모총장(1858~1888)으로 재임하면서 덴마크(1864)·오스트리아(1866)·프랑스(1871)와의 전쟁을 승리로 이끌었다. 비스마르크 수상과 론 국방장관과 협력하여 1871년의 독일통일과 독일제국 수립에 공헌했다. 그는 클라우제비츠의 전략사상을 계승했고 또 전사戰史연구의 중요성을 강조했다. 훗날 제1차 세계대전 당시 참모총장이었던 소小몰트케의 삼촌으로서, '대大몰트케'란 별명은 조카와 구분하기 위해 붙은 것이다.)

◈ 생애의 대부분을 결단력 없는 종속자의 입장에만 있었던 자는 결심을 해야 하는 장수가 될 수 없다. —포슈—

◈ 전투의 성패는 지휘관에 의해서 결정되는 것이지, 병사에 의해 결정되는 것은 아니다. 커다란 전과戰果는 지휘관에 의해 달성된다. 따라서 역사는 승리를 장수의 책임으로 돌리는 것이 맞다. 이런 경우 그들은 명예를 받는다. 그러나 패전을 했을 때 그는 치욕을 받는다. 지휘관 없이 전투도 승리도 존재할 수 없다. —포슈—

•주석 : 이것은 1870년 프랑스군이 프로이센군에 참패를 당했는데, 포슈는 프랑스 최고사령부의 실책을 수정하고자 하는 결의로 육군대학 강의에서 명백한 결론으로 주장했다.

◈ 책임과 복종 그것이 군인의 사명이지만, 나는 그것이 그대로 기독교도로서의 순수한 생활에도 통하는 것으로 생각한다. 국가와 가족에 대한 책임과 신에의 복종이야말로 이 세상을 평화롭게 사는 방법이다. —카이텔—

(카이텔(Wilhelm Bodewin Johann Gustav Keitel, 1882~1946), 독일의 원수. 제1차 대전에 참전했고, 1935년 육군성 군무국장軍務局長, 1938년 국방군 최고사령관으로

서 히틀러의 참모장이 되었으며, 1939년 국방각료회의 의원, 1940년에 원수가 되었다. 제2차 대전 후, 국방군을 대표하여 포츠담 항복문서에 조인(1945. 5. 8.)하고 연합군에 의해 전쟁범죄자로 체포되어 뉘른베르크 군사재판의 판결에 의해 교수형으로 처형되었다.)

◈ 왕성한 연구심과 오랫동안의 경험을 갖추어야 비로소 명장이 될 수 있다.

—챠르스—

◈ 의지와 동작과의 간격이 짧으면 짧을수록 명장名將이다. —비게로—

◈ 장수의 책무는 모든 상황을 조정하여 전승을 획득하는데 있다. 따라서 장수에게 불가결한 것은 장수로서의 책임감과 전승에 대한 신념으로서, 이 책임감과 신념은 그 사람의 성격과 부단한 연구와 수양에 의해 생긴다.

장수의 가치는 그 책임감과 신념을 잃는 순간에 소멸한다.

—『통수강령統帥綱領』—

◈ 장수의 심리를 압박하는 요인은 여러 가지가 있다.

·첫째는 중대한 책임이다.

·둘째는 승리를 다투는 실적이다.

·셋째는 상하지휘관의 의지의 자유이다.

·넷째는 국내의 여론과 때로는 정부의 간섭이다.

·다섯째는 전장 상황의 불명·착오이다.

참모의 본연의 임무는 장수의 정신을 여러 가지 압박에서 해방하여 그 의지意志의 독립자유를 확보하고, 이를 보좌하여 장수의 천성을 유감없이 발휘해서 그 장덕將德을 완수케 하여 통수의 권위를 앙양하는 데 있다.

—『통수강령』—

◈ 그가 부하 장교들에 과한 전술의 문제와 그의 강의講義 방법은 장교들로 하여금 곧 사자의 예리한 발톱과 같은 느낌을 가지게 했다. 용모와 자태가 우아한 일거수일투족, 일체의 행동이 그들의 규범이 되었다. 그 분과

함께 있을 때 모든 의론議論은 열을 띠고, 그 뷰 아래에서의 모든 연습은 즐거움을 주었다. 그들은 큰 키의 연대장에 대해 고참 장교는 찬탄에 가득 찼고, 소장小壯 장교는 감격에 찼다. —『슐리펜 장군전將軍傳』에서—

◈ 한 몸으로 동시에 정치가요, 또한 해군 군인이 되기를 바란다. 미 해군의 역사와 인물전人物傳을 읽는다면, 이와 같은 자격을 겸비한 훌륭한 인물을 발견할 수 있다. 나는 앞으로 해군대학의 졸업생들 가운데 이러한 인물이 배출되기를 바라는 것이다. —마한—

◈ 사람이야말로 전쟁에서 제일가는 무기이다. 우리는 전쟁에 참가한 군인을 연구해야 한다. 그들이 바로 전쟁을 수행하는 실체이기 때문이다. 오직 과거에 대한 연구를 통해 전쟁의 현장감을 느낄 수 있으며, 앞으로 '어떻게 싸울 것인가'를 예측할 수 있다. —뒤 피크—

◈ 로제스트벤스키 제독이 자기의 기도企圖를 한마디도 얘기하지 않고 또한 얘기하기를 바라지 않았던 것은 그의 성격이 극히 고압적이었을 뿐만 아니라, 오히려 그것 이상으로 자신의 사색의 공허함을 숨기기 위한 것이었다. 그는 원래 병술가兵術家로서 재간才幹이 없었으며, 더욱이 전장戰場에서 이것을 실증했다. —항해장航海長의 증언—

•주석 : 로제스트벤스키 제독은 1905년 5월 대마도 해전에서 일본의 도고(東鄕)함대에 의해 결정적 패배를 당한 총사령관이다.

◈ 판단력은 신이 인간에게 준 능력 가운데 가장 최고의 것이나, 선입감과 원망願望이 그 영지英智를 흐리게 한다. —처칠—

◈ 전투의 실패, 지휘체계의 와해, 공포심의 조성 등으로, 초인적인 그 무엇을 병사들에게 요구하지 않으면 안 될 때, 지휘관의 솔선수범은 기적적인 힘을 발휘하게 해 준다. —로멜—

(로멜(Erwin Johannes Eugen Rommel, 1891~1944), 독일의 육군 원수. 제2차 대전 초기 전

차사단장으로 서부전선에서 프랑스군을 격파(1940)했고, 아프리카방면 사령관으로 임명되어 북아프리카 전선에서 영국군을 격파하여 야전군 지휘관으로 용명을 날렸으며, '사막의 여우'라는 별명이 붙기도 했다. 원수(1942)로 진급했으며, 그 후 북프랑스 방면군사령관(1943)으로 활약했다. 히틀러 총통의 암살계획에 관련되었으나 실패한 후 음독자살했다. 주요 저서로 『보병공격』(1937) 등이 있다.)

◈ 당시 나는 우리나라가 금후 반드시 전쟁에 휩쓸리게 될 것이며, 그 때 가장 먼저 일어날 일이 무엇인가를 연구하고 있었다. 장차 무슨 일이 일어나서, 만약 내가 기용되면 거기에 충분히 대응할 수 있는 훈련을 쌓아서 즉응할 수 있도록 해 두어야 한다고 결심했다. —몽고메리—

•주석 : 몽고메리 장군은 제2차 대전에 영국이 참전하게 될 것이라고 예견하고 거기에 대한 마음의 준비를 게을리 하지 않았다.

◈ 통솔이란 공통의 목적을 향하여, 병력을 집결시키는 능력과 의지력意志力인 동시에 그들에게 신념을 고취시키는 자질이다. —몽고메리—

◈ 훌륭한 지휘관이란 자기의 주위에 어떠한 사건이 일어나도 이를 적절하게 처리할 수 있는 자이다. —몽고메리—

◈ 군사 지도자로서 취해야 하는 유일한 태도는 행동에 임하여 적시 적절한 결단을 내려, 위기의 한가운데에서도 냉정을 잃지 않는다는 것이다.

—몽고메리—

◈ 지휘·통솔의 출발점은 사람의 마음을 움직이는 데 있다. 그리고 그것이 모든 문제의 핵심임을 확신하는 데 있다. —몽고메리—

◈ 고급 지휘관은 사소한 일에 말려들지 말고, 중요한 문제에 관하여 몇 시간이고 조용히 숙고하며 사색하라. 세부사항은 참모의 업무분야이다.

—몽고메리—

◈ 전장에서 필요한 지휘관이란 어떠한 경우에도 냉정하고 정확한 판단을 내리고, 그 판단을 용감히 실현할 수 있는 인물이다. —니미츠—

(니미츠(Chester William Nimitz, 1885~1966), 미국의 해군제독·원수. 1905년 해군사관학교를 졸업했고, 제1차 세계대전에서는 대서양함대 잠수함대 참모장(1913), 아시아 함대기함 오거스터 함장, 제1 전투함대 사령관, 해군성 항해국장을 거쳐, 1941년 태평양함대 사령관이 되어 제2차 세계대전 중 일본해군과의 해전을 지휘하여 격파했다. 1944년 원수가 되었고, 1945~1947년까지 해군 참모총장을 역임했다. 주요저서로는 『태평양 해전사』 등이 있다.)

◈ 여러 가지 의견이 있는 모양이지만, 이 하와이 작전은 내가 연합함대 사령관으로 있는 한 반드시 합니다. 두 번 다시 할 것인가, 안 할 것인가의 의논을 해서는 안 됩니다. 그러나 하는 한, 하는 자가 납득하는 방법으로 합니다. —야마모토 이소로쿠(山本五十六)—

•주석 : 1941년 10월, 하와이 기습작전의 최후 도상연습圖上練習을 실시한 후 지휘관으로서의 명확한 의사표시를 하는 동시에, 부하를 믿고 실시 자實施者가 하고 싶은 대로 시키겠다는 신뢰의 의사표시도 겸한 내용이다.

(야마모토 이소로쿠(山本五十六, 1884~1943), 제2차 세계대전 당시 일본제국 해군 연합함대 사령장관. 1941년 12월 7일의 진주만 공격을 계획하고 지시했다. 미군은 일본의 통신암호를 해독하여 그의 소재를 파악해서 솔로몬 제도에 속한 부겐빌 섬 상공에서 그가 탄 비행기를 격추했다. 사후死後 해군 원수로 추서되었다.)

◈ 군인으로서 작전의 연구보다도 심리학이나 통솔의 연구가 한층 더 중요하다. —웨이벌—

(웨이벌(Archibald Percival Wavell, 1883~1950), 영국 육군 원수. 윈체스터 대학교와 샌드허스트 육군사관학교를 졸업(1901)한 후 제2차 보어전쟁에 참전. 제1차 세계대전(한쪽 눈을 실명하는 부상을 입었다)과 제2차 세계대전에 참전했으며, 인도총독을 역임(1943~1947). 주요저서로 『팔레스타인 캠페인』(1928), 『좋은 군인』(1948) 등이 있다.)

◈ 지휘관의 육체적·도덕적인 것 외에 가져야 하는 지능知能은,

·첫째, 업무의 가능성 여부를 변별하는 상식이 필요하다.

·둘째, 전략·전술의 근본으로 생각되는데, 그것은 지형학, 군사적 수송 그리고 보급의 지식을 주로 하는 전투의 메커니즘을 알아야 한다.

—웨이벌—

◈ 명장名將은 시인詩人과는 달리 태어나면서라기보다는 육성되는 것이며, 그의 직무의 연구를 충분히 하지 않고 일류의 명장이 될 수 없다.

—웨이벌—

◈ 섬세하고 부서지기 쉬운 체계는 전시에 거의 사용할 수 없다. 그것은 장비나 무기뿐만 아니라, 지휘관의 몸과 마음 그리고 군인정신에까지 똑같이 적용된다. 장군을 포함해서 전쟁에서 활용되는 모든 요소는 보통 강도에서 파괴되는 것보다 훨씬 높은 강도에서도 견딜 수 있도록 충분한 여유를 가지고 있어야 한다. —웨이벌—

◈ 장군은 많은 사람들의 생명을 다루는 사람이다. 정신적으로 엄청나게 강해야 만이 이러한 책임에 대한 부담감을 견딜 수 있다. 이러한 부담감이 얼마나 큰지는 지난 제1차 세계대전 당시 얼마나 많은 지휘관들이 급변사를 당했는지 확인해 보면 여러분 스스로 판단할 수 있을 것이다. 전쟁사를 읽을 때 강인함이 부족해서 패배한 사례를 주의 깊게 확인해 보라.

장군이 지녀야할 특징 중 육체적인 분야 몇 가지를 제시한다면 그것은 바로 용기와 건강 그리고 젊음이다. —웨이벌—

◈ 지휘관은 그가 원하는 것이 무엇인가를 알고, 그것을 획득하기 위한 용기와 결단력을 갖추어야 한다는 것이다. 지휘관은 자기 업무와 관련된 것에 진지한 관심과 해박한 지식 그리고 애정을 가지고 있어야 한다. 또한 무엇보다도 가장 중요한 것은 전투의지, 즉 승리하려는 의지를 가지고 있

어야 한다. —웨이벌—

◈ 나폴레옹은 "전쟁술(전략·전술)을 구사하면서 위험을 감수하지 않는다면, 그 영광은 평범한 사람들의 재능에 의해 좌우될 것이다."라고 했다. 나폴레옹은 항상 장군들에게 '운'이 따르는지 확인했다. 그러나 실제로는 '대담한 장군인가'를 확인하는 것이었다. 대담한 장군에게는 운이 따를 수 있지만, 대담하지 않은 장수에게는 운이 따를 수 없다. —웨이벌—

◈ 참모가 좋아하는 것은 지휘관이 명확하고 구체화된 지침을 주고, 간섭하지 않으며, 세부적인 것은 참모가 알아서 하도록 내버려두는 것이다. 그러나 부대와 예하 지휘관이 좋아하는 것은 지휘관이 지속적으로 그들과 직접 접촉을 갖는 것이며, 모든 것을 참모를 통해 확인하는 것은 좋아하지 않는다. 바람직한 것은 지휘관이 사무실에 있는 시간보다 부대와 함께 있는 시간이 더 많아야 한다는 것이다. —웨이벌—

◈ 1796년 전역(이탈리아 원정)에서 나폴레옹의 승리에 대해 배울 때, 내선內線에 의한 기동이니 하는 문구 등은 별 의미가 없다. '무명의 젊은 청년이 초라하고, 반항적이고, 반은 굶주린 군대를 어떻게 격려하여 싸우도록 했으며, 어떻게 기운을 내게 하여 기동하고, 어떻게 동기를 부여하여 싸웠으며, 어떻게 자기보다 나이가 훨씬 많고 경험이 많은 장군들을 통제할 수 있었는가'를 알 수 있다면 여러분은 무엇인가를 배울 것이다. 나폴레옹의 지위는 거저 주어진 것이 아니다. 그것은 그가 수많은 법률과 전략에 관해 연구하고, 전쟁과 관련된 인간의 본성에 대해 깊은 지식을 가지고 있었기 때문에 가능했던 것이다. —웨이벌—

•주석 : 1939년 케임브리지 대학교에서의 강연, 『장군과 장군의 지도력』에서.

◈ 사람은 누구나 죽기 싫어한다. 그렇다면 '그들은 무엇 때문에 용감하게 죽음에 맞설까?' 그것은 아마도 돈이나 명예 또는 군기나 전통, 아니면 어

떤 이념이나 조국 또는 특정 개인에 대한 헌신 때문일 것이다.…

제1차 세계대전 기간 중 발간된 책에는 아직까지도 진리인 다음과 같은 내용이 있었다.

그는 자신의 불의不義에 대항하여
싸웠기 때문에 달아나지 않았고,
자신의 주장이 옳다고 믿었기 때문에
공격하지 않았다.
그리고 자신이 보다 약할 때 달아났고,
자신이 강하거나, 지휘관이 그를
강하다고 느끼게 해주었을 때 공격했다.

—웨이벌—

◈ 전투시 병사들을 용감하게 하기 위한 연설은 불필요하다. 선임병들은 거의 듣지 않고, 신병들은 총소리 한 방이면 다 잊어버리기 때문이다. 전쟁 중에 필요한 연설은 불안감을 없애거나, 잘못된 소문을 고치거나, 병영에 활기가 넘치도록 하거나, 숙영에 필요한 자재나 즐거움을 줄 수 있는 것이어야 한다. —웨이벌—

◈ 지휘관은 불필요하게 가혹할 필요는 없지만 군기軍紀는 확실히 유지해야 한다. 그리고 칭찬을 해야 할 곳에서는 아끼지 말고 구두나 문서로 반드시 해주어야 한다. 또한 가급적 자주 자기부대와 접촉을 통해서 강한 인상을 심어주어야 한다.…

지휘관은 꼭 지켜야 할 필요가 있는 계획은 비밀로 해야 하지만, 부하들에게 항상 진실을 말해야 한다. —웨이벌—

◈ 전승의 행운을 맞이한 자는 크게 겸허하고 또한 겸손해야 한다. 이기고 오만하지 않은 자는 훌륭한 성격의 인물이다.

패전은 인간 성격의 견실함을 알아보는 시련이며, 원통해도 열심히 일을 해야 하며 또 그 패전의 결과에 의해 우리 조국의 비극을 목격하면서 살아가야 한다면 그것은 저주스러운 상태이다. —월프—

◈ 결심은 인격을 요구한다. —로란—

◈ 장수란 군사적 행동을 구상하고, 준비하고, 명령하고, 지도指導하는 기관을 말한다. —로란—

◈ 지휘관에게 필요한 것은 지력智力과 기력氣力이다. 지력이 필요한 이유는 이것이 없이는 아무런 고찰考察도 할 수 없기 때문이며, 기력이 필요한 이유는 강인하고 논리적인 의지가 없이는 이미 정해진 계획의 실행과 성과를 기대하기 어렵기 때문이다. —말론—

◈ 너희들 자신이 높은 사기를 견지하라. 그러면 반드시 그것은 너의 부하들의 사기를 높일 것이다. —퍼싱—

(퍼싱(John Joseph Pershing, 1860~1948), 미국의 육군 대원수. 인디언 전쟁, 미국·스페인전쟁에 종군했으며, 제1차 세계대전 당시 미국 원정군의 총사령관이었다. 그의 업적을 기려 제2차 세계대전 말기에 개발된 중전차에 'M26 퍼싱'이라고 그의 이름을 붙였다.)

◈ 절망적인 상황은 없다. 단지 절망하는 사람이 있을 뿐이다. —구데리안—

(구데리안(Heinz Wilhelm Guderian, 1888~1954), 독일의 육군 참모총장, 군사이론가. 제1차 세계대전에 참전 후, 소모전을 타개할 기갑전술과 전격전(Blitzkrieg) 이론을 연구하고 적용하여 독일군의 제2차 세계대전 초반 승리에 큰 기여를 했다. '전차의 아버지'라 불린다.)

◈ 사령관이 자기 장병의 생명을 지키고 부대의 안전을 도모하기 위해 자기가 지닌 전투력을 사용하는 것을 금지당한 일은 미국의 전쟁사상 처음 있는 일이다. 나에게는 이것이 장래 극동에 비극적인 사태를 가져올 징조로밖에는 생각되지 않는다. 나는 이번 일에 말할 수 없는 충격을 느끼고 있다. 이런 사태로는 수천 명 미국 병사의 목숨을 잃게 되고, 전 부대가 위태

로워진다. 북한과 중공과의 연결 루트가 안전하다는 것은 적군 사령관은 어떤 방법으로든 알고 있음에 틀림없다. 그렇지 않고서야 이렇듯 태연하게 압록강 다리로 병력을 실어 보낼 리가 없다.…나는 즉시 극동의 임무로부터 해임해줄 것을 요청하는 전문을 작성했다. —맥아더—

•주석 : 1950년 11월, 중공군이 압록강 다리로 병력과 군수품을 수송하는 것을 차단하기 위해 맥아더 사령관은 스트레이트마이어 장군에게 B-29형 폭격기 90대로 압록강 다리를 폭파하라고 명령을 내리자, 즉시 마셜 국방장관으로부터 전문이 날아와 명령을 철회 당했다. 맥아더 사령관은 그의 참모장 히키 장군에게 위의 내용을 말하자, 히키 장군은 이 위험한 시기에 떠난다는 것을 부대가 이해하지 못할 것이며 부대 전체가 사기를 잃어 전멸할지도 모르니, 지금은 미국을 위해서도 원수 자신의 명예를 위해서도 떠나지 말아주길 바란다고 그에게 간청하자, 맥아더 원수는 그 전문을 찢어버렸다고 그의 『회고록』에서 밝혔다.

◆ 동지들, 참으로 불쾌하기 그지없는 것은 나도 마찬가지요. 하지만 이제 해방되어 새로운 나라가 만들어지려 하고, 우리는 그 나라의 하늘을 지킬 공군을 창설하려 하오. 공군이 창설되어 우리가 우리 군대에서 우리의 영공을 지킬 수만 있다면 이까짓 모욕이 뭐 그리 대수겠소! 옛날 이순신 장군도 조국을 위하여 백의종군하지 않았소! 대의大義를 위하여 우리가 참읍시다. —최용덕—

•주석 : 1948년 3월, 미군정 당국으로부터 조선경비대에 경항공기부대 창설의 동의를 받아냈는데, 이를 위해 조선경비대 보병학교에 입교하라는 것이었다. 항공부대 창설을 위한 간부요원 7명은 대부분 부대장급이거나 그 이상의 경력을 가진 사람들이었다. 이런 사람들에게 이등병 훈련을 시키는 보병학교에 입교하라니. 그들은 참으로 불쾌하게 생각했고, 도저히 있을 수 없는 일이라 불평을 토로했을 때 최용덕 장군은 위의 내용을 비장한 어조로 말했다.

다행히 최용덕(1898~1969) 장군의 설득으로 이들은 보병학교에 1948년 4월 1일에 입교하여 미국 군제에 의한 새로운 훈련을 1개월간 받고 다시 태릉에 있는 조선경비대 사관학교에 들어가 2주간 장교후보생 교육을 받고 5월 14일에 육군항공 소위로 임관하여 정식으로 항공부대 간부로서 활동을 개시했으며, 공군의 독립과 발전의 기초를 구축했다.

(최용덕(崔用德, 1898~1969), 독립운동가, 군인. 1949년 공군을 육군으로부터 분리·독립시켰으며 전쟁 중 항공기지 사령관, 제2대 공군 참모총장, 1960년 6월 2일부터 1960년 8월 22일까지 체신부장관을 역임하였다.)

◈ 중일전쟁(1937)이 일어나고 나서는 남들과 똑같은 고생을 하였다. 창석이 대한민국 임시정부 광복군의 일을 하면서 중국 공군에서 받은 월급 중 십분의 칠은 임시정부에 헌납하고 나머지 십분의 삼을 아내에게 갖다 주었다. 호용국 여사는 그 작은 월급으로 생활해나갔다고 한다. —이윤식—

•주석 : 이윤식 지음, 『창석 최용덕의 생애와 사상』(2007)에 소개된 최용덕 장군의 중국에서의 망명생활 모습이었고, 부인은 중국인이었다.

최용덕 장군은 15세에 중국으로 망명하여 중국 육군군관학교를 졸업하고(1916), 중국 육군소위로 임관했다. 그 후 중국 공군군관학교를 졸업하고(1920) 모교에서 교관생활을 했으며, 중국 육군대학을 졸업하고(1940) 중국 공군 부사령관까지 역임했는데, 특히 장제스(蔣介石) 총통의 신임이 두터웠다. 그는 한국 임시정부 항공건설위원회 주임(1937년부터) 등을 역임했고, 1945년 8월 일제가 항복하자, 장 총통의 중국 공군 고위직 권유도 뿌리치고 귀국했다. 그 후 그는 공군참모총장(1952~1954)을 역임했다. 때때로 나의 생도시절 최 장군이 훈시하시던 모습과 자주 말씀하신, 즉 '깨끗한'이라는 단어가 생각난다.

◈ 적 전차 다섯 대가 시흥始興을 향해 돌진한다는 보고를 받고…나는 앞뒤도 생각지 않고 전화를 들어 이근석 대령에게 명령을 하달했다.…자리에 돌아가 흥분이 깨어 자기 정신으로 돌아왔을 때, 나는 나의 무모한 명령을 생각해 보았다. 전투기를 수령하고 한 번도 하강下降한 일이 없는 조종사에게, 즉 비행기의 성능이 어떠한지 모르고 낯설기만 한 조종사에게 전차 공격을 명하다니. 비행기를 모르는 사람이라면 모를까 비행기를 잘 아는 나로서 과연 이것이 공군의 책임자가 내려야 했던 명령이었던가?…그

렇게도 애절하게 무장 전투기를 고대하더니, 지휘관인 본관의 무모한 명령으로 말미암아 그 기다리던 전투기를 단 3시간도 못타고 전사하다니.…

전장에서 순국함은 무인武人으로서 당연하다마는 불초한 상관 때문에 충분히 실력을 발휘하지 못하고 세상을 떠나니 어찌 한이 없겠는가?

–김정렬–

•주석 : 김정렬(1917~1992) 공군 총참모장의 명령에 의해 1950년 7월 4일 안양 상공으로 출격한 비행단장 이근석 대령은 적의 전차부대를 공격하다 전사했다. 그 원인은 새로운 비행기를 인수하여 관숙 비행도 하기 전에 출격명령을 내렸기 때문이라고 김정렬 장군은 회고록인 『항공의 경종』(2010)에서 자신의 과오를 솔직하게 밝혔다.

◈ 나는 후퇴하는 병사들 앞으로 달려 나갔다.

"모두 앉아 내 말을 들어라. 그동안 여러분 잘 싸워주어 고맙다. 그러나 우리는 여기서 더 후퇴할 장소가 없다. 더 후퇴하면 곧 망국亡國이다. 우리가 더 갈 곳은 바다밖에 없다. 저 미군을 보라. 미군은 우리를 믿고 싸우는데 우리가 후퇴하다니 무슨 꼴이냐. 대한 남아로서 다시 싸우자. 내가 선두에 서서 돌격하겠다. 내가 후퇴하면 너희들이 나를 쏴라."

나는 부대에 돌격명령을 내리고 선두에 서서 앞으로 나아갔다. 곧 병사들의 함성이 골짜기를 진동했다. 김재명 소령도 용감하게 앞장서 부대를 지휘했다. 대대는 삽시간에 고지를 재탈환했다.

마이켈리스 대령은 내게 다가와 "미안하다"고 말하고, "사단장이 직접 돌격에 나서는 것을 보니 한국군은 신병神兵이다."라고 감탄했다.

–백선엽–

•주석 : 다부동 전투(1950. 8. 21.)의 위기상황 때의 일이다. 11연대 1대대(대대장 김재명 소령)가 인민군에게 고지를 탈취당하고 다부동 쪽으로 후퇴하는 사태가 벌어졌다. 8군 사령부로부터 제1 사단장 백선엽 준장에게 전화가 걸려왔다. "한국군은 도대체 어떻게 된 거냐, 싸울 의지가 있느냐"는 노한 음성의 힐책이었다.

이웃 측면이 뚫리자 마이켈리스 대령이 즉각 미8군에 "한국군이 후퇴했다. 퇴로가 차단되기 전에 철수해야겠다"고 보고하고, 그는 백 장군에게도 전화로 "후퇴하겠다"고 통고했다.

백 사단장은 대대장에게 전화로, "후퇴하지 말고 잠깐 기다려라. 내가 현장에 나가 확인하겠다." 하고, 다부동으로 급히 지프를 몰았다. 김재명 대대장을 불러 "어떻게 된 것이냐?"고 물으니, 그는 "장병들이 계속된 주야의 격전에 지친데다 고립된 고지에 급식이 끊겨 이틀째 물 한 모금 먹지 못했다"는 대답이었다. 그래서 백 사단장은 후퇴하는 지친 병사들에게 위의 명연설을 해서 그들의 사기를 진작시켜 고지를 재탈환했다.

(백선엽(白善燁, 1920~), 군인, 외교관. 1941년 만주군관학교를 졸업했고, 초기 국군창설에 기여했다. 1950년 제1군단장과 육군참모총장(1952, 1957)을 지냈고, 1960년 대장으로 예편했다. 중국, 프랑스 등 여러 나라의 대사와 교통부장관(1969~1971)을 역임했다. 주요저서로 『군과 나』(1989), 『조국이 없으면 나도 없다』(2010) 등이 있다.)

◈ 이집트군 지휘관은 적의 공격이 개시된 첫 순간에 이미 혼란에 빠져버렸고, 적절한 전투지휘를 하지 못하고 있었다.…지휘관들이 그의 위치를 개인 목적을 위해 더 많이 써먹었던 사실 때문이다. —나세르—

•주석 : 1967년 6월, 3차 중동전쟁에서의 이집트군 패인敗因에서.

(나세르(Gamal Abdel Nasser, 1918~1970), 이집트의 군인, 혁명가, 정치가이다. 총리(1954~1956)와 두 번째 대통령(1956~1970)을 지냈다. 1952년 이집트 쿠데타를 주도하여 이집트를 왕정에서 공화국으로 바꾸고 산업화를 이끌었다. 그는 현대 아랍 역사와 20세기의 제3세계 역사에서 가장 중요한 정치인의 한 명으로 꼽힌다. 나세르의 입지는 6일전쟁에서 이스라엘에게 대패한 이후 많이 훼손되었지만 많은 아랍인들은 나세르를 여전히 아랍의 숭고함과 자유의 상징으로 보고 있다.)

◈ 지휘관은 그 부대에 대한 향도자嚮導者이다. 따라서 지휘관은 신뢰감과 의지력을 보여주어야 한다. 지휘관에게 나타나는 패배주의나 비관은 그

것이 아무리 사소한 것이라 하더라도 전체 장병에게 즉각적으로 번진다.

—웨스트모어랜드—

◈ 1952년 한국전쟁 당시 한국군이 세계 제1급의 전투 병력이 되리라고 믿는 사람들은 얼마 없었으나, 오늘날 베트남전에서 용감히 싸우고 있는 한국군을 볼 때 이들이 베트남전에서 제1급의 전사(戰士, a warrior)인 동시에 가장 유능한 대민봉사단이라는 것을 의심할 사람은 하나도 없을 것이다.

—웨스트모어랜드—

•주석 : 1967년 4월 28일, 주월 미군사령관 웨스트모어랜드 대장이 미국 상하양원 합동회의에서 연설한 내용이며, 유독 한국군을 격찬하여 열렬한 박수를 받았다.

◈ 백 명의 베트콩을 놓치는 한이 있어도 한 명의 양민을 보호한다.…

월남에서의 군사작전은 반드시 심리전과 대민지원의 성과로 뒷받침될 때만이 성공 확률이 높아지는 것이다.

—채명신—

•주석 : 베트남전쟁 때, 주월 한국군 사령관을 역임(1965~1969)한 채명신 중장이 캐치프레이즈를 주駐베트남 한국군의 민사심리전 목표를 정하고 대대적으로 홍보했다. 당시 베트남의 영자英字 일간지「SAIGON POST」를 비롯한 모든 일간 신문은 일제히 1면 머리기사로 주駐베트남 한국군의 민사심리전 목표를 보도하면서 "인류애의 구현"이라고 찬양했다.

채 사령관은 주駐베트남 한국군을 미군에 예속되지 않은 독자적 작전 지휘권을 확보하고, 새롭게 창안한 중대전술기지 개념으로 세계가 인정하는 정예군대로 육성했다. 그는 죽어서도 8평 장군묘역 안장을 거부하고 베트남전쟁에서 함께 싸운 전우들이 있는 1평 사병묘역에 묻혔다.

(채명신(蔡命新, 1926~2013), 군인, 외교관. 6·25전쟁과 베트남 전쟁(주駐 베트남 한국군사령관)에 참전하였다. 박정희의 유신개헌에 반대하다 예편을 당했다. 퇴역 후 스웨덴, 그리스, 브라질 대사 등으로 활동했다. 주요저서로 『채명신 회고록-베트남전쟁과 나』(2006) 등이 있다.)

◈ 공산월맹은 한국군이 하루에 1달러의 돈을 받고 미국 청부전쟁 용병으로 베트남전에 참전하고 있다고 전 세계에 모략선전하고 있으며, 공산국가들과 비동맹 국가들도 전적으로 이에 동조하고 있는 실정입니다. 한국군이 미군에 배속되거나 직접 작전지휘를 받는다면 이러한 공산측의 모략 중상을 사실로 입증하는 자료로 이용될 것입니다.…

한국군의 작전지휘권 문제는 한국군 독자적인 지휘권 보장이 한·미 양국에 공동의 이익을 가져다 줄 것이며, 한국국민과 한국군의 명예와 사기에 큰 영향을 줄 뿐 아니라, 공산측의 청부전쟁, 용병 운운하는 모략선전을 봉쇄하는 데 크게 도움이 된다고 생각합니다. —채명신—

•주석 : 베트남에 와있던 미군 장성 가운데는 공개석상에서 "한국군을 지금까지 키워주고 가르쳐주고 돈과 물자도 다 주었는데 이제 미군을 깔보고 말도 듣지 않는다." 하면서 한국군을 미군 지휘하에 두어야 한다는 소리가 높았다. 그래서 채명신 사령관의 요청으로 웨스트모어랜드 장군의 승인하에 미군의 주요 지휘관회의 때, 30여분 동안 그들을 설득하여 참석한 주요 장성들도 납득이 갔고 또한 웨스트모어랜드 장군도 "나도 채 장군의 의견에 공감한다. 오늘 이 시각 이후부터 나와 채 장군은 베트남에서 양국군의 운용에 대해서 모든 문제는 상호협의와 협조에 의해 해결하겠소." 하고 선언했다.

한국군에 대한 작전지휘권 문제가 이제 일단락이 되는 감동의 순간이었다. 비로소 청부전쟁에 말려든 용병이 아니라는 확실한 의미가 확인되는 역사적 순간이기도 했다.

◈ 중대전술기지 개념은 우리만의 독특한 것으로 미군이나 월남군에게는 매우 생소하여, 한국군의 중대전술기지가 언젠가는 적에게 유린될 것이라는 우려스러운 눈빛으로 바라보고 있었다.…

예하 지휘관에게 강조한 것은 "현재까지는 지역을 확보하여 지형의 숙달과 적정 파악에 주력하였으나, 앞으로는 공세적인 활동에 치중해야 한다. 수세에서 공세로 전환하여 적으로 하여금 아군이 어떠한 방식으로 나올지 판단을 못하게 해야 한다"고 했다.…

1966년 2월 16일, 중대장 용 대위는 목표지역과 관계없이 보이는 빈투루옹 일대에 제2소대를 매복시켰다.…다음날 새벽 05시 30분 제2소대는 소로를 따라 정면공격하고 제1소대와 화기소대는 좌측으로 공격하였다. 적을 완전히 포위한 것이다.…베트콩은 한국군이 야간에 공격하리라는 것을 전혀 모르고 있다가 완전히 기습을 당했으므로 저항이 제대로 조직적으로 이루어질리 없었다.

이 전투는 비록 중대가 실시한 전투지만 베트남전에서 최초로 야간침투작전의 성공사례이고 한국군이 베트콩으로부터 밤을 빼앗았다는 전사적 의미를 갖는다. —채명신—

• 주석 : 미국의 「시카고 트리뷴」지(1966. 3. 13.)에는 다음과 같은 기사가 게재되었다. 즉 미국은 한국 맹호사단이 월남전에서 가장 잘 싸우는 군대라는 것을 자랑스럽게 여긴다.…베트콩은 호주군이나 날카로운 미국군보다도 한국군을 더 두려워하며 공포에 떤다. 이 공포심은 적으로부터 노획한 문서에 나타나 있다. 사망비율(한국군 1명 사망에 베트콩 15명 사망)은 이를 증명해 준다.

◈ 전쟁은 착오의 연속이다. 착오 없이 전투에 임할 수 없다. 그러나 그 착오를 최소한으로 줄일 수 있도록 모든 방편을 강구해야 한다. 그것은 각급 지휘관의 꾸준한 노력으로 가능하다. —채명신—

◈ 지휘관은 국가민족의 기둥이며 또한 수호자입니다. 이 숭고한 사명을 성실히 완수하기 위해서 가장 근본이 되는 것은 투철한 조국애와 지휘관으로서의 책임감입니다. —박정희—

• 주석 : 1973년 3월, 박 대통령의 제29기 육사 졸업식의 유시에서.

◈ 부하가 스스로 따르는 것은 지휘관의 덕이다. 그러나 그 참됨은 위기 난국에 처했을 때 시험되고 증명되는 것이다. —풍석—

◈ 통솔의 기본 임무는 부하 성원들로 하여금 스스로 일을 하려고 하는 의욕을 가지고 주어진 임무에 대해 목숨을 걸고 성의를 가지고 능동적으로 수행하게 하는 데 있다. —풍석—

◈ 통솔은 부하에 대한 성심에 의하여 얻어지는 하나의 술術이다. —풍석—

◈ 의술醫術에 무지無知한 의사가 환자를 다루는 것이 죄악이라고 한다면, 전쟁술, 즉 전략·전술에 무지한 장수가 부하를 이끌고 전투에 임하는 것은 더 큰 죄악이 아니냐! —풍석—

•주석 : 필자가 「칠천량해전의 군사사학적 연구」(2010)의 논문을 집필완료하고, 원균元均에 대한 소감의 내용이다.

◈ 최고지휘관과 전투의 승패

영화 '명량'(2014. 7. 30. 개봉)을 보고서 최고지휘관과 전투의 승패를 다시 생각하게 되었다. 즉,

◃ 손무에 의하면, "달아나는 군대(走兵), 무너지는 군대(崩兵),…패배하는 군대(北兵)가 있다. 이 여섯 가지의 패병敗兵은 불가항력의 자연의 천재天災에서 비롯된 것이 아니고, 장수의 과실에서 생기는 것이다"고 했다.

◃ 나폴레옹에 의하면, "골을 정복한 것은 로마의 군대가 아니라, 카이사르였다. 로마를 전율케 한 것은 카르타고의 군대가 아니라, 한니발이었다"고 했다.

◃ 클라우제비츠에 의하면, "도로가 마주치는 광장에 서 있는 오벨리스크처럼 전쟁술의 중앙에 당당히 솟아 있는 것이, 즉 불굴의 정신을 갖춘 장수의 견고한 의지인 것이다"고 했다.

◃ 포슈 장군에 의하면, "전투의 승패는 지휘관에 의해서 결정되는 것이지, 병사에 의해 결정되는 것은 아니다"고 했다.

◃ 이순신이 백의종군하면서 7월 21일(1597) 노량에 이르니, 우수(수군절도사 다음 가는 벼슬) 이의득(李義得)이 찾아왔기에 패했던 상황을 질문했다.

모든 사람들이 울면서 말하되, "대장 원균이 적을 보고 먼저 뭍으로 달아나고 여러 장수들도 모두 그를 따라 뭍으로 달아나서 이 지경에 이르렀습니다."라고 말했다. 칠천량해전(1597. 7. 15.)에서 조선 수군이 완패한 근본적 원인이 여기에 있었다.

이순신은 8월 3일 왕으로부터 '삼도통제사'를 겸하라는 명령을 수령했고, 명량해전(1597. 9. 16.) 전날 밤 여러 장수들을 불러 모아 말하기를 "병법에 이르기를 '반드시 죽을 각오로 싸우면 살고, 살려고 하면 죽는다'(必死則生 必生則死)"고 하였으며, 그는 다음날 해전에서 진두지휘와 리더십을 발휘하여 주저하는 장수들을 독전하면서 용감히 싸워 승리했다. 즉 "지휘선이 홀로 적진 속으로 들어가 포탄과 화살을 비바람처럼 쏘아댔다.…"

이순신은 선조왕으로부터 종이 한 장의 임명장 밖에 받지 못했다. 그리하여 그는 흩어진 병사들을 모우고 남은 병선을 정비하고, 병사들의 먹는 식량과 입을 옷은 피난민의 지원을 받았다. 우세한 적군을 앞에 둔 위태로운 상황에서 이순신은 탁월한 리더십으로 두려움에 떠는 장병들을 필사의 정신으로 싸우게끔 만들었고, 교묘한 용병술로 일본 수군을 완패시켰다. 그는 죽음을 초월한 책임감과 희생정신 그리고 위기를 기회로 장식한 그의 놀라운 창조정신과 결단력은 오늘날 국내외로 어려운 상황에 놓인 대한민국에 활로를 찾게 하는 훌륭한 활력소가 되리라 생각한다.

—풍석—

•주석 : 月刊誌『自由』(2014년 10월호)에 발표한「다시 살펴본 명량해전의 승리」의 일부 내용이다.

참모의 임무와 자질

◈ 지형을 철저히 숙지하고 능숙하게 정찰활동을 실시할 줄 아는 능력, 신속히 명령 하달 여부를 확인 감독하는 능력, 그리고 가장 복잡한 기동계획을 간단명료하게 몇 마디 말로 쉽게 입안하는 능력, 이런 것들이 바로 참모장으로 발탁되는 장교의 특징적인 자격 요건들이다. —나폴레옹—

◈ 일반참모는 지휘관의 의도를 명령으로 전환시키기 위한 목적으로 설치된 것이며, 지휘관의 의도를 부대에 전달할 뿐만 아니라, 모든 문제를 상세히 계획함으로써 지휘관의 많은 잡다한 업무를 덜어주는 것이다.

—클라우제비츠—

◈ 참모는 장수를 보좌하고, 공통의 커다란 목적을 적절한 처리법에 의해 바르고 신속하게 판별하는 예민한 성격을 가져야 한다. —조미니—

◈ 참모의 양성은 천재를 만드는데 있는 것이 아니라, 능률과 상식을 발휘할 수 있는 정상인을 만드는데 있다. —젝트—

◈ 세심초려細心焦慮는 계획에 필요한 능력이며, 허심탄회虛心坦懷는 실시의 원동력이다. —아키야마 사네유키(秋山眞之)—

•주석 : 아키야마(秋山) 소령은 러일전쟁 때, 쓰시마 해전(對馬島海戰, 1905. 5.)에

서 러시아의 발틱함대를 섬멸하는 작전계획을 수립한 일본 해군의 명참모였다.

(아키야마 사네유키(秋山眞之, 1868~1918), 일본의 해군제독, 해군전술가. 청일전쟁시 군함 쯔쿠시(筑紫)의 항해사로 종군했고, 미국의 대사관 주재 무관으로 파견되어 3년간 체류했으며, 미 해군대학에 입학코자 했으나 허용되지 않아, 당시 해군전략가로 유명했던 마한 제독에 사숙私淑하여 전사戰史연구와 미·스페인 전쟁 때 참관무관參觀武官으로 함대지휘 및 전술 등을 연구할 수 있었다. 귀국 후 해군대학의 교관으로서 해군 전략전술의 체계화에 노력하는 한편 동서양의 병학이론兵學理論을 깊이 연구했다. 러일전쟁 때 쓰시마(對馬島) 해전에서 「정자전법丁字戰法」으로 러시아의 발틱함대를 완전히 섬멸했다. 주요저서로 『해국전략海國戰略』(1903) 등이 있다.)

◈ 지휘관을 보좌하는 참모는 네 가지 형태로 분류된다.

① 서기관형書記官型 : 다만 지휘관의 의사意思를 전달만하고, 자기는 판단하지 않는다. 주로 잡무를 처리하고 지휘관을 번잡한 업무에서 해방시킨다.

② 분신형 : 지휘관의 분신으로서 스스로 판단하며, 지휘관을 보좌한다.

③ 독립형 : 지휘관의 참모이기 때문에 지휘관의 입장을 반영토록 노력하지만, 분신이 아니며 독립된 인격으로 판단하며 지휘관을 보좌한다.

④ 준지휘관형 : ③보다도 권한이 크며, 지휘관과의 필연적인 관계는 없으며, 때로는 지휘관으로서의 역할도 수행한다.

이 네 가지 형태 가운데, ②는 미군, ③은 독일군, ④는 프로이센군 참모장에서 그 전형을 발견할 수 있다. —고지마 노보루(兒島襄)의 『참모參謀』에서—

(고지마 노보루(兒島襄, 1927~2001), 전쟁사 연구가, 비평가. 도쿄대학교 법학부를 졸업했고, 일본 교도통신(共同通信) 외신부장을 지냈다. 주요저서로 『천황』(전5권), 『만주제국』(전3권), 『참모』, 『한국전쟁 1950~1953』 등이 있다.)

◈ 참모와 참모장은 틀린다. 참모장 이하인 참모는 과오를 범하여도 관문關

門에서 검토할 기회가 있지만, 참모장에게는 없다.

참모장의 실책은 그대로 지휘관의 과오가 되며, 전 부대에 영향을 미친다. —슈파이델—

(슈파이델(Hans Speidel, 1897~1984), 독일의 장군. 제2차 세계대전에 참전, 1944년 중장으로 승진. 히틀러 암살작전이 실패로 끝나고 1944년 9월 게슈타포에 체포되었다. 연합군에 의해 석방된 후 학문의 길을 걸어 튀빙겐대학교 현대사 교수였고, 1955년 독일연방공화국의 재군비에 참여하여 1957년 대장으로 승진하였으며, 북대서양조약기구(NATO)의 중앙 유럽 연합 지상군의 참모총장 역임. 주요저서로 『1944년 침략 : 로멜과 노르망디 전역』(*Invasion 1944 : Rommel and the Normandy Campaign*, 1949) 등이 있다.)

◈ 참모의 최대 기쁨은 자기보다 훌륭한 지휘관 밑에서 일한다는 것이다. 나는 원수를 만나 그 기쁨을 느꼈다. —슈파이델—

•주석 : 1944년 4월, 네덜란드 방면 독일군 총사령관 로멜 원수를 처음 만났을 때의 참모장으로서의 인상.

◈ 아니야, 빌(윌리암 레이히의 애칭), 노인이기 때문에 좋은 거야. 전장은 젊은이의 세계이지. 그러나 전쟁은 젊은이의 용기만으로는 이길 수 없어. 가령 이긴다 하더라도 이기는 방식이 비참해서는 국가로서 바람직한 것이 아니야. 노인은 젊은이들 보다 신중하고 타협하기 쉬워. 전쟁에는 이런 노인의 특성이 필요할 것이야. —루스벨트—

•주석 : 해군 참모총장 겸 미 함대 총사령관이라는 해군의 최고 직위에서 물러난 후, 주駐프랑스 대사까지 역임한 67세의 윌리암 레이히 대장(퇴역)에게 루스벨트 대통령이 협조를 요청하자, 그는 '본인은 노인입니다. 무슨 일을 할 수 있으며, 무슨 소용이 있겠습니까' 하고 사양을 하자, 그는 위에 말한 내용으로 레이히 대장을 설복시켜 2차 대전 중(1942. 7.) 참모로 채용했다.

◈ 우리들에게는 국가의 명예와 안전의 책임이 부여되어 있다. 우리들은 육군의 참모인 동시에 국가의 참모이다. —마셜—

◈ 다만 한 가지, 그러나 반드시 실행시켜 주어야 할 요망사항이 있습니다. 비델을 참모장으로 하고, 본관이 진급할 때마다 동시에 그도 진급시켜 달라는 것입니다. —아이젠하워—

•주석 : 1942년 5월, 아이젠하워(1890~1969) 소장少將은 북아프리카 상륙작전을 하기 위해 유럽 미군 사령관 취임의 명령을 받았을 때, 참모총장 마셜 대장에게 요청한 말이다. 비델이란 월터 B. 스미스(Walter Bedell Smith, 1895~1961) 준장이며, 아이젠하워가 중장으로 진급하자, 그는 소장으로 진급해서 아이젠하워 장군의 참모장으로 취임했다. 스미스 참모장은 아이젠하워를 아이크로 만든 장본인이다.

◈ 대통령 각하, 세균무기의 사용은 우리들 기독교도로서의 윤리를 모두 붕괴시키고 말 것입니다. 우리들이 윤리를 파괴하면, 다음 세대들의 세계는 비참하기 짝이 없을 것입니다. 하물며 대통령은 그 책임자로서 역사의 기록에 남게 됩니다. 나는 참모로서 지휘관이 그러한 오명汚名을 받는 조치에 반대하지 않을 수 없습니다. —레이히—

•주석 : 태평양전쟁 말기, 전장이 일본 본토에 접근함에 따라 미군의 손실이 많아지고 또한 일본군의 저항이 격화되자, 일본군에 대해 세균무기를 사용하자는 견해가 많아짐으로써 루스벨트 대통령에게 위의 내용을 건의하여 채택되었다.

(레이히(William Daniel Leahy, 1875~1959), 미국의 해군 참모총장, 원수. 1899년 해군에 입대하여 무기국장, 구축함대 사령관, 항해국장, 대장, 전투함대 사령관 그리고 1937년~1939년 해군 참모총장을 역임하고 퇴역했다. 그 후 푸에르토리코 총독, 주불駐佛대사로서 비시에 대한 정부공작에 임했다. 루스벨트 대통령 직속참모장으로서 제2차 대전 중 삼군의 조정 및 연락에 힘을 기울였으며, 1944년 원수가 되었고, 전후戰後 트루먼 대통령의 세계 반공反共정책의 추진에 많은 영향을 미쳤다. 1949년 은퇴하였고, 전쟁회고록 『나는 그 곳에 있었다』(*I Was There*, 1950)가 있다.)

◈ 그러면 대통령 각하, 해군에는 토지를 주되, 최후의 토지인 일본을 주지

않는다면 타협은 성립될 것으로 생각합니다. 일본 본토에서의 싸움이라면, 우리 군의 손실은 절망적으로 확대됩니다. 그것을 피하는 뜻에서도 타당한 타협이라 생각합니다. —레이히—

•주석 : 맥아더 대장은 필리핀을 점령하고 다음에 일본 본토에 침공하여 일본을 항복시키자는 구상이며, 니미츠 제독은 타이완(臺灣)을 공략하여 공습과 봉쇄로 일본을 항복시키자는 구상으로 육군과 해군의 심한 대립이었다. 그래서 레이히는 타협안으로 필리핀을 맥아더 대장에게 주고, 일본 항복은 해군과 항공대에 맡긴다는 구상의 건의였다. 루스벨트는 이 건의를 수락하여 즉결卽決했다. 맥아더와 니미츠 두 대장은 납득했다.

◈ 나는 히로히토(일본 천황) 개인에게는 아무런 감정도 가지고 있지 않다. 그러나 일본을 항복시키기 위해서 그를 이용할 필요가 있다. 만약 그를 처형한다면 충성을 맹서한 일본인이 있는 한, 전쟁은 계속된다. 그 수는 군대만도 500만 명이 있다. —레이히—

•주석 : 1945년 8월 10일, 일본정부가 천황의 안전보장을 구하는 문의를 해오자, 번즈 국무장관, 포레스털 해군장관은 일본 측의 제안을 거부해야 하며, '천황은 전범戰犯으로 처형되어야 한다'고 주장하자, 레이히 참모장은 일본 측의 요구를 수락하는 것이 좋다는 위의 내용을 건의했다. 그리고 주의 깊게 천황의 권위는 시인하지 않지만, 가해加害하지는 않겠다는 의향의 회답문을 보냈다. 일본은 8월 15일 항복했다. 트루먼 대통령은 레이히 참모장의 공적을 높이 평가하여 일본항복 발표 때 그를 동석케 했다.

◈ 참모에 있어서 가장 믿음직스러운 지휘관은 확실한 반응을 보여주는 존재이다. —브라우닝—

◈ 확실한 승리의 판단을 지휘관에게 제공하는 것이 참모의 임무라 생각하여, 격추되는 항공기의 귀중한 생명의 상실을 뜻하는 것도 있었다.

—브라우닝—

•주석 : 미드웨이 해전(1942. 6.)에서의 '승리계획'은 미드웨이 기지 항공기 100

대의 전멸全滅을 전제로 하여 작성되었다. 즉, 일본 항공기가 기지를 공격하고 항공모함에 귀환했을 때를 노려 공격함으로써 미 해군이 승전하여 태평양의 제해권을 미국이 다시 탈환했다.

◈ 참모는 비정한 직무이다. 그는 그 직무에 충실하자면 때로는 인간으로서의 피로를 느낀다. 훌륭한 참모란 참모 이상이 되어서는 안 된다고 생각했다. —브라우닝—

•주석 : 미드웨이 해전의 승리는 브라우닝 대령의 승리라 해도 과언이 아니다. 해전 후 그는 승진을 거절하고 곧 예비역 편입원編入願을 제출했다.

◈ 명령 또는 지시를 내리는 경우, 요구하는 결과에 대해서 명확한 용어로 규정되어야 하지만, 실행방법에 대해서는 정세즉응情勢卽應의 여지를 남겨두기 위해 일반적 표현으로 하는 것이 좋다. —킹—

◈ 독일의 어느 장군의 말에 의하면, 전반적으로 장교는 다음과 같이 분류할 수 있다. 즉 장교는 총명한 자, 어리석은 자, 근면한 자, 그리고 게으른 자이다. 장교는 적어도 이들 가운데 두 가지의 성격을 가지고 있다. 총명하고 근면한 자는 고급 참모에 적합하고, 어리석고 게으른 자는 그런대로 쓸 수 있다. 총명하나 게으른 자는 성질이 과격하고 모든 전황戰況을 처리할 수 있는 느긋함이 있어서 고급 지휘관에 적합하다. 그런데 어리석으면서 근면한 자는 위험성을 가진 자이니 빨리 사직케 해야 한다. —몽고메리—

•주석 : 어리석고 근면한 자는 하급 장교로서 써먹기는 좋지만, 지위가 올라가면 군을 어디로 지휘해 갈지 모르기 때문이리라.

◈ 나는 마음속으로 반대하고 싶었다. 히틀러는 독·소獨蘇 불가침조약은 서로 속을 알면서 한 홍정이었다고 말했다. 스탈린은 독일을 서부로 향하게 하여 거기서 영·미英美와 싸우게 하여 자멸自滅시키고 싶었고, 히틀러는 먼저 서부를 안전하게 해 두고 소련을 두들겨 동방을 안전하게 해두고 전쟁 종결을 하려고 했다. 서로의 마음속을 알고 있는 이상 대소對蘇전쟁은

빠를수록 좋다고 했다. 그러나 나는 병력 부족으로 실행이 불가능하다고 판단했다. 하지만 이것만으로 히틀러를 설득시킬 수가 없었다. 그래서 나는 수송능력, 특히 폴란드의 철도가 불비不備해서 그것이 수리 확장될 때까지 작전을 할 수 없다고 건의했다. —카이텔—

•주석 : 1940년 7월 말, 히틀러 총통이 소련 공격계획을 제안했을 때의 상황이다.

◈ 참모는 결코 지휘관이 아니다. 이것을 혼동하게 되면 군대는 이미 무정부 상태에 빠지고 만다. —데프네—

◈ 참모회의에서는 자기의 안案을 강력히 주장하라. 그러나 타인의 안을 비방해서는 안 된다. —모리 타케시森赳—

(모리 타케시(森赳, 1894~1945), 일본 육군 중장. 일본육사를 졸업하고 기병소위로 임관. 육군소장으로 진급하여 태평양전쟁에 참전했고, 1945년 육군중장, 근위 제1사단장에 취임하여 궁성경비를 맡았다. 1945년 8월 14일 포츠담 선언을 수락하고 종전한다는 명을 전달받았고, 8월 15일 패전을 인정하지 않는 무리들이 쿠데타에 참여하기를 요구했지만 거부했다.)

◈ 참모의 임무에는 지휘관의 정신을 압박하는 요소가 여러 가지 있다. 그 첫째는 막중한 책임이요, 둘째는 승리를 다투는 적이요, 셋째는 전장상황의 불확실성이며, 넷째는 상하급 지휘관의 의지의 자유이다.

참모 본연의 임무는 지휘관을 이러한 정신적 압박에서 벗어나게 하고, 그의 의지의 독립과 자유를 확보토록 하여 지휘관이 그의 능력을 유감없이 발휘할 수 있도록 보좌하는 데 있다. —정호용—

(정호용(鄭鎬溶, 1932~), 군인이자 정치인. 1955년 육군사관학교(11기) 졸업. 12·12 군사반란과 5·18광주 민주화운동진압에 가담했다. 제25대 육군 참모총장을 역임하고 대장으로 예편한 후 국방부장관과 내무부 장관을 역임했다. 12·12 군사반란과 5·18 광주 민주화운동 관련재판에서 반란, 내란 중요임무 종사로 대법원에서 징역 7년형을 선고받았으나 사면됐다.)

◈ 참모의 기능은 지휘관의 결심에 필요한 제반자료를 수집·정리하여 적당한 시기에 가장 훌륭한 방책을 건의하여야 한다. 지휘관의 결심을 얻으면 참모는 이를 실행에 옮기는 데 필요한 업무를 처리하고 그 실시를 감독한다. 특히 참모는 지휘관의 위임委任이 없는 한 지휘권을 행사해서는 안 된다.

—정호용—

◈ 참모의 활동은 지휘관의 의도를 명찰明察하고 단호하게 그 의지가 실천에 옮겨질 수 있도록 함으로써 지휘관의 권위와 덕망을 더욱 신장시켜 나아가야 한다. 이를 위하여 참모는 항상 지휘관의 분신分身과 같은 마음가짐으로서 하의상달下意上達을 도모하고 상하 의지의 일치와 내락內諾의 유지를 위하여 참모로서의 책임을 다하지 않으면 안 된다.

—정호용—

◈ 참모는 소요의 자료를 정비하고, 장수의 책안결심策案決心을 준비하고, 이것을 실행에 옮기는 사무를 처리하고, 또한 군대의 실행을 주시한다.

—『통수강령統帥綱領』—

◈ 참모, 특히 참모장을 신뢰하지 않고 또한 이를 갱신할 영단이 없는 장수의 통수는 실패한다.

—『통수강령』—

부하의 지도指導와 사기士氣

◈ 병사들과 아직 친근하기도 전에 벌을 주면 그들은 심복하지 않을 것이다. 심복하지 않으면 지휘·통솔하기 어렵다. 또 이미 친근했음에도 불구하고 벌을 행하지 않으면 위신이 서지 않아 지휘·통솔할 수가 없다. 그러므로 병사들에게는 깊은 이해심을 가지고 명령하고, 벌로써 지휘해야 하는 것이다. 그리하여 싸우면 반드시 승리하리라. —손자—

◈ 병사들이 극심한 위험에 빠지게 되면 오히려 그것을 두려워하지 않을 것이며, 빠져 나갈 길이 없으면 병사들은 더욱 단결할 것이다. —손자—

◈ 용병用兵에 능란한 장수는 병사를 마치 손목을 마주 잡고 가듯 하나로 움직이게 할 수 있는 것은 병사들로 하여금 싸울 수밖에 없도록 했기 때문이다. —손자—

◈ 장수가 병사들을 지휘하여 결전할 경우에는 마치 사람을 높은 곳에 오르게 하고 사다리를 떼어 버리는 것처럼 할 것이다. —손자—

◈ 장병들이 전투를 잘 하도록 하려면, 천 길 낭떠러지에서 돌을 굴리듯 그렇게 전세戰勢를 만들어야 한다. —손자—

◈ 모름지기 장수는 병사들을 갓난아기처럼 아껴야 하며, 그럼으로써 그들과 함께 위험한 깊은 계곡이라도 들어갈 수 있는 것이다. 장수가 병사들을 사랑하는 자식처럼 대하면 그들도 생사生死를 같이 할 것이다.

그러나 병사들을 너무 후대하면 부릴 수 없을 것이며, 사랑이 지나쳐 명령하지 못하면 문란해 다스리지 못할 것이다. 비유를 하자면 방자한 자식같아서 쓸 수 없게 된다. —손자—

◈ 지휘관이 간곡하고 장황하게 병사들에게 이야기하는 것은 신망을 잃었기 때문이다. —손자—

◈ 병사들을 난폭하게 다루고는 이윽고 이반離反을 두려워하여 달래는 것은 무능한 지휘관이다. —손자—

◈ 적을 죽이려면 병사들의 적개심을 유발시켜야 한다. 적의 이익, 즉 적의 비밀문서, 지도地圖, 무장 및 군량 등을 탈취하려면 장병을 상으로써 격려해야 한다. —손자—

◈ 장수와 병사들이 평시나 전시를 막론하고 신뢰감을 가지고 생사고락을 함께 한다면, 병력이 많은 대부대라도 상하가 일치단결하여 두 마음을 가지는 법이 없을 것이며, 부대의 능력을 효과적으로 발휘하게 하되 피로하지 않도록 한다면, 이를 어떤 작전에 투입하더라도 천하에 당해 낼 적이 없을 것이다. 이러한 군대를 '부자지병父子之兵'이라고 한다. —오자—

◈ 병사들이 앉기 전에 먼저 앉지 말 것이며,
병사들이 먹기 전에는 먹지 말 것이며,
추위와 더위를 병사들과 반드시 한가지로 할지니라.
이와 같이 하면 온 병사들은 반드시 죽을힘을 다할 것이니라.

—『육도六韜』—

•주석 : 군주가 출전하는 장수에게 주는 지침의 일부.

◈ 태공이 대답하였다.

"포상에는 신의가 있어야 하고, 처벌에는 예외가 없어야 합니다. 많은 사람들이 지켜보는 장소에서 신상필벌信賞必罰을 행한다면, 이를 직접 보고 듣지 못한 자들이라 할지라도 자기도 모르는 사이에 교화될 것입니다. 신상필벌의 효과는 국왕이 성심으로 시행함에 달려 있습니다. 성심은 하늘과 땅에도 통하고 신명神明에게도 통하는 것이니, 사람에게야 어찌 통하지 않을 리가 있겠습니까." —『육도』—

◈ 군을 지휘하는 자는 솔선수범하여 예하 지휘관이나 참모의 마음을 알아야 한다. 장수가 예하 지휘관이나 참모의 마음을 가다듬게 하지 못하면 그들이 사력을 다하지 않고, 그들이 사력을 다하지 않으면 일반 병사들이 결사적으로 싸우려고 하지 않는다. —울료자—

◈ 병사들이 자기 장수를 적보다 더 두려워한다면, 그 군은 반드시 승리하고, 병사들이 자기 장수보다 적을 더 두려워한다면, 그 군은 반드시 패배한다. —울료자—

◈ 너희들이 보다시피 이제 도주할 길이 없다. 살아서 돌아가려면 적과 싸우는 수밖에 별도리가 없다. —조조—

•주석 : 조조가 강적 원소(袁紹)와의 싸움에서 도주를 하다 마침내 도도히 흐르는 황하를 보고 더 이상 도주할 길이 없자, 그의 부하들에게 한 얘기이다. 조조군은 필사의 반격으로 적을 격파했다. 그가 편찬한 『위무제주손자魏武帝註孫子』(200)는 1972년 『죽간손자竹簡孫子』가 등장하기 전의 일반화된 『손자병법』이었다.

(조조(曹操, 155~220), 중국 후한 말기의 정치가이며, 장군. 후한이 힘을 잃어가던 시기에 두각을 드러내 여러 제후들을 격파하고 중국대륙의 대부분을 통일하여 위나라가 세워질 수 있는 기틀을 닦았다(훗날 위가 건국된 이후 추증된 묘호는 태조太祖, 시호는 무황제武皇帝이다). 조조는 삼국지의 영웅들 가운데 패자覇者로 초세지걸超世之傑이라는 평가와 후한을 멸망시킨 난세의 간웅奸

雄이라는 상반된 평가를 받는다.)

◈ 병사들에게 각종 방어용 무기를 공급하는 것은 병사들에게 공격무기의 사용법을 교육하는 것만큼이나 필요한 것이다. 왜냐하면, 병사들은 자신이 방어에 대비해서 적절히 무장되었다고 느낄 때에는 더욱 용기와 자신감을 갖고 전투에 임할 것이 분명하기 때문이다. —베게티우스—

◈ 병영兵營에서는 처벌과 공포를 주어야 하나, 야전에서는 희망과 보수를 주어야 한다. —베게티우스—

◈ 전쟁에 이기고 지는 것은 군사들의 많고 적음에 달려 있지 아니 하고 사람들의 마음가짐이 어떤가에 달려있을 따름입니다. 지금 우리 백성들의 마음은 한 뜻으로 함께 죽기를 원할 정도이니 백제를 두려워할 것이 없습니다. —김유신—

◈ 싸움마당에 임하여 용맹스럽지 못하면 효도가 아닙니다. —김유신—

•주석 : 629년 8월, 고구려의 남비성(지금의 청주)을 공격하다 역습을 당했을 때, 아버지를 따라 출전한 김유신의 말이다.

◈ 선천적으로 용감한 사람은 극히 드물지만 훌륭한 질서와 경험은 많은 사람들을 용감하게 만들고, 우리는 단순한 용기보다는 오히려 군대의 훌륭한 질서와 군기軍紀에 더 의존한다. —마키아벨리—

◈ 군대 내에 사기가 왕성하고 대원 각자가 명예를 걸고 싸움에 임하는 군대와 한편에서는 불평이 많고 남의 야심에 이용되어 어쩔 수 없이 싸우는 군대와의 사이에는 커다란 차이가 있다는 점이다. 예를 들면, 로마군이 집정관에게 통솔되던 시대에는 천하무적의 상태였는데, 십인회十人會에 통솔되자 항상 패전만 했다는 사실로도 알 수 있을 것이다.

—마키아벨리—

◈ 그들이 최초로 군에 입대할 때는 지극히 정중한 의식을 가지고 선서를 했다. 그는 어떠한 경우에도 부대의 군기軍旗를 버리지 않으며, 지휘관의 명령에 복종하며, 황제와 제국의 안전을 위해 신명을 바칠 것을 선서했다.…

정액의 봉급·임시 수당 및 일정 기간의 근무 후에 대한 규정의 보상·급여 등이 군대생활의 노고를 경감輕減하는 동시에, 한편으로는 비겁하거나 명령 불복종에는 준엄한 형벌을 면할 수 없었다.…

백인대장百人隊長은 구타·징계의 권한이 부여되어 있었고, 사령관(장수)은 사형에 처하는 권한을 가지고 있었다. 그래서 선량한 병사들은 적 이상으로 자기의 사령관을 두려워해야 한다는 것이 군기적 격언軍紀的格言이었다. —기번—

•주석 : 영국의 역사가 기번(1737~1794)의 명저『로마제국 쇠망사』(1776~1788)의 내용으로, 로마군대의 강력했을 때의 모습을 설명한 내용이다.

◈ 로마군대는 평화로운 때에도 전시훈련에 익숙해 있었다. 이것은 로마군을 적으로 하여 스스로 싸운 경험을 가진 고대의 역사가 플라비우스 요세푸스(37?~100?)가 한 명언名言이지만, 로마군에 있어서 유혈流血만이 전장과 훈련장을 구별하는 유일한 조건이었다. 탁월한 장군들은 물론이요, 황제들도 스스로 친히 사열을 하고 실례實例를 보여주고 이들의 군사훈련을 고무鼓舞하는 것을 근본정책으로 삼았다.…

이들 군주들은 평화로운 시대에도 전술을 성공적으로 계발시켰고, 제국이 무용武勇을 보유하고 있는 동안, 군사훈련은 로마군율의 완전무결한 전형典型으로 존중되었다. —기번—

◈ 보수가 많고 또 잘 훈련된 소수의 군대를 보유하는 것이 그렇지 않은 군부를 보유하는 것보다 더 좋다. 전투에서의 승리는 병력의 규모에 있지 않고, 질에 있는 것이다. —삭스—

◈ 로마인들은 그들 규율의 힘으로 세계를 정복했지만, 그 규율의 힘이 이완됨과 비례하여 그들의 권력도 저하되었다. —삭스—

◈ 친애하는 병사 여러분! 여러분은 먹으려 해도 빵이 없고, 입으려 해도 옷이 없고, 비를 피하려 해도 집이 없는 어려운 처지에 총을 베개로 동굴에서 자고 훌륭히 조국을 위해 싸워왔소. 그럼에도 불구하고 프랑스 정부는 재정곤란으로 여러분들의 놀라운 용기와 공헌에 대해 아무런 보답도 하지 못했소.

그러나 지금부터 사정이 다르오. 나는 여러분들을 이끌고 지구상에서 가장 부유하다는 롬바르디아의 평원에 진격하려고 하오. 넓은 평야의 풍요한 열매, 번영하고 있는 여러 도시에는 산처럼 쌓인 금은재보金銀財寶, 그 모든 것은 여러분들이 가져도 좋소.

병사 여러분! 여러분들은 지금 헐벗고 굶주리고 있으나, 조금만 나와 참아야 하오. 나와 더불어 진격하오. 우리들이 진격하는 곳에 영예와 부귀가 있소. 병사 여러분, 진격의 용기를 불러일으키지 않겠소! —나폴레옹—

• 주석 : 1796년 3월, 나폴레옹의 이탈리아 공략시攻略時의 연설이다. 그의 연설의 구성은 첫째, 병사들의 과거 공적을 높이 찬양하고, 둘째, 지금부터 달성하려는 공동목표를 명확히 하고, 셋째, 적을 업신여기고, 미혹적인 상을 언약함으로써 부하의 사기를 앙양하여 전승했다.

◈ 신병新兵과 고병古兵을 똑 같이 대우하는 것은 어리석은 일이다.

—나폴레옹—

◈ 실전實戰에 있어서는 사기와 의지가 일의 절반 이상을 점한다.

—나폴레옹—

◈ 인내심이 강한 한 병사는 피로한 한 개 대대보다 낫다. —나폴레옹—

◈ 장병 여러분, 4000년의 역사가 저 피라미드의 정상에서 여러분의 활동을

지켜보고 있소! —나폴레옹—

• 주석 : 1798년 5월, 이집트 원정을 했던 나폴레옹 군대는 사막의 열풍과 물의 부족 그리고 이집트군의 습격으로 어려움에 처했다. 그러나 수도 카이로 부근에서 결전이 전개되자, 나폴레옹은 천천히 피라미드를 가리키며 이 명언을 토했고, 또한 적병이 몸에 지닌 금·은·보석은 각자 가져도 좋다고 하여 전 장병의 사기는 샘물처럼 솟아나서 전승을 획득했다.

◈ 훌륭한 지휘관, 잘 조직된 체제, 양호한 교육 그리고 효율적인 제도에 의한 강한 훈련 등은 싸우고자 하는 명분과 관계없이 훌륭한 군대를 만드는 요소이다. 동시에 애국심과 열정적인 정신력 그리고 조국에 대한 명예심 등은 젊은 병사들에게 유리하게 작용한다. —나폴레옹—

◈ 군인의 첫 번째 자격조건은 극심한 피로와 궁핍한 여건에서도 견딜 수 있는 인내심이다. 용기는 그 다음 요소일 뿐이다. 고난과 궁핍 그리고 결핍이야말로 군인에게는 최고의 학교인 것이다. —나폴레옹—

◈ 병수兵數의 우세는 전술이나 전략에 있어서도 승리의 가장 일반적 원리이다. —클라우제비츠—

• 주석 : 나폴레옹 전쟁의 후기에 있어서는 각국의 군대는 무장, 편성, 훈련이 비슷했고, 서로 다른 것이라고는 장수의 능력과 군의 무덕武德 정도였기 때문에 이런 주장을 했다.

◈ 행동이 일치해야만 역량을 발휘할 수 있고, 질서가 있어야만 바람직한 행동의 일치를 이룰 수 있는 것이니, 규율은 곧 질서의 주춧돌이다. 만일 규율과 질서가 없다면 전쟁에서 승리할 가망이 없는 것이다. —조미니—

◈ 우리들은 병력 수에 있어서 적보다 열세하고 또한 장비도 그러하다. 그러나 적을 격파해야 한다. 이것은 우리들의 책략에 의해 결승점에 병력을 집결하고 또 우리들의 예기銳氣와 교육에 의해 우리의 사기를 진작시켜

적의 사기를 좌절시킬 수 있기 때문이다. —포슈—

◈ 흔히 있는 일이지만, 병사들이 죽지 않으면 안 된다는 결심을 일단 하게 되면, 훌륭하게 행동함으로써 떳떳이 인생무대를 퇴장하고 싶다는 욕망이 모든 다른 감정을 이겨버린다. —처칠—

◈ 군대적인 질서와 복종을 제외하고 군기軍紀를 생각할 수 없다는 것은 강조할 필요조차 없다. 군기는 전군의 결합을 유지하는 힘을 가지며, 군대는 군기에 의해서 비로소 그 활동을 할 수 있다. 군기는 또한 국군으로 하여금 그 바라는 통일된 행동을 할 수 있게 하며 개인을 전체 속에 융합시킨다. —루덴도르프—

◈ 사기를 결정하는 것이 지휘이다. —마셜—

◈ 군인의 마음, 군인의 혼, 군인의 정신, 이것이 무엇보다도 소중하다. —마셜—

◈ 군기란 단체의 이익을 위하여 자발적인 이해 깊은 각 개인의 복종이다. —마셜—

◈ 사기의 앙양을 유지하기 위해서는, 비록 적더라도 매일 성공하도록 노력할 필요가 있다. —레닌—

◈ 총력전에서는 최고의 지도자로부터 최하부에 이르기까지 모두 어떠한 상황에도 적응성을 가진 인간을 필요로 한다. —몽고메리—

◈ 전쟁에서는 병사의 사기야말로 전투수행의 최대이며 또한 유일한 요인이다. 전시에 있어서 사기를 높이기 위한 가장 훌륭한 방법은 싸움에서 승리하는 것이다. 훌륭한 장수란 가능한 한 최소의 손실로 전투에서 이기는 사람이다. —몽고메리—

◈ 군대에 있어서 가장 중대한 요소는 병사들의 사기이다. 장병의 사기가 저하해서는 몇 만발의 포탄을 가지고 있어도 무용지물이다. 그리고 병사들은 무기를 사용하고 있을 때 가장 사기를 높이는 것이니, 아무튼 포격을 계속하는 것이 적중돌파敵中突破의 비결이 된다. —로멜—

•주석 : 전차의 포격은 정지하고서 실시하는 것이 상식이지만, 로멜은 군함이 움직이면서 포격하는 것에 착안하여 전차도 진격하면서 포격케 하여 전격전電擊戰의 효과를 한층 더 높였다.

◈ 부하에게 필승의 신념을 가지게 하는 것은 쉽다. 그것은 승리의 기회를 많이 체험케 하면 된다. —로멜—

◈ 군인다운 성격 가운데 인간에게 가장 깊은 감명을 주는 것은 용기이다. 용기야말로 모든 군사행동을 성공시키는 기초가 된다. —맥아더—

◈ 우리가 육체를 구하려고 하면, 먼저 정신부터 시작하지 않으면 안 된다. —맥아더—

◈ 전력은 단결에 있으며, 단결은 승리를 가져온다. —맥아더—

◈ 장교단은 어떠한 병제兵制 가운데서도 그 심장이며 정신이다. 그것은 전군의 사기와 친화의 온상이며, 군사전문지식의 근원이 되어야 한다. —리지웨이—

◈ 전투의 성공은 사기士氣문제이다. —뒤 피크—

◈ 전투에 있어서 두 개의 물리적 힘이 아니라, 두 정신력이 충돌하는 것이다. 따라서 더 강한 자가 정복한다. —뒤 피크—

◈ 일치단결과 자신自信은 즉석에서 이루어질 수 없다. —뒤 피크—

•주석 : 군대는 즉석에서 편성될 수 없으며, 또 힘을 발휘할 수도 없다.

◈ 전진할 결의를 가진 자가 승리한다. —뒤 피크—

◈ 지휘를 할 수 있도록 되려면, 먼저 복종하는 것을 배워야 한다.

—웨이건—

◈ 전장戰場에서 패배하는 주요 원인은 다음에 무엇을 해야 하는지를 모르는데 있으며, 대부분의 경우 이것은 전장에서 무엇을 예기豫期해야 되는지에 관해서 충분히 훈련받지 못했기 때문이다. —올랜도 워드—

(워드(Orlando Ward, 1891~1972), 미국 육군사관학교 졸업, 육군 소장. 제1·2차 세계대전에 참전.)

◈ 자기 동료의 죽음과 더불어 어느 생존자가 앞이 안 보인다고 서러워하는 곳이 바로 전쟁터이다. —올랜드 워드—

◈ 하급자의 적극적 행동은 장려되어야 하고 또한 건의는 환영되어야 한다. 그래야 하급자는 그것에 의해 스스로 생각하고, 판단하고, 결정하고, 행동하는 것을 습득하기 때문이다. —킹—

◈ 필승의 신념이 전투의 절반을 구성한다고 하면, 그러한 적의 신념을 붕괴시킴으로써 전투의 절반은 아군의 손에 거두어들인 것과 다름이 없다. 왜냐하면, 싸우지 않고 전승의 아름다운 과실을 딸 수 있기 때문이다.

—리델 하트—

◈ 조국과 민족의 대의大義 앞에 신명身命을 다 바치겠다는 희생정신과 죽기를 각오하고 싸우면 반드시 이긴다는 사생관死生觀과 필승의 신념, 이것이 참다운 군인정신이요, 이러한 정신에서 우러나오는 뜨거운 전우애와 엄정한 군기軍紀, 그리고 왕성한 사기士氣는 바로 군의 단결과 정신전력精神戰力의 원천이 되는 것이다. —박정희—

•주석 : 1977년 9월, 제3사관학교 졸업식에서의 박 대통령의 유시에서.

◈ 한 국가의 병력 수를 최종적으로 결정하는 문제는 위정자의 판단에 달려 있고, 질적 문제는 거의 장수의 능력에 달려 있으며, 이 문제의 적절성 여

부는 전쟁의 승패를 좌우한다. —풍석—

◈ 효과적인 병사의 훈련원칙은 다음 두 가지가 있다.

· 첫째, 목적 의식의 철저한 고취, 즉 왜 싸워야 하느냐 하는 문제에 철저한 정신무장을 시킨다.

· 둘째, 실전에 바탕을 둔 철저한 훈련이다. —영국 육군—

• 주석 : 제2차 대전 초기 영국군은 독일군에 패하여 됭케르크에서 겨우 몸만 가지고 탈주했다. 그 후 그들은 독일군을 패배시키기 위해 위에 말한 장병의 훈련원칙을 세웠다.

군제, 조직 및 관리

◈ 군의 운용에는 반드시 제도를 먼저 확립해야 한다. 군제軍制가 확립되면 그 편제와 임무에 따라 장병들을 일사불란하게 통제할 수 있으며, 장병들을 일사분란하게 통제하면 군기를 확립하고 형벌을 명확하게 시행할 수 있다. —울료자—

◈ 조직을 가장 활발하게 움직일 수 있는 상태에 두기 위해서는 각자에 힘껏 일을 시킬 필요가 있다. 그러기 위해서는 유능한 소수의 사람에게 많은 일을 준다는 것이다. —킹—

◈ 전쟁에 준비부족이라는 구실은 필요치 않다. 따라서 첫째, 필요한 임무를 완전히 달성할 수 있도록 훈련되어야 하고, 둘째, 보유 장비는 언제나 최대 효과를 발휘할 수 있도록 유지되고 이용되어야 한다. —킹—

◈ 작전계획의 근본은 전력戰力의 모든 것을 헛됨이 없이 훌륭히 능률적으로 움직이는 데 있다. 따라서 훌륭한 작전을 생각해 내기 위해서는 조직이 언제나 유효하게 움직일 수 있도록 기구와 인원배치가 정비되어 있어야 한다. —킹—

◈ 군대를 구성하는 기본단위는 인간이며, 군대를 교묘히 운용하기 위해서

는 인간성을 잘 이해하는 것이 대단히 중요하다. —몽고메리—

◈ 노동자의 시간은 살 수도 있고 통제할 수도 있으나, 그들의 열성은 살 수가 없다. 노동자의 자발적인 창의력과 열성적인 협조정신은 산업에 필요 불가결한 것이다. —프란시스—

•주석 : 조직의 운영 관점에서 보면, 지당한 내용이다.

(프란시스(Clarence Francis, 1888~1985), 미국의 사업가. 루스벨트 대통령의 뉴딜 정책에 참여했고, 1949년 아이젠하워 대통령 특별고문을 역임했다.)

◈ 사람은 기계를 만든다. 그러나 기계는 사람을 낳지 못한다. 조직과 기계가 그 능력을 발휘하는 것은 사람에 의해서이다. —나카자와 다스쿠(中澤佑)—

•주석 : 군비軍備에는 무기·함선 등 '물적 군비'도 있지만, 이것은 '인적 군비'의 우선을 주장한 말이다.

(나카자와 다스쿠(中澤佑, 1894~1977), 일본 해군 중장. 1948년 12월 요코하마 군사법원 B급 전범판결에서 중노동 10년을 선고받았지만, 1952년 4월에 가석방된 후, 미국 해군 요코스카 기지에서 근무했다(1952~1962).)

◈ 아무튼 함께 있고, 취침하는 이외는 언제나 서로 시계視界 내에 있자는 것이다. 이것이 단체행동을 만드는 초보적 비결이다. —가니—

◈ 천하가 태평하려면 얕은 벼슬아치가 많은 반면 높은 벼슬아치는 적은 것이요, 반대로 천하가 어지러우면 높은 벼슬아치가 많아지고 얕은 벼슬아치가 적어지는 법이다. —규린셍(顧林曾)—

•주석 : 군대가 신진대사新陳代謝를 하지 못해 높은 계급에는 우글거리고, 아래 계급은 텅 비어 천하를 어지럽히게 됨을 말해주는 것이다.

◈ 조직이란 곧 배합이며, 결코 온갖 잡것을 끌어 모은다는 뜻이 아니다. 계획성 있고, 목적과 조리와 계통과 규율이 정밀하게 융합하여 최고도의 역량을 발휘함으로써 공동의 일치된 목적을 달성할 수 있는 것이어야 한다.

—장제스(蔣介石)—

◈ 각종의 조직은 그것이 무엇에 속하건 간에 반드시 '시간과 공간'과 밀접하게 배합되어야 한다. '시간'상으로는 급한 것, 느린 것, 먼저와 나중, 빠르고 느린 것 등을 고려해야 하고, '공간'상으로는 위와 아래, 방향, 멀고 가까운 것 등을 고려해야 한다. 배합이 치밀할수록 조직은 더욱 건전한 것이며, 그렇지 못하면 조직은 허술하고 약해져서 기대하는 바의 목적을 달성할 수 없게 된다. —장제스—

◈ 책임과 권한은 직무에 함께 따라다니는 것이다. 모든 직책에는 책임이 따르고, 모든 책임은 상당한 권한을 가지는 것이다. —장제스—

◈ 우리가 국가를 건설하고 군대를 창건하려는 데에 있어서 무엇보다도 먼저 제도의 확립이 있어야 한다. 제도가 확립되지 않는 한 장기적인 안정을 기할 수 없으며, 설사 요령으로 일시적인 승리를 얻었다 하여도 끝내는 실패하고 말 것이다. —장제스—

◈ 군사는 정치의 일환이며, 군제는 정치제도의 일부인 것이다. 그러므로 역대의 흥망성쇠가 정치제도 및 군사제도의 완전 여부와 밀접한 관계를 맺고 있다. —장웨이궈(蔣緯國)—

◈ 제도란 일체의 인간, 업무 및 물자, 이 세 가지를 질서정연하게 다루기 위한 종합적 표현이다. —장웨이궈—

◈ 제도는 부단히 혁신되고 발전하는 것이며, 개인의 재질과 능력을 무한히 발전·확장시켜 주는 힘을 가지고 있다. —장웨이궈—

◈ 제도란 반드시 조직의 정신과 체제에 의해서 표현되고 실천되어야 한다. —장웨이궈—

◈ 훌륭한 제도란 반드시 인간 본연의 정리情理와 천성天性에 순응하는 것이라야 한다. 그리고 반드시 제도에 의해서 인간의 네 가지 기본 욕구를 충

족시킴으로써 작업 열성도와 책임 관념을 동시에 증진시키도록 해야 한다. —장웨이궈—

•주석 : 인간의 네 가지 기본 욕구란, ① 정신적 의지, ② 안전의 보장, ③ 사회적 지위, ③ 신지식新知識의 획득 기회

◈ 단체가 개인을 돌봐주어 개인의 뒷걱정이 없을 때, 사람마다 기꺼이 일에 참여하여 책임을 지려고 한다. 애국심은 타고나는 것이기는 하지만, 역시 나라를 사랑하는 마음이 생기도록 고취해야 한다. —장웨이궈—

◈ 동서고금을 통해서 영구 불변적인 제도란 일찍이 없었던 것이다. 만약 그러한 제도가 있었다면 역사와 문화는 진보 없는 질식과 정돈停頓상태를 면치 못했을 것이다. —키안뮤(錢穆)—

(키안뮤(錢穆, 1895~1990), 중국의 유교학자, 교육자.)

◈ 한 국가의 군대 또는 군사능력이 갖는 효과는 그 군대의 규모, 구성, 장비, 군수능력의 범위 및 새로운 것에 대한 적응력에 의해 정해진다. —크라우스 노어—

◈ 관리란 계획하고 조직화하여, 지시하고 조정하며 통제하는 것이다. —앙리 파욜—

(파욜(Henri Faylor, 1841~1925), 오스만 제국에서 태어난 프랑스의 경영학자. 현대적인 관리방법의 창시자로 경영학의 아버지로 불린다. 주요저서로 『경영관리론』 등이 있다.)

◈ 통제란 모든 작전이 언제나 채용된 기획에 의거하고 있으며 또한 하달된 명령과 결정된 여러 원칙에 의거하여 실행되고 있는가를 확인하는 것이다. —앙리 파욜—

◈ 운영의 조직기능이란 기획, 조직, 지휘, 협조 및 통제이다. —앙리 파욜—

◈ 관리란 타인의 노력을 통하여 일정한 목적을 달성하는 것을 말한다.

—테리—

◈ 군사기획은 목적을 달성하기 위한 가장 훌륭한 행동방침을 사전에 선택하는 과정이다. 그러므로 예측기능은 기획에 있어서 하나의 중요한 부분이다. 기획에는 창의적이며 심오한 사고작용思考作用이 포함된다.

—빗슈라인—

◈ 군사조직이란 합의에 도달한 기획을 집행으로 옮기는데 필요한 여러 절차, 요소 및 조직기구를 충족시키는 과정이다. —빗슈라인—

◈ 모든 인간의 조직적 활동에 있어서 능률적으로 조직된 기구는 그 조직사기組織士氣의 위대한 창조자이며 또 지원자이다. —무니에—

◈ 우리들의 주요한 관심사는 '특정한 일군一軍의 어느 임무를 수행하기 위해 무엇이 필요한가'가 아니라, '어느 군사임무軍事任務를 수행하는 데 국방기구 전체로서 무엇이 필요한가' 하는데 집중되어야 한다. 이것은 병력량이나 계획의 수립뿐만 아니라, 주요 신무기의 개발에 관해서도 말할 수 있다. —휘처—

◈ 군사조직의 주목적은 모든 군사 활동의 주요 분야에 있어서 방위기구 내의 진실한 통일성을 성취하는 데 있다. 그 가운데서도 미국의 안전보장을 위하여 가장 중요한 것의 하나는 전략기획과 전략수행이다.

—아이젠하워—

•주석 : 1958년 1월, 아이젠하워 미 대통령의 일반교서에서.

◈ 과학적 운영에는 어떤 위대한 발명이나 또는 새로운 발견 그리고 놀라울 만한 사실들이 반드시 포함되어야 할 필요는 없다. 그러나 과학적 운영에는 옛 지식을 수집, 분석 및 분류한 다음에 그것이 하나의 과학이 될 수 있도록 하기 위하여 거기서 안출된, 즉 과거에 존재한 일이 없는 여러 기본

구성요소의 결합이 포함되어야 한다. —프리데릭 테일러—

(테일러(Frederick Winslow Taylor, 1856~1915), 미국의 경영관리 이론가. 노동에 대한 최초의 과학적 관리법인 '테일러 시스템'의 창안자이다. 후에 '포드 시스템'과 함께 세계 산업계에 커다란 영향을 미쳤다. 주요저서로 『과학적 관리의 원칙』(1911) 등이 있다.)

◈ 나는 행정상의 관리자 역할과 사기업私企業의 경영자 역할은 거의 같은 것으로 생각한다. 어느 경우에도 관리자는 선택할 수 있는 두 가지의 주요 행동진로에서 하나의 선택권을 가진다. '관리자'는 심판관으로도 또한 '지도자'로도 행동할 수 있다. 나는 수동적·심판자적 역할을 배제하고, 적극적·지도자적 역할을 수행함을 신념으로 하여 노력해 왔다.

—맥나마라—

(맥나마라(Robert Strange McNamara, 1916~2009), 미국의 국방부 장관. 하버드 경영대학원에서 MBA를 취득하고 교수가 되었다. 1943년 제2차 세계대전에 참전. 1946년 당시 경영난에 있던 포드자동차에 입사하여 1960년 11월 최초로 포드가家의 사람이 아니면서 대표가 되었지만 취임한 5주 후, 케네디 대통령에 의해 국방장관에 임명되었고, 정책결정에 체계분석을 적용했다. 1964년경 베트남전쟁은 '맥나마라 전쟁'이라고 불릴 정도로 적극적으로 개입했지만, 전쟁은 과학·전자계산화해서 해결하기에는 더 복잡한 문제였다. 베트남전쟁의 조기 평화를 희망한 그는 평화와 안전보장에는 군대보다 경제적 개발이 더 중요하다고 생각하여 1967년 국방장관을 사임하고, 1968년부터 1981년까지 세계은행 총재를 역임했다. 주요저서로 『안전보장의 본질적 요소』(1968) 등이 있다.)

◈ 군제軍制란 국가가 군대를 건립하여 유효하게 활용될 수 있게끔 유지하여 국가가 지니고 있는 실제 및 잠재적 군사 역량을 어떻게 발전·지원·통제할 것인가 하는 방법을 제시해주는 제반규정을 뜻한다.

—중화민국의 『군제학軍制學』에서—

◈ 국가가 전쟁수행을 위하여 준비하는 제반 설비를 군비軍備라 하고, 군비에 관해서 상세히 규정하는 제반 제도를 군제(군사제도)라고 한다.

—중화민국의 『군제학』에서—

◈ 직권은 직책에 따라서 발생한다. —미군 규범에서—

제 4 장

전략·작전술 그리고 전술

12. 첩보와 정보
13. 전략·작전술 그리고 전술의 본질과 정의定義
14. 작전계획
15. 작전수행
16. 지형과 기상
17. 군수軍需
18. 핵무기와 핵전략

첩보와 정보

◈ 정보용어의 개념은 아래와 같다.

◁ 첩보(Information)란 정보작성에 기초가 되는 모든 사상事象에 관한 지식이다. 이것은 평가·해석되지 않은 정보자료이며, 모든 사상事象의 과거·현재·미래에 관한 보고, 서적, 시찰, 견문, 도표, 물건, 현상 등 확인되지 않은 자료이기 때문에 단편적이고 부정확하며 허위일 때도 있다.

◁ 정보(Intelligence)란 수집된 첩보를 평가·분석·종합 및 해석한 결과로서 얻어진 지식이다. 이러한 결론은 정보 사용자들이 계획수립 및 수행에 있어서 직접 또는 잠재적인 기초로서 활용할 수 있는 특수지식이어야 하며, 또한 적시적適時的이고 정확하며 완전성을 갖춘 모든 사상事象에 관한 지식이어야 한다. —중앙정보부 편, 『정보용어집』(1968)—

•주석 : 요즘의 군사잡지 혹은 군사문헌에는 '첩보'와 '정보'의 개념이 명확하지 않고 혼용되는 경향이 있기에 밝혀둔다.

◈ 그러므로 저편의 능력과 의도를 알고 이편의 그것을 알고 있으면, 백번 싸워도 위태롭지 않다. —손자—

•주석 : 이 명언의 원문은 "知彼知己 百戰不殆"이다. 군사전문가 가운데 '정보'의 중요성을 가장 많이 강조한 것은 손무(孫武)이리라.

◈ 미묘하고 또 미묘함이여, 정보활동을 하지 않는다면 승리를 획득할 수 없다. —손자—

•주석 : 6·25전쟁 초기작전에 있어서 3일 만에 수도 서울이 인민군에 의해 점령당하고, 또한 한국군이 패배한 원인은 무엇일까? 1960년대 후반, 공군사관학교 교수부 군사학과장(중령)으로 있을 때, 국방부 전사편찬위원회 문희석(해병대 준장출신) 위원장을 찾아가서 채병덕 참모총장의 6가지 모순된 조치에 대해 질문했다. 문 위원장은 필자를 말없이 바라보더니 말문을 열었다. "2차의 심야파티는 국일관國一館에서 25일 오전 2시까지 진행되었고, 그 비용은 정국은(鄭國殷)이 지불했는데 더 큰 사건이 있지만" 하더니 말을 멈추고 말았다.

정국은(당시 「연합신문」 주필)은 1953년 8월 육군 특무대에 의해 간첩으로 체포되었고, 동년 12월 육군 고등군법회의에 회부되어 사형 언도를 받아 1954년 2월 19일 사형에 집행되었다. 6·25전쟁 당시 사단장 그리고 육군 총참모장을 역임한 이형근(李亨根) 대장은 '회상기'(1993)에서 다음과 같이 밝혔다. 즉, "나는 여기서 6·25전쟁 전후에 나타난 10대 불가사의를 지적함으로써 향후 국가방위를 위한 교훈으로 삼고 싶다.… 나는 6·25 초전의 전후사정을 종합 판단할 때 군 내외에서 좌익분자들이 긴밀하게 합작, 국군의 작전을 오도했다고 확신한다."

◈ 간첩활동의 성과야말로 전쟁의 가장 중요한 요소로서 전군은 그 활동을 믿고 행동하는 것이다. —손자—

◈ 총명한 군주나 현명한 장수가 행동만 하면 적에게 승리하고 여러 사람들보다 출중하게 공을 세우는 것은 먼저 적정敵情을 알기 때문이다. —손자—

•주석 : 예컨대, 미드웨이 해전(1942. 6. 5.)에 있어서 미국 해군은 전투정보반의 활약으로 일본 해군의 암호를 해독하여, 일본 해군의 공격목표·작전부대 및 공격날짜 등을 사전에 알았다. 그러나 일본 기동함대는 미 항모가 접근해 있다는 것을 알지 못하고 미드웨이 기지를 공격하고 귀함하여 항공기의 재보급·무장을 했다. 그런데 이 기회를 포착하여 스프

루언스(Raymond Ames Spruance) 제독은 모든 항공기의 발진을 명하여 기습공격을 가해서 기적적인 승리를 획득했다. 즉 이 해전에서 미 해군은 항모·구축함 각 1척과 항공기 150대의 손실에 비해, 일본 해군은 항모 4척, 중순양함 1척, 항공기 322대를 상실했다. 미 해군의 전사자는 307명인데, 일본은 3,500여명 그 가운데 우수한 조종사 100명이 포함되어 있었다. 이 해전으로 태평양의 제해·제공권은 일본 해군에서 미 해군으로 옮겨지는 전환점이 되었다.

◈ 이러한 상태로 몇 해를 적과 대치하여 많은 비용을 쓰고 또 국민을 괴롭히면서 하루의 승리를 다투는 것이다. 이런 상황 아래서 작록爵祿으로 지급하는 백금百金 정도의 예산을 아껴 적정敵情을 알지 못해 전쟁에서 패배하여 나라가 멸망한다면 이보다 더 큰 죄악은 없다. 그러한 사람은 국민을 위한 장수라 할 수 없고, 군주에 대한 보좌도 되지 않으며, 승리의 주체가 될 수도 없다. —손자—

◈ 먼저 적의 상황을 안다는 것은 귀신에게 빌어 알 수 있는 일이 아니며, 유사한 사실을 유추하여 알 수도 없고, 일정한 법칙에 의해서 파악되는 것도 아니며, 반드시 적의 상황을 알고 있는 자에게서 알아내야 한다.

간첩의 종류에는 다섯 가지가 있다. 즉 향간鄕間, 내간內間, 반간反間, 사간死間, 생간生間이다.

(1) 향간이란, 그 고장 주민을 이용하는 간첩이다.
(2) 내간이란, 적의 관리를 이용하는 간첩이다.
(3) 반간이란, 적의 간첩을 역이용하는 간첩이다.
(4) 사간이란, 허위사실을 이편의 간첩에게 믿게 하여, 그것을 적에게 전달하는 간첩이다.
(5) 생간이란, 적국에 잠입하여 첩보활동을 하고 돌아와 보고하는 간첩이다. —손자—

◈ 적의 계략을 간파하는 일은 지휘관에게 주어진 가장 큰 임무이다. 적의 의도를 미리 알아두는 것만큼 지휘관에게 있어서 소중하고 필요한 일은 없다. 이것은 테베의 에파미논다스의 말이다. 실상 적의 심중을 간파하기란 어려운 일이므로 적의 계획을 추측할 수 있는 비법을 쓸 줄 아는 인물은 아무리 칭찬해도 모자랄 지경이다. –마키아벨리–

◈ 정보라는 말은 적군 및 적국에 관한 지식의 전체를 뜻하며, 따라서 전쟁에 있어서 아군의 계획 및 행동의 기초를 이루는 것이다. –클라우제비츠–

◈ 정보가 많다고 해서 판단이 쉬워지는 것은 아니다. 걱정거리의 씨앗이 더 많아지는 경우도 있다. –클라우제비츠–

◈ 전장戰場의 첩보 대부분은 허보虛報이다. 그리고 공포감은 이것을 더욱 조장한다. –클라우제비츠–

◈ 정보활동은 그 본질에 있어서 유일한 최상의 답을 탐구하는 이외의 아무것도 아니다. –켄트–

◈ 거의 정보기관이 부패에 빠져 있었고, 그들은 국가 내에서 그들 자신의 위치나 확보하려 들고, 그들의 영향력이나 확장하려고 들었다. –나세르–

•주석 : 1967년 6월, 제3차 중동전쟁에서의 이집트군의 패인敗因에서.

◈ 아랍측은 10월에는 절대로 공격해 오지 않을 것이라는 맹목적인 믿음과 어떠한 공격이라도 사전에 충분히 탐지할 수 있으며, 이집트군은 수에즈 운하를 건널 수 없다고 하는 적에 대한 경멸과 자신自身에 대한 과신過信 등이 중요한 판단을 그르치게 했다. –골다 메이어–

•주석 : 1973년 10월, 아랍군의 기습에 대한 전략정보 판단의 실패를 이스라엘의 메이어 수상이 회고했다.

(메이어(Golda Meir, 1898~1978), 이스라엘을 건국한 정치인 중의 하나. 신생 이스라엘 공화국의 노동부 장관, 외무부 장관을 거쳐 총리(1969~1974)를 역임.

메이어는 영국의 마거릿 대처 등이 이 별명을 이어받기 전까지 '철의 여인'이라고 불리었다.)

◈ 전략은 적의 계획, 의도 및 능력에 대한 정확한 판단에 근거해야 하며, 정보는 정책 결정자에게 탁월한 전략의 수립과 실행에 도움을 준다.…

정보는 단순한 첩보 이상의 것을 말한다. 그것은 정책 결정자들의 요구에 맞추어 외국의 계획과 의도를 탐지하기 위해 수행되는 은밀한 수집방법을 필요로 한다. —로저 조지—

◈ 정보 실패에 대한 본격적인 학문적 동기는 과거의 많은 전략적 기습 사례에 대한 관심과 흥미에 기인한다. 이를테면, 진주만 공격, 1941년 독일의 소련 침공, 1950년 북한의 남침과 중공군의 개입, 1967년과 1973년 두 차례에 걸친 중동전쟁, 북베트남의 신년 연휴공격, 1968년 소련의 체코침공, 1979년 소련의 아프간 침공, 1982년 아르헨티나의 포클랜드 침공, 1990년 이라크의 쿠웨이트 침공 등등, 이 모든 사례가 두 가지 공통된 문제와 관련이 된다.

- 첫째, 다가오는 기습공격의 징후가 있었음에도 불구하고 지휘계통 체계에 따라 위에까지 효율적으로 보고되지 않았다는 것이다.
- 둘째, 정책 결정자들에게까지 올라온 정보들이 파편적으로 이루어져 정책 결정자들이 갖고 있던 확고한 전략적 평가와 맞지 않아서 그냥 기각되어버렸다는 것이다. —리처드 베츠—

(베츠(Richard K. Betts, 1947~), 미국 컬럼비아 대학교 교수. 하버드 대학교에서 박사학위 취득하고, 동대학교 교수 등을 역임. 주요저서로 『군인, 정치가, 냉전의 위기』(*Soldiers, Statesman, Cold War Crises*, 1977), 『핵 협박과 핵 균등』(*Nuclear Blackmail and Nuclear Balance*, 1987), 『미국의 힘 : 국가안보의 위험, 망상과 딜레마』(*American Force : Dangers, Delusion and Dilemmas in National Security*, 2012) 등이 있다.)

◈ 외국정보(foreign intelligence)라는 용어는 외국정부, 혹은 그 일부와 외국의

조직이나 능력, 의도 혹은 활동에 관한 첩보(information)를 뜻한다.

—미국의 국가안전보장법(1947)—

◈ 정보란 관찰, 조사, 분석 혹은 해석을 통하여 수집한 적에 대한 첩보나 지식을 뜻한다.

—미국의 합동참모본부(2001)—

◈ 정보활동의 목적은 적정, 지형, 기상 등에 관한 여러 정보를 수집 심사하여 지휘관의 결심 및 지휘에 필요한 자료를 얻는 데 있다.

—구舊일본군의 『작전요무령』—

◈ 수집된 첩보는 확실한 심사에 의해 그 진부眞否, 가치 등을 결정할 필요가 있다. 이것을 위해 먼저 각 첩보의 출처, 탐지의 시기 및 방법 등을 고찰하여 정확도의 정도를 판정하고 다음에 이것을 관계 여러 첩보와 비교 종합하여 판결을 내린다. 가령 판결을 내린 정보라 할지라도 더욱 심사를 계속할 성의가 필요하다.

—구일본군의 『작전요무령』—

◈ 첩보의 심사에 있어서 선입감이나 혹은 정확한 근거가 없는 상상에 빠지지 않도록 해야 한다.

—구일본군의 『작전요무령』—

전략·작전술 그리고 전술의 본질과 정의定義

◈ 『군사용어사전』에는 전략·작전술 그리고 전술에 대해 아래와 같이 정의定義하고 있다.

- 전략(Strategy) : 승리에 대한 가능성과 유리한 결과를 증대시키고 패배의 위험을 감소시키기 위해 여러 수단과 잠재 역량을 발전 및 운용하는 술術·과학.
- 작전술(Operational Art) : 지휘관과 참모들이 군사전략목표를 달성할 수 있도록 전역 또는 주요 작전을 구상하고 군사력을 조직하여 운용하기 위해 자신들의 숙련된 능력·지식·경험을 창의적으로 적용하는 것.
- 전술(Tactics)
  - (1) 전투시 부대의 운용
  - (2) 아군 상호간 혹은 적과 관련하여 부대의 모든 잠재력을 발휘하기 위한 질서 있는 부대배치(배열) 또는 기동.
  - (3) 작전술 수준에서 설정된 목표달성을 위해 가용한 전투력을 통합하여 적을 격멸하는 전투와 교전에서 적용하는 활동.

◈ 전쟁과 전략의 논리(logic)는 어느 때 어느 곳이든, 세계적 보편성을 지니고 있다. 그 이유는 전쟁이란 인간의 행위이고 인간의 본성이 현대 문명의 물질적인 발전에도 불구하고 근본적으로 변하지 않았기 때문이다. 수천 년 전에 살았던 사람들의 마음을 움직였던 흥분된 격정이 오늘날 우리에게도 똑같이 적용된다.

19세기 프로이센의 군인이자 철학자인 클라우제비츠의 『전쟁론』과 고대 중국의 병법가 손무(孫武)가 저술한 『손자』는 서로 전혀 다른 시대적·문화적 배경에서 살았음에도 불구하고 그들이 저술한 전쟁이라는 현상은 동일하다. 다만 그동안 시간이 지나면서 변한 것은 전쟁의 성격과 수행(character and conduct of war)-어떻게, 누구에 의해, 어떤 목적으로 싸웠나-이다.

—토마스 만켄—

(만켄(Thomas G. Mahnken, 1965~), 미국 남부 캘리포니아 대학교에서 석·박사학위를 받았다. 미국 해군전쟁대학 전략 교수(1997~2006), 국방부 부차관(2006~2009)을 역임했다. 주요저서로 『1945년 이후 미국의 전쟁기술』(2010), 『21세기를 위한 경쟁전략』 등이 있다.)

◈ 전략이란 전쟁을 이기는 방법에 대한 것이다. 목표와 수단의 관계처럼 정치적 목적과 군사력 사이에 없어서는 안 될 고리이다. —토마스 만켄—

◈ 전략의 범위는 합의와 설득, 협박과 강압, 심리 및 물리적 효과는 물론 언어와 행위까지를 포함한다. 전략이 정치술의 핵심인 것은 바로 이 때문이다. 전략은 본래 알력이 시작된 시점에서 얻을 수 있는 것보다 더 얻어내는 것을 목표로 하기 때문이다. 전략은 권력을 만들어내는 기술이다.

—베아트리체 호이저—

(호이저(Beatrice Heuser, 1961~), 영국 런던왕립국제문제연구소 연구위원, 옥스퍼드 대학교에서 정치학 박사취득. 레딩 대학교 교수로 재직. 전략사상사, 핵전략 등 전략문제를 연구하고 있다. 주요저서로 『냉전시대의 서구 봉쇄 정책, 1948~1953』(1989), 『클라우제비츠 읽기』(*Reading Clausewitz*, 2002),

『클라우제비츠 이전의 전략』(2017) 등 다수의 저서가 있다.)

◈ 병법은 속임수이다. —손자—

• 주석 : 원문은 '兵者詭道也'이다. 좀 더 이해하기 쉽게 풀이한다면, '병법은 군사목표를 달성하기 위한 임기응변의 속임수이다.'라고 할 수 있다. 그리하여 적을 기만하는 술術 네 가지, 적을 다루는 술 여덟 가지, 적을 공격하는 술 두 가지, 모두 열네 가지 방법을 명시했다. 이것은 오늘날의 군사용어로 표시하면, 병법이란 전쟁술(art of war), 즉 전략·작전술 그리고 전술을 뜻한다.

◈ 군대가 적과 마주쳐서도 패배하지 않는 것은 공격(奇)과 방어(正)를 적절하게 하기 때문이다.

전투가 전개되면 마치 돌로 달걀을 치듯 적을 격파할 수 있는 것은 집중된 병력(實실)을 가지고 분산된 적(虛허)을 치기 때문이다.

모든 전투는 적의 공격을 능히 막을 수 있는 방어(正)로써 나아가, 적을 이길 수 있는 공격(奇)으로써 승리하는 것이다. —손자—

• 주석 : 正이란 적의 공격을 능히 막을 수 있는 방어를 뜻하고, 奇란 적을 이길 수 있는 공격을 뜻하며, 正이 奇로 변하고 또 奇가 正으로 변한다는 것이 기본원칙이다. 이것은 『노자老子』에서 비롯된 변증법(Dialektik)이라 추정한다.

『손자병법』의 연구에 있어서 奇·正과 虛·實의 해석과 상호관계는 핵심 내용이며 대단히 중요하다. 전장의 최고지휘관은 먼저 피·아彼我의 군세에 대한 虛實을 파악한 연후에 奇正의 병법을 운용할 수 있다. 예컨대 6·25전쟁 때(1950년 8월, 9월) 아군의 낙동강 방위선은 正이고, 인천상륙작전은 奇에 해당하는 것이다.

◈ 전투에 있어서 세勢라는 것은 공격과 방어에 불과하지만 그 변화에서 비롯한 전략·전술은 이루 다 헤아릴 수 없는 것이다. —손자—

◈ 전투는 적을 기만하는 것으로서 성립하고, 이로운 방향에 좇아 행동하는 것이다. —손자—

◈ 태종이 말하였다.

"짐은 여러 병서兵書를 보았지만, 모두 『손자병법』에서 벗어나지 않았으며, 손무의 13편은 모두가 허실虛實에서 벗어나지 않는다고 생각되오. 용병에 있어서 허실의 세勢를 잘 알고 있으면 싸움에서 승리하게 마련이요. 지금 여러 장수들은 '적의 세가 실實한 경우에는 싸움을 회피해야 하고, 적의 세가 허虛한 경우에는 적을 공격해야 한다'고 말은 하고 있으나, 막상 적과 부닥치게 되면 허실의 세를 정확히 파악하여 대처하는 자가 많지 않을 것이오. 이것은 적을 유인하여 적의 세를 완전히 파악하지 못하고, 도리어 적에게 유인을 당하여 군세를 적에게 노출시키기 때문이오. 경은 여러 장수들을 위하여 이에 대한 병법의 요점을 말해 주기 바라오."

이정이 대답하였다.

"장수들에게 병법을 가르치려면, 먼저 기奇와 정正이 서로 변화한다는 것을 가르친 다음에야 허·실의 군형을 가르칠 수 있을 것입니다. 대부분의 장수들은 우리 군형을 기에서 정으로, 정에서 기로 전환하는 술책을 모릅니다. 그러니 적군의 허 가운데 실이 있고, 실이 변하여 허가 되는 사실을 어찌 알겠습니까?" —『이위공문대』—

•주석 : 『이위공문대李衛公問對』 : 중국 당나라의 이정(李靖)이 저작한 병법서이며, 3편으로 구성되어 있고, 무경칠서武經七書 중의 하나이다. 당태종唐太宗 이세민(李世民)과 이정(이위공李衛公)이 역대 병법과 병법가, 혹은 장군이나 재상 등의 인물을 화제로 서로 이야기한 형태로 전개된다.

◈ 정正이 없으면 기奇를 이루지 못하고, 奇가 없으면 正을 이루지 못한다.… 체體와 용用은 서로 떨어질 수 없다는 말은 바로 이것을 가리킨 것이다.

병법은 공격과 방어에 쓰고, 군세의 허·실虛實은 奇·正의 운용에서 나타난다.…

장수는 먼저 피·아의 군세에 대한 허·실을 파악한 다음에야 기·정의 병법을 운용할 수 있다. —『무신수지武臣須知』—

•주석 : 평화로운 시대에 관직도 낮고 또 약력마저 전해지지 않는 이정집(1741~1782)·이적(?~1809) 부자父子가 20여년 간의 노력으로 저술한 『무신수지』(1809)는 병서兵書로서 뿐만 아니라, 무인의 교양서로도 훌륭한 내용을 갖추고 있다. 특히 기정·허실에 대한 해석은 훌륭하다고 생각한다. 예컨대 6·25전쟁에 있어서 1950년 8월·9월 북한 인민군의 총공세는 實이고, 이에 대응하는 한국군과 유엔군의 낙동강 방어선은 正이며, 9월 15일 맥아더 장군의 인천상륙작전은 인민군의 虛에 대한 奇로써 승리한 전례戰例이다.

◈ 일반적인 일에서는 어떤 경우라도 간계를 써서 상대를 속이는 것은 꺼려야 할 일이다. 그렇지만 단지 전쟁에서만은 칭찬할 만한 일이고 명예도 얻을 수 있는 일이다. 따라서 계략을 써서 적을 격파하는 일은 힘으로 적을 타도하는 경우와 똑같이 찬양받아 마땅하다. —마키아벨리—

◈ 적의 의도를 미리 알아두는 것만큼 지휘관에게 있어서 소중하고 필요한 일은 없다. 이것은 테베의 에파미논다스의 말이다. 실상 적의 심중을 간파하기란 어려운 일이므로 적의 계획을 추측할 수 있는 비법을 쓸 줄 아는 인물은 아무리 칭찬해도 모자랄 지경이다.

경우에 따라서는 적의 의도를 예측하는 것이 적의 행동을 알아차리는 것만큼 어렵지 않다. 그리고 적의 바로 곁에서 적의 행동을 짐작하기 보다는 멀리서 적을 관찰하고 그 행동을 알아내는 편이 쉬운 법이다.

—마키아벨리—

•주석 : 이 내용은 『손자병법』의 "적을 알고 나를 알면 백 번 싸워도 위태롭지 않다"(知彼知己 百戰不殆)는 내용을 설명하고 있다. 적을 안다는 것은 무엇을 뜻하는가? 적의 능력(무엇을 할 수 있는가)과 의도(무엇을 하려고 하는가)를 알아야 한다. 이것이 전략·전술 수립의 기초가 되어야 한다.

◈ 전투에서 이긴다는 것은 여러분의 적을 굴복시켜, 그 진지를 여러분에게 넘겨준다는 것이다. —프리드리히 대왕—

◈ 전략의 요결은 작전선의 결승점에 대해 가능한 한, 많은 집단의 병력을 사용하는 데 있다. —나폴레옹—

◈ 전술은 결코 포기하는 것을 허락하지 않는 일정한 원칙을 가진 기술이다. —나폴레옹—

◈ 전략은 시간과 장소를 사용하는 학문이다. 나는 장소에 관해서는 인색하지 않지만, 시간에 관해서는 몹시 인색하다.

우리들은 잃었던 장소는 다시 회복할 수 있지만, 잃었던 시간은 결코 회복할 수 없다. —나폴레옹—

◈ 전쟁술은 기계역학과 같으며, 시간, 중력 그리고 힘의 세 요소로 구성되어 있다. —나폴레옹—

◈ 용병술은 극히 간단한 원칙으로 성립되어 있지만, 만사는 실시에 있다. —나폴레옹—

◈ 군대는 그들의 전술을 10년마다 변경하지 않는 한 질적으로 우수한 군대가 못된다. —나폴레옹—

•주석 : 과학기술의 진보속도가 빠른 오늘날에 와서는 10년은 길고, 더 짧아져야 할 것이다.

◈ 좁은 의미의 전쟁술(art of war)은 주어진 수단, 즉 무장되고 장비된 전투력을 투쟁에 있어서 사용하는 술(術, art)이다. 이런 의미에서 전쟁술은 전쟁수행(conduct of war)이라는 명칭이 가장 적합하다. 이에 반하여 넓은 뜻의 전쟁술은 전쟁을 위한 모든 활동이 여기에 속한다. 따라서 군사력을 창설하는 데 필요한 전반적 활동, 즉 징병·무장·장비 및 훈련이 여기에 속한다.

따라서 우리들의 구별에 의하면, 전술(tactics)이란 전투에 있어서 군사력을 사용하는 것을 말하며, 전략(strategy)이란 전쟁의 목적을 달성하기 위해서 전투를 사용하는 것을 말한다. —클라우제비츠—

• 주석 : 좁은 뜻의 전쟁술이란 전략과 전술을 뜻하며 그 정의定義를 분명히 밝혔다. 오늘날 전략과 전술 사이에 작전술(operational art)을 삽입하고 있다. 그리고 전략은 군사전략(military strategy)으로만 생각하지 않고, 한 단계 높여서 국가정책에 의해 결정된 국가목적을 달성하기 위해 국가의 모든 자원을 운용하는 기술(art)과 과학(science)을 대전략(grand strategy) 혹은 국가전략(national strategy)이라는 용어가 등장하게 되었다.

◈ 원래 그리스어의 전략이라는 말이 궤계詭計라는 말에서 유래하였고, 그 후 전쟁의 성질에 많은 규모와 표면상의 변화가 있었음에도 불구하고 오늘날 아직 전략 그 자체의 본질이 여전하게 궤계를 시사하고 있다는 것은 당연한 것으로 생각된다. —클라우제비츠—

◈ 전쟁술은 살아있는 힘과 정신적 힘을 다루고 있기 때문에 절대적인 것, 확실한 것에 도달할 수 있는 것이 아니다. 따라서 전쟁술에는 많든 적든 언제나 추론의 여지가 남아 있는 것이다.…요컨대, 용기와 자신自信은 전쟁에 있어서 본질적인 원리라는 것이다. —클라우제비츠—

◈ 방어라는 전쟁 형식은 그것 자체로서 공격이라는 전쟁 형식보다 강력하다고 말해야 한다. —클라우제비츠—

• 주석 : 클라우제비츠는 『전쟁론』의 '제6편 제1장'에서 위의 내용을 소개하고, '제3장'에서 여섯 가지 그 이유를 밝혔다. 그럼에도 불구하고 후대 독일의 군사전문가들은 위의 내용을 신랄하게 비판했기에 그의 옹호자들도 클라우제비츠가 위의 구절을 '기록하지 않았으면 좋았을 것인데.'라고 한탄하기도 했다. 그러나 필자는 그들이 클라우제비츠의 방어와 공격의 변증법(Dialektik), 즉 방어가 공격으로 변하고 또한 공격이 방어로 변한다는 것을 이해하지 못했을 뿐만 아니라, 『전쟁론』도 제대로 읽지 않았기 때문이라고 생각한다. 즉 클라우제비츠는 "따라서 어떠한 방어도 방어의 이점을 모두 활용했다면, 곧 공격으로 옮겨야 한다는 것을 반복하여 지적해 둔다."(제8편 제4장)고 했다.

◈ 교전交戰에서의 방어적 체제라는 것은 결코 단순한 방패와 같은 것으로 생각해서는 안 되며, 교묘하게 공방攻防 양용으로 사용되는 방패로 생각해야 한다.…

무릇 적극적 원리를 결여한 방어는 전술에서와 마찬가지로 전략에 있어서도 그 자체가 모순이라는 것이 우리들 본래의 주장이 되지 않으면 안 된다. 따라서 어떠한 방어도 방어의 이점利點을 모두 활용했다면, 곧 공격으로 옮겨야 한다는 것을 반복하여 지적해 둔다. —클라우제비츠—

◈ 전투는 곧 투쟁이며, 이 투쟁의 목적은 적의 격멸擊滅 또는 정복征服에 있다. —클라우제비츠—

◈ 전략은 전쟁의 목적을 달성하기 위한 전투의 사용이기 때문에, 전략은 모든 군사행동에 대해 그 목적에 상응하는 목표를 설정해야 한다. 즉 전쟁계획을 세우고, 행동의 순서를 그 목표에 결부시키고, 행동이 목표를 달성하도록 안배한다. —클라우제비츠—

◈ 전략은 전투를 해야 하는 지점·시간 및 그 전투에 필요한 전투력을 결정한다. 이 삼중三重의 결정을 통하여 전투의 개시에 대단한 본질적인 영향을 미친다.…

지금 유럽에서는 군대의 무기, 편성, 그 밖의 기술 등은 대단히 유사하고, 다만 군대의 사기와 장수의 능력이 약간 다를 뿐이다. 근대의 유럽 전사戰史를 살펴보아도 마라톤 전투와 같은 전례戰例는 찾기 어렵다.

—클라우제비츠—

◈ 전략은 일종의 방편方便의 체계이다. 그리고 그것은 지식 이상의 것이며, 지식을 실제생활에 적용한 것이고, 기본구상을 상변常變하는 상황에 의거하여 발전시킨 것이다. 전략은 가장 어려운 조건하에서의 행위술行爲術이다. —몰트케—

◈ 적어도 전략·전술에 관한 저술을 하는 자는 그 이론 가운데 자국민自國民의 상황을 설명하는 데 게을리 해서는 안 된다. 우리들이 바라는 것은 국가적 전략, 국가적 전술이다. —골츠—

(골츠(Wilhelm Leopold Colmar Freiherr von der Goltz, 1843~1916), 독일제국의 육군 원수, 군사 사학자. 1861년 군인으로 복무하면서 베를린에 있는 육군사관학교에서 군사사학을 가르쳤고(1878~1883), 터키에서 근무(1883~1896)하면서 터키군을 재조직하여 근대적인 군대로 만들었다(터키에서는 골츠 파샤라고 불렸다). 제1차 세계대전에 참전하여 쿠트에서 영국의 타운샌드 장군의 항복을 받았고(1915~1916), 바그다드 부근에서 사망했다. 주요저서로 『현대의 군제와 통수-국민개병론-』(1883) 등이 있다.

◈ · 일반적으로 전략이란 가장 실현가능한 유리한 조건하에서 부대로 하여금 결정적 전투를 할 수 있게 하기 위해 대규모의 수단에 관련된 것이다.
· 전술이란 전투 자체에서 취해야 하는 수단이다. —골츠—

◈ 전술에서는 행동이 전쟁의 지배적인 법칙이 된다. —포슈—

•주석 : 기회에 따라 언제라도 감행할 공격의 계획수립에 전력全力을 기울여야 한다는 것이다.

◈ 전략의 본질은 두 개의 상반된 의지간의 충돌에서 생겨나는 추상적 상호작용이다. 어떠한 수법을 사용한다 할지라도 의지의 충돌에서 제기되는 문제를 극복하기 위하여 또한 결과적으로 최대한의 효과를 가져 오는 바람직한 수법을 사람으로 하여금 운용 가능케 하는 술術이다. 따라서 전략은 힘의 변증법의 술이다. 더 정확히 말해서 그들이 쟁점을 해결하기 위해 힘을 사용하는 두 개의 상반된 의지의 변증법의 술이다.

—앙드레 보프르—

•주석 : 전략의 본질을 명확하게 잘 제시한 내용이다.

(보프르(André Beaufre, 1902~1975), 프랑스의 육군 대장, 군사전략가. 제2차 대전이 끝나자 제1군 작전부장, 베트남의 부사령관, 수에즈 침공시의 프랑스

군 사령관 및 1958년 유럽연합 최고사령부의 참모차장, NATO의 워싱턴 상주원常駐員의 프랑스 대표를 역임. 군에서 제대하여 1962년 프랑스 전략연구소를 창설하여 소장으로 전략문제를 연구했으며, 독자적인 원자력 확보를 주장한 대표적 인물이다. 주요저서로 『나토와 유럽』(1966), 『회고록 1920~1940~1945』(1969), 『역사의 본질』(1974) 등이 있다.)

◈ 전략은 기본적으로 하나의 사고방식이며, 각 현상을 계통적으로 배열해서 그 우선순위를 확정하고, 가장 효과적인 행동방책을 선택하는 것이다.

—앙드레 보프르—

◈ 전략의 본질은 사실상 행동의 자유를 확보하기 위한 투쟁이다. 따라서 전략게임의 기본은 자신의 행동자유(안전보장)의 보유와 적의 행동자유를 탈취(기습이나 기선을 잡음으로써) 할 수 있는 능력이다. —앙드레 보프르—

◈ 전략은 하나의 진화적 과정이라는 사실이 최근에 와서야 비로소 인식되었던 것이다. 왜냐하면, 이제까지 전략은 불변이며 전술만이 변화한다는 이론이 주장되어 왔기 때문이다.

오늘날 핵무기의 출현으로 비록 몇 가지 불변의 원칙은 있을지 모르나, 전략은 필연적으로 수많은 다양한 방책 가운데서 선택하지 않으면 안 된다는 것을 알게 되었다. —앙드레 보프르—

•주석 : 저서 『전략론 서설序說』(1966년)에서.

◈ 전략은 장기將棋와는 달라서 전략의 요소들은 장기의 말조각과 같이 영구불변이고 명확한 가치를 지니고 있는 것은 아니다. 그러므로 전략은 끊임없이 변동하는 요소들을 요리하는 것과 같이 해결책을 만들어 내어야 한다. —앙드레 보프르—

◈ 정책과 전략은 그 의미가 중복될지라도 그 구별은 뚜렷하다. 즉 만약 정책이 본질적으로 행위나 결정의 형태이고, 전략(전략 그 자체가 아니라, 특수한 전략)이란 본질적으로 계획이라는 것을 기억하면 된다.…환언하면, 정책

은 행위나 결정을 규제하는 법칙이고, 전략은 행위나 결정을 포함하는 여러 수단이 목표의 달성을 위해서 지향되어야 하는 계획이다. —킹—

◈ 군사적 용례用例를 든다면, 선전포고는 하나의 수립된 정책이다. 어떤 산로山路나 항구 또는 유전油田을 공격하는 수단에 의거 전쟁을 수행하는 결정은 곧 전략이다. 그리고 항공기, 전차 및 포병의 지원을 받는 보병으로 구성된 일련의 순서를 사용하는 공격방법은 전술의 예이다. —피터슨—

◈ 전국적全局的인 전쟁지도법칙戰爭指導法則을 연구하는 것이 전략학의 임무이다. 국부적局部的인 전쟁지도법칙을 연구하는 것이 전역학戰役學과 전술학의 임무이다. —마오쩌둥(毛澤東)—

◈ 우리들은 '송宋의 양공襄公'이 아니다. 전쟁에서 자비, 정의, 도덕을 생각하여 가책을 받을 필요는 없다. 승리를 쟁취하기 위해서는 적을 장님으로 만들고 귀머거리로 만드는데 최선을 다해야 한다. —마오쩌둥—

•주석 : '송의 양공'은 기원전 7세기, 춘추시대의 송나라 군주이다. 기원전 638년 송나라는 강대한 초나라와의 싸움에 있어서 적을 격파할 수 있는 기회가 여러 번 있었으나, 군주로서 정정당당하게 싸운다 하여 적의 전투태세가 끝난 후에 공격하자 대패를 당했는데, 이것이 소위 '송양지인宋襄之仁'이라 하여 후세의 조소꺼리가 되었다.

◈ 군사전략이란 특정한 계급의 이익 때문에 야기되는 무력분쟁으로서의 전쟁의 법칙을 다루는 이론적 지식의 체계이다. 전략은 군사적 경험, 군사적·정치적 조건, 경제적·사회적 잠재력, 전쟁수행의 새로운 수단, 가상적의 입장에 입각하여 미래전의 성격, 전쟁준비와 그 수행방법, 각 군종軍種과 그 전략적 운용의 기초 및 물질적 그리고 기술적 기반을 연구하는 것이다. —소콜롭스키—

◈ 과거 수백 년 간의 역사를 통하여 많은 결정적 전투의 승패는 전장에 배치된 하급지휘관으로부터 정보를 수집하여 이들 지휘관에 대해 명령을

전달하는 최고지휘관의 능력에 따라 결정되었다. —디치멘—

◈ 용병이란 예술과 마찬가지로 무한히 다양한 형상을 창조하는 데 있다.
—마한—

◈ 전략은 선택의 과학이다. —볼드윈—

◈ 전략은 군대를 전장으로 데려오는 것이며, 전술은 그 후 즉시 군대의 전투를 지휘하는 것이다. 전략이 종결되는 곳에 전술은 시작된다.
—알프레드 번—

(번(Alfred Byrne, 1882~1956), 아일랜드 민족주의 정치인. 아일랜드의 독립을 위해 싸웠다.)

◈ 전쟁술은 사실상 모든 기술 중에서도 가장 장대한 것처럼, 이것이 발전함에 따라서 필연적으로 가장 복잡한 기술이 된다. —아담 스미스—

◈ 진정한 전략은 전략이 목표를 결정하고, 그 목표를 흔들리지 않게 견지하는 한편, 목표에 맞추어서 수단을 조절하는 동시에, 수단에 맞추어 목표를 조절하는 일이다. —리델 하트—

◈ 전략은 정책의 여러 목적을 달성하기 위하여 군사적 여러 수단을 분배 적용하는 기술이며, 전술은 직접 전투행위를 위하여 병력을 배치하고 지휘하는 기술이다. —리델 하트—

◈ 전략의 8개 원칙은 다음과 같다.

- 첫째, 목표를 수단에 조정시켜라.
- 둘째, 계획을 환경에 적응시키면서 항상 목표를 명심하라.
- 셋째, 적의 의표意表로 나아가라.
- 넷째, 가장 적은 저항선에서 전과戰果를 확대하라.
- 다섯째, 예비목표를 가질 수 있는 작전선을 선택하라.

• 여섯째, 여러 가지 환경에 적응할 수 있도록 계획과 배치에 있어서 융통성을 가져라.

• 일곱째, 적이 경계태세를 취하고 있는 동안에는 공격하지 말라.

• 여덟째, 공격이 한 번 실패한 후에 동일한 방식의 재공격을 시도하지 말라. —리델 하트—

◈ 우리들은 새로운 전략시대에 진입했다. 이 새로운 시대는 지난 시대의 혁명적 현상이었던 항공·원자력을 주장하는 사람들이 생각하고 있던 세상과는 다른 것이다. 우리의 적대세력이 현재 개발하고 있는 전략은 우세한 항공력을 회피하는 동시에 그것을 무력화한다는 두 가지 구상에 고무되어 있다. 역설적으로 우리가 폭격 무기의 '대량 효과'를 개발하면 할수록 새로운 게릴라 방식 전략의 발전을 더욱 협조하는 격이 된다.

—리델 하트—

• 주석 : 영국의 군사평론가 리델 하트(1895~1970)의 저서 『전략』(1954)에 나오는 구절이다. 세계 최강의 미국은 베트남전쟁(1961~1973)에서, 소련은 아프가니스탄전쟁(1979~1989)에서 패배했다.

◈ 전략은 국가정책의 목적을 달성하기 위해 전시 및 평시에 있어서, 외교 및 군대를 창설하고 준비하고 또한 사용하는 것이다. —마이어스—

◈ 전술은 사람, 시기時期, 지형 및 무기와 더불어 변화한다. —로란—

◈ 전략이란 작전의 구상계획 및 일반적 지도指導의 전부를 뜻하며, 전술은 실시에 관한 전부를 뜻한다. —로란—

◈ 전략이란 구상의 술術이며, 군사문제에 대해 실시 가능한 해답을 찾는 술이다. 따라서 전략은 지적知的 및 전문적 분야에 속한다. —로란—

◈ 전략교리가 직면하는 가장 중요한 과제의 하나는 신기술에 적합한 전술을 안출하는 것이다. —키신저—

◈ · 전략은 광범한 목표를 달성하기 위하여 상황과 지역에 대한 포괄적인 힘의 통제행위이다.

· 전술은 전략적 목표를 달성하기 위하여 특별한 군대와 무기의 즉각적 운용이다.

· 군수는 전략적 목표를 달성하기 위하여 전술적으로 운용되는 병력과 무기를 생산하고 계속 지원하는 것이다.

· 모든 전투상황에서의 지휘의 결심이란 전략, 전술 및 군수의 혼합체이다.

—에클스—

(에클스Henry E. Eccles, 1898~1986), 미국의 해군제독. 전략·군수이론가. 1953년~1963년까지 해군대학, 공군대학 및 군수학교軍需學校에서 강의를 했다. 주요저서로 『군사개념과 철학』(1965), 『작전용 해군군수』, 『국방에서의 군수』 등이 있다.)

◈ 전략은 전쟁목적을 달성하기 위한 국력을 운용하는 기술이다.

—모리스—

◈ 전략은 정책의 목표달성을 위해서 무력을 사용하고 위협하는 것이다.

—콜린 그레이—

• 주석 : 영국의 현대 전략사상가로 알려진 콜린 그레이가 『현대전략』(1999)에서 얘기한 전략의 정의定義이다. 그는 전략이란 물질적으로 존재하지 않는 추상적 개념이고, 좁게 생각한다면 정책의 세계와 군사력을 이어주는 다리라고 할 수 있다. 정책 결정에 따라 전략수립의 방향이 정해지고 선정된 전략은 전술적 수단에 직접적인 영향을 미친다. 그래서 '전략은 정책 결정 기능과 군인들의 전투수행 기능을 연결하는 다리이다'고 했는데, 참고할 가치가 있는 견해이다.

◈ 전쟁의 성격과 수행 그리고 전략은 시간과 상대측에 따라 반드시 변해야 하지만, 그러나 전쟁과 전략의 본질과 기능은 변하지 않는다.

—콜린 그레이—

•주석 : 전쟁과 전략에 있어서 변하는 요인과 변하지 않는 요인을 밝힌 내용으로 전략연구에 좋은 지침이 되리라.

◈ 전쟁을 운영하는 차원에서는 이해해야 할 과제가 더 많이 생긴다. 서로 다른 기준으로 통용되는 각종 군사 사항을 환산하는 문제도 판단해야 하기 때문이다. 특히 예술(art)이라고 말하는 작전술에서는 보통 광범위한 군사적 목표를 확보하기 위해 전투를 계획하고 배치해야 한다. 작전은 군사행동과 관련된다. 작전은 군사행동의 성공을 진척시키기 위한 크고 작은 전투와 관련된다. —콜린 그레이—

◈ 전략이 무엇인지 아는 것은 매우 중요하다. 전략을 이해하는 불꽃은 영원히 타올라야 한다.

·전략은 정책의 목적 달성을 위해서 무력을 사용하고 위협하는 것.

·전략과 관련된 핵심 문제는 그것이 가상 행동이라는 것이다. 전략은 물질적으로 존재하지 않는다. 전략은 추상적 개념이다. 사랑과 공포 같은 또 다른 중요한 추상적 개념보다 실체를 확인하기가 훨씬 더 어렵다.

·그렇다면 전략이란 무엇인가? 그것을 군사적 차원으로 좁혀서 생각하면, 정책의 세계와 군사력을 이어주는 다리(bridge)라고 할 수 있다. 정책의 의미를 군사력으로 재해석하는 것이 바로 전략이다. 그것은 정책의 목적을 달성하기 위해 군사력의 행위이나 사용에 대해 계획을 수립해야 한다. 실제로 전략은 전시 또는 준전시에 끊임없이 작동해야 한다.

—콜린 그레이—

◈ 전략은 정책이나 전술보다 더 어렵다. 이 말은 전략이 정책이나 전술보다 더 중요하다고 주장하는 것이 아니고, 다만 더 어려울 뿐이라는 것이다. 여기에 나오는 세 가지 차원의 행동은 서로 밀접하게 의존하는 관계이다. 정책결정에 따라 전략수립의 방향이 정해지고 선정된 전략은 전술적 수단이 직접적인 영향을 미친다.…전략은 정책결정 기능과 군인들의

전투수행 기능을 연결하는 다리라는 사실을 기억하라.…

전략과 전략가의 기능에 대해 알아야 한다. 즉

- 첫째, 전략가는 군사행동과 정치적 목적 추구를 하나로 묶는 계획을 짜야 한다. 다시 말해서, 정치적 목적 달성을 위해 군사행동 계획이 나와야 한다.
- 둘째, 이 과정은 전략가가 정책 결정자와 군인, 양쪽과 협의하는 것을 필요로 한다. 그들은 저마다 자기네가 주장하는 것이 옳다고 고집을 피우기 마련이다.
- 셋째, 총체적으로 전쟁터는 전략과 정책이 만나는 곳이다.

—콜린 그레이—

◈ 전략은 인간에 의해 수립되고 실행된다. 잘 교육받은 전략가라면 직감, 기개, 인간 수명의 유한함과 같은 인간의 본질은 물론, 역사에 족적을 남기는 사람들은 어떤 특성을 가지고 있는지 모두 고려할 것이다. 전략가들도 다른 사람들과 마찬가지로 개성을 가지고 있다. 상대편 적을 합리적 선택을 하는 로봇처럼 여긴다면, 전략 설계자는 만일의 사태가 발생할 가능성을 간과하게 될 것이다. 예상치 못한 행위는 언제나 일어날 수 있는 법이다. —콜린 그레이·지니 존슨—

◈ 전략연구는 학제적 시각(interdisciplinary perspective)이 가장 적합하다. 전략의 모든 측면을 이해하기 위해서는 기술, 부대편성, 전술뿐만 아니라, 정치학, 경제학, 심리학, 사회학 그리고 지리학의 지식이 필요하다.

전략은 또한 본질적으로 실용적이며 실천적인 활동이다. 이것은 버나드 브로디(Bernard Brodie)가 "전략이론이란 행동을 위한 이론이다"고 요약했다. 전략이란 '그것을 어떻게 행할까' 하는 연구이며, 목표를 달성하고 또한 목표를 효과적으로 달성하는 지침이다. —존 베일리스와 제임스 워츠※—

※베일리스 등 공저, 『현대세계의 전략』(John Baylis, James J. Wirtz, Colin S. Gray, etc. ed.,

(워츠(James J, Wirtz, 1958~), 해군대학원 국가안보보장국(NPS) 교수로 재직하고 있으며, 핵전략, 국제관계 이론 및 지능에 관한 강의를 하고 있다. 주요 저서로 『핵무장과 새로운 국제질서』(1998), 『힘의 균형 : 21세기의 이론과 실천』(2004), 『현대세계전략 : 전략적 연구에 대한 소개』(2007) 등 다수가 있다.)

◈ 전략에 대한 여러 정의定義는 공통의 특징도 가지고 있으나, 동시에 차이점도 포함하고 있으며 소개하면 다음과 같다.

◁ 전략이란 전쟁목적을 달성하기 위한 수단으로서 전투를 구사하는 것이다.(클라우제비츠)

◁ 전략이란 전쟁의 목적을 달성하기 위해 장수將帥에게 위임된 여러 수단의 실제적 적용이다.(몰트케)

◁ 전략이란 정치목적을 달성하기 위한 군사적 수단을 배분·적용하는 술(art)이다.(리델 하트)

◁ 전략이란…군사력의 변증법의 술, 더 정확히 말하면, 적대하는 두 의지가 분쟁을 해결하기 위해 군사력을 사용하는 두 개의 상반된 의지의 변증법의 술이다.(앙드레 보프르)

◁ 전략이란 궁극적으로 유효하게 힘(power)을 행사하는 것에 관한 것이다.(그레고리 포스터)

◁ 전략이란 어떤 목적, 즉 하나의 목표와 그 달성을 위한 수단의 체계를 달성하기 위해 꾸며낸 행동계획이다.(J. C. 와일리)

◁ 전략이론이란 우연성, 불확실성 그리고 애매성이 지배하는 세계이며, 시시각각으로 변화를 계속하는 조건과 환경에 항상 적응하는 과정이다.(머레이와 그림스레이)

◁ 전략이란 지금—힘의 경제적, 외교적 그리고 심리적 수단을 결합하며— 명백한, 감추어진 그리고 암묵暗默의 방법으로 외교정책을 가장 유효하게

Strategy in the Contemporary World(Oxford University Press, 2013)에서 인용함.

지원하기 위해, 군사력에 의한 강제를 위한 능력을 이용하기 위한 전반적 기획(overall plan)에 지나지 않다는 것을 이해해야 한다.(로버트 오스굿)

—존 베일리스와 제임스 워츠—

◈ 전략은 군사적 수단과 정치적 목적 사이의 가교 역할을 하므로, 전략을 공부하는 학생들은 정치와 군사작전에 관한 지식을 모두 배워야 한다. 전략이 담당하는 분야는 정치, 경제, 심리, 군사적 요소들이 중첩되어 있는 국가정책 문제들이다. 순수하게 군사 영역에만 국한되는 전략문제는 없다고 봐도 좋다. —존 베일리스·제임스 워츠—

◈ 전략은 통상적으로 수단과 목표를 연계시키는 개념이며, 전략을 수립하는 것은 곧 목표를 설정하고 수단을 결정하며, 수단과 목표를 연계하는 방법을 선택하는 창조적 행위이다. —뷸더—

•주석 : 전략과 전략수립의 개념을 간결하게 명시한 내용이다.

◈ 작전술이란 정지함이 없이 연속적으로 실시하는 전쟁의 행위로서 명확히 구분되는 중간 목표들과 군사작전 지역들을 지배하는 것으로 볼 수 있다. 이 작전은 매우 다양한 행위들의 집합체이다. —스베친—

•주석 : 전쟁술이 전략·전술이라는 2분법에서 전략·작전술·전술이라는 3분법으로 발전한 것은 최근의 일이다. 1920년대에 소련의 스베친에 의해 '작전술'(operational art)이라는 용어가 처음으로 등장했다. 1965년 구舊소련군에서 공식적인 교리로 채택하였고, 미국은 1982년『작전요무령』(FM 100-5) 교범에서 처음 공식 채용했다. 한국에서는 1989년에 발간된『작전요무령』(육군본부)에서 공식적인 교리로 처음 사용되었다.

(스베친(Alexander Andreyevich Svechin, 1878~1938), 러시아의 육군 장군, 군사이론가. 러일전쟁과 제1차 세계대전에 참전했다. 전략과 전술 사이를 연결하는 새로운 개념으로 '작전술'(operational art)이라는 용어를 처음으로 사용했다. 프룬제 군사학교에서 참모·전략·작전술의 교관으로 근무했다. 주요저서로『전략』(*Strategy*, 1926) 등이 있다.

◈ 군사전략은 목표 달성으로 지향되는 가장 적합한 수단과 속임수의 운영을 위한 행동의 계획이다. —풍석—

•주석 : 필자의 그동안의 연구에 의한 전략의 정의定義이다.

◈ 전술이란 전장에서 전투의 실행방법을 말하는 것이다. 그래서 보통 군사전략은 전쟁에 관한 것이고, 전술은 전투에 관한 문제를 다룬다고 말한다.…

전투란 본래 군사적 행동이며, 그것은 적대하는 양편의 힘의 충돌, 즉 양편의 투쟁이요 또 전력戰力을 유혈流血에 의해 청산하는 투쟁이다.

—풍석—

◈ '전략'이라는 단어의 변하지 않는 본질과 기능이란, 적의 능력과 의도를 알고, 이편의 그것을 알고 있으며 또한 달성하고자 하는 목표와 수단을 조정하여 가능하고 효과적인 해결책을 선택하고 실천하는 데 있다.

—풍석—

◈ 전략적 성과는 전술적 승리를 전제로 하는 것이 보통이지만, 전술적 승리를 획득했다고 해서 반드시 전략 목표를 달성했다고 말할 수 없다. 따라서 전투는 승리 그 자체를 위해서 수행하는 것이 아니라, 전략 목표를 달성하는 데 기여하는 방향으로 수행되어야 한다. —풍석—

◈ 국가전략이란, 국가목표를 달성하기 위하여 전·평시를 막론하고 군사력과 아울러 정치, 경제, 심리 등 국가가 사용할 수 있는 모든 방법과 수단을 통합하여 사용하는 기술이며 과학이다. —미 육군—

작전계획

◈ 전쟁은 오직 신속히 처리해야 한다. 적이 미치지 못한 약점을 이용하고, 적이 미처 생각하지 못한 길을 경유하여, 적이 경계하지 않는 곳을 공격한다.

—손자—

◈ 모든 전투는 적의 공격을 능히 막을 수 있는 방어(正)로써 나아가 적을 이길 수 있는 공격(奇)으로써 승리하는 것이다.

—손자—

◈ 수세를 취하게 되면 소수의 병력이라도 남게 되지만, 공세를 취하게 되면 병력이 부족하게 마련이다. 수세를 잘 하는 자는 그의 병력을 땅 속에 깊숙이 감춘 것 같이 하여 적에게 공격할 틈을 주지 않다가, 높은 하늘에서 움직이는 것 같이 공격하여 적에게 방어할 틈을 주지 않는다.

—손자—

•주석 : 『죽간 손자병법竹簡孫子兵法』을 채택했다. 즉 방어와 공격을 둘로 나누는 것이 아니라, 불패不敗의 방어를 견지하다가 기회를 잡아 공격으로 전환한다는 뜻으로 변증법에 바탕을 두고 있다.

◈ 싸울 수 있는 경우와 싸워서는 안 될 경우를 아는 자는 승리한다.

—손자—

◈ 용병을 함에 있어서 중요한 일은 적의 의도와 능력을 십분 파악하여 거기에 의거하여 작전을 세워야 천리의 먼 적국에 쳐들어가 적을 섬멸할 수 있을 것이다. 이것을 교묘한 용병술이라 한다. —손자—

◈ 하나의 원정계획을 세울 때, 나 이상으로 소심小心한 자는 없으리라. 나는 모든 위험을 과도히 크게 생각하고, 모든 상황을 가능한 한 불리하게 본다. 그때의 흥분은 극도에 달하여 주위의 모든 사람들에게 불유쾌한 얼굴을 보인다. 그러나 일단 결심하면 지금까지의 모든 것은 잊어버리고, 다만 한 가지 어떻게 하면 그 결심을 실현할 것인가를 생각할 뿐이다.
—나폴레옹—

◈ 전쟁술이란 병참선을 차단하는 술術이다. —나폴레옹—

◈ 작전계획에서는 먼저 전쟁의 목적과 작전목표를 결정한다.
—클라우제비츠—

◈ 전쟁에서의 작전목표는 적군의 격멸 이외는 없다. —클라우제비츠—

◈ 전쟁 당사자들은 각각 적의 성격, 설비, 상태 및 여러 관계 등에 기반을 두고 개연성의 법칙에 따라 상대편의 행동을 추측하며 이에 대응하여 자신의 행동을 결정한다. —클라우제비츠—

◈ 군사적 활동은 단일한 것이 아니고, 두 개의 형식으로 나누어져 있다. 즉 공격과 방어가 바로 그것이다. —클라우제비츠—

◈ 전쟁에 있어서 많은 경우, 다만 단순한 작전만이 성공한다. —몰트케—

◈ 일본 해군은 최신의 과학기술을 수용했을 뿐만 아니라, 여러 가지 사태를 상정想定하여 면밀한 작전계획을 수립했고, 훈련을 반복하고서야 해전에 임했다. 정보의 수집에도 만전을 기했다.…일본의 승리는 원망願望이

나 정열만으로 획득된 것이 아니며, 적에 대해 모든 경계조치를 게을리 하지 않았고, 전투행동에서의 여러 가지 국면에 이르기까지 연구한 결과를 손아귀에 넣고 있었기 때문이었다. —가르시아—

•주석 : 아르헨티나 해군의 가르시아 대령이 쓰시마해전(1905. 5.) 때, 일본 군함에 승선하여 일본 함대가 러시아의 발틱 함대를 격파하고 승리한 원인을 그의 「관전보고서觀戰報告書」에서 밝힌 내용이다.

(가르시아(Manuel Domecq Garcia, 1859~1951), 아르헨티나의 해군 제독, 해양부 장관을 역임. 쓰시마해전 때, 일본 군함에서 관전하여 일본 함대가 러시아의 발틱 함대를 격파하고 승리한 원인을 「관전보고서觀戰報告書」로 남겼다.)

◈ 전쟁에는 취미나 규칙은 필요가 없다. 필요한 것은 반드시 이기는 수단을 발견하여 실행하는 것이다. —로멜—

◈ 작전의 기본계획은 총사령관으로서 전황戰況의 변화에 따라 변경할 수 있을 정도의 유연성을 가져야 한다. 그러나 총사령관 이외의 누구에 의해서도 마음대로 이것을 변경하는 것은 허용되지 않는다. —몽고메리—

◈ 전략적 기획은 적이 건전한 원리원칙에 입각한 활동을 하지 못하도록 방해하고, 그 반면 아군은 원리원칙을 활용하여야 하는데, 그러기 위해서는 전략의 기획 담당자는 항시 적이 이용 가능한 모든 원칙에 착안하여 계획을 수립하여야 한다. —야딘—

◈ 전쟁의 특질인 불확실성에 의해, 전쟁에 계획성을 실현한다는 것은 계획성을 다른 사업에 실현하는 것에 비하면 훨씬 곤란이 많다. 사전의 계획과 준비가 없고서는 전쟁의 승리를 획득할 수 없다. 전쟁에는 절대 확실성은 없지만, 어느 정도의 상대적 확실성이 있다. 전쟁의 계획성은 거기에 객관적 기초를 가지는 것이다. —마오쩌둥(毛澤東)—

◈ 지휘관이 모든 가능한 그리고 필요한 정찰의 수단을 사용하고 정찰에서 얻은 적 상황의 각각에서 조粗를 버리고 정精을 취하며, 위僞를 버리고 진

眞을 남겨, 이것으로부터 저것으로, 외면에서부터 내면으로 들어가는 사색을 가하고, 거기에다 아군의 상황을 가하여, 쌍방의 비교나 상호의 관계를 연구하여 그것에 의해 판단을 해서 결심을 하고 계획을 만드는 것, —이것이 군사가軍事家의 매회每回의 전략이나 전역戰役 혹은 전투의 계획을 만들어 내기 전의 상황을 인식하는 전체의 과정이다. —마오쩌둥—

◈ 나는 이 작전의 성공에 대해서 낙관하고 있다. 뿐만 아니라, 이 작전은 적으로부터 주도권을 빼앗아 결정적인 타격을 주는 기회로 이끄는 유일한 길이라고 나는 확신한다. 이 행동을 취하지 않으면 적은 병력과 물자 두 면에서 우리보다도 큰 보급능력을 보유하고 있기 때문에 결국 우리는 앞을 내다볼 수 없는 전쟁을 계속하여 전력이 점점 소모되고 또한 뚜렷한 전과가 오르지 않는다는 상태에 빠질 것이다.…

다시 거듭 말해둔다. 나는 물론 나의 여러 사령관 및 참모는 한 사람도 빠짐없이 이 포위작전에 비상한 열의를 갖고 있으며 그 성공을 확신하고 있다. —맥아더—

•주석 : 맥아더 원수의 인천상륙작전 계획에 대해 합참의장을 비롯한 반대 의견에 관하여 그의 확고한 결심을 피력한 내용이다.

◈ 어떠한 계획에도 이론이 있어야 한다. 이론과 사상에 바탕을 두지 않는 계획이나 작전은 여성의 신경질적 음성과 마찬가지로 다소의 공기진동 이외 구체적인 효과를 나타낼 수 없다. —가니—

◈ 충분한 계획과 신속한 행동이 유력한 성공의 요소이지만, 이것을 지탱하고 있는 것이 정보와 전술이다. 정보는 상황의 평가를 가져오고, 전술은 능력에 평가를 나타낸다. 즉 상세한 적정 정찰에 의해 자신의 입장을 알 수 있고, 가능한 전술을 찾음으로써 더욱 정보는 정리되고, 작전은 견실한 것이 된다. 다만 이것은 어디까지나 우리들이 주도권을 장악하고 있는 경우이며, 적을 기다릴 때는 적의 목표를 찾아내는 것이 가장 중요한 일

이다. —가니—

◈ 모든 보유한 병력을 적합한 장소에, 적당한 시간에, 적당히 배치하는 것이 용병의 요결이다. —비게로—

◈ 좋은 하나의 일관된 계획은 쉴 사이도 없이 변경되는 많은 이상안理想案보다 낫다. —앨런 브룩—

(브룩(Alan Francis Brooke, 1883~1963), 영국의 육군 원수. 제1·2차 세계대전에 참전하였고 연합군의 승리에 중요한 기여를 한 인물 중의 한 명이며 전쟁에서 세운 공로로 1945년에는 남작, 1946년에는 자작이 되었다. 그는 제2차 세계대전의 전체 기간 동안에 일기를 썼는데, 이 일기를 토대로 아서 브라이언트 경이 『형세의 변화』(1953)와 『서부전선에서의 승리』(1959)를 저술했는데, 이 2권의 책은 아이젠하워 장군의 사령관으로서의 능력과 미국의 전반적인 전략을 비판했기에 논란을 일으켰다.)

◈ 전략의 목표 달성은 다음과 같은 행동에 의해서 이루어진다. 적의 병참선에 대한 공격적 전력 부분에 대한 섬멸 또는 불균형한 큰 손실을 입히는 것, 적으로 하여금 불리한 공격을 하도록 유도하는 것, 적 전력戰力을 과도하게 분산하도록 하는 것, 그리고 적의 정신적 및 물질적 에너지를 소진시키는 것 등이다. —리델 하트—

◈ 제1차 작전목표는 적의 군사력이다. 적의 군사력을 격파한 후에 신속히 적의 정치, 경제의 요역要域을 공략하여 적에게 강화를 강요한다.

—『통수강령統帥綱領』—

◈ 여러 계획, 여러 책안책정策案策定의 안목은 그 목적을 확립하는 데 있다. 그리고 그 후 이것을 실행함에 있어서 지휘관이 행하는 결심은 이 목적을 기초로 해야 한다. —『통수강령』—

•주석 : 적군 주력에 대해 가장 유리한 조건하에 결전決戰을 촉구하고, 이 결전에 우리 모든 병력의 모든 능력을 발휘하는 것이 긴요하다.

◈ 작전은 국가의 전투행위의 가장 중요부위를 점하는 것으로, 전쟁의 운명은 다만 그 성부成否에 의해 결정된다. —『통수강령』—

◈ 병력의 운용을 계획함에 있어서 그 경제적 사용, 즉 유한有限의 병력을 가지고 최대의 효과를 획득하는 데 착안해야 한다.

우리 군의 정신, 물질 양 방면을 고려하여 경제적 사용에 노력하는 동시에, 적으로 하여금 불경제적不經濟的인 병력 사용의 과오를 범하도록 해야 한다. —『통수강령』—

작전수행

◈ 적의 능력과 의도를 알고 또 이편의 그것을 알면 승리는 위태롭지 않을 것이며, 더욱이 천시天時와 지리地利까지 안다면 언제나 승리할 것이다.

—손자—

◈ 갑자기 강화를 요청해 오는 것은 무슨 계략이 있는 것이다. —손자—

◈ 군기軍旗를 들고 정연히 진격해 오는 적군을 요격하지 않으며, 정정당당하고 태세를 갖춘 적군을 공격하지 않는다. 이는 상황의 변화를 다스리는 방법이다. —손자—

◈ 무릇 군대의 운용은 물과 같아야 한다. 물은 높은 곳을 피하고 낮은 곳으로 흐르기 마련이다. 마찬가지로 군대의 운용도 적의 강한 곳을 피하고 허점을 공격해야 하는 것이다. —손자—

◈ 전투만큼 어려운 일도 없다. 전투가 어렵다고 하는 것은 먼 길을 곧고 가까운 길과 같이 만들며, 불리한 것을 잘 이용하며 도리어 이로운 것으로 만들기 때문이다. —손자—

◈ 전장戰場에서 먼저 자리를 잡고 적을 기다리는 군대는 평안하고, 뒤늦게

싸움터로 달려가는 군대는 피로하다. 그러므로 용병을 잘하는 장수는 적을 조종하되, 적에게 조종을 당하지 않는다. —손자—

◈ 용병을 잘 하는 장수는 당초부터 패배하지 않을 태세를 갖추고 적을 패배시킬 수 있는 기회를 놓치지 않는다. —손자—

◈ 용병을 잘 하는 장수는 먼저 승리할 수 있는 조건을 만들어 자연스럽게 승리하는 것이다. 따라서 용병을 잘 하는 장수의 승리에는 지모智謀나 용감하다는 공적 따위가 두드러지게 나타나지 않는다. —손자—

◈ 용병의 원칙상 승리가 확실하다고 예견되면 군주가 싸우지 말라고 하더라도 반드시 싸워야 하며, 용병의 원칙상 승리할 수 없는 것이라면 군주가 싸우라고 하더라도 싸우지 말아야 한다.

따라서 장수된 자가 진격하는 것도 명예를 얻기 위함이 아니며, 후퇴하는 것도 처벌을 피하려 하지 않는다. 오직 국민을 보호하고 국가의 이익과 일치하기를 바랄 뿐이다. 이러한 장수야말로 국가의 보배인 것이다.

—손자—

•주석 : 이순신은 백의종군 중인 1597년 8월 3일 삼도수군통제사의 재임명을 수령했다. 그리고 8월 15일 선전관 박천봉이 임금의 유서諭書를 가져왔는데, 거기에는 수군 전폐령과 이순신을 육군 지휘관으로 임명한다는 내용이었다. 이순신은 곧 수군 전폐 불가의 장계문을 다음과 같이 올렸다. 즉 "임진년으로부터 5, 6년간 적이 감히 호남과 호서를 침범하지 못한 것은 우리 수군이 적 수군의 진격로를 가로막았기 때문입니다. 지금 신에게는 아직도 전선 12척이 있으니, 사력을 다하여 맞아 싸우면 오히려 적 수군의 진격을 저지할 수 있습니다. 지금 만일 수군을 전폐한다면 이것이야말로 곧 적이 바라는 것이며, 적 수군은 거침없이 호남·호서 연해를 거쳐 서울의 한강에 도달할 것입니다. 이것이야말로 신이 두려워하는 바입니다. 설령 전선의 수가 적다해도 미신微臣이 죽지 않는 한 적이 감히 우리를 깔보지 못할 것입니다."

이순신은 종이 한 장의 임명장을 받았을 뿐이며, 칠천량해전(1597. 7. 15.)에서 왜군에게 패배한 흩어진 병사들을 모으고, 남은 병선 13척을 정비하고, 병사들이 먹는 식량과 옷은 피난민의 지원을 받으며 명량해전(1597. 9. 16.)에서 왜선 130여척과 싸워 31척을 격파하여 완승을 거두고 그들의 서진西進을 좌절케 했으니, 이순신은 국가의 보배라 아니 할 수 없을 것이다.

◈ 그러므로 승리를 판단할 수 있는 조건은 다음 다섯 가지가 있다.

(1) 싸울 수 있는 경우와 싸워서는 안 될 경우를 아는 자는 승리한다.

(2) 많은 병력과 적은 병력의 용병법을 아는 자는 승리한다.

(3) 상하의 마음이 같으면 승리한다.

(4) 완전한 준비태세를 갖추고 경계를 태만히 하고 있는 적과 교전하면 승리한다.

(5) 장수가 유능하고 군주가 간섭하지 않으면 승리한다.

이 다섯 가지가 승리를 미리 알 수 있는 방법이다. —손자—

◈ 모든 전투는 적의 공격을 능히 막을 수 있는 방어(正)로써 나아가, 적을 이길 수 있는 공격(奇)으로써 승리하는 것이다.…

전투가 전개되면 마치 돌로 달걀을 치듯 적을 격파할 수 있는 것은 집중된 병력(實)을 가지고 분산된 적(虛)을 치기 때문이다. —손자—

• 주석 : 『손자병법』에 있어서 기奇·정正과 허虛·실實은 전쟁술의 진수를 뜻하는 것이다. 예컨대 6·25전쟁 때의 1950년 8월·9월의 상황을 본다면, 인민군의 총공세(實)에 대한 한국군·유엔군은 낙동강 방어선(正)으로 대항하면서 맥아더 장군의 9월 15일 인천상륙작전은 인민군의 허술한 곳(虛)을 공격(奇)하여 대성공을 거둔 신묘한 작전이었다.

◈ 용병의 원칙은 다음과 같다.

(1) 고지高地에 진을 치고 있는 적에게 정면 공격은 하지 말아야 한다.

(2) 구릉丘陵을 등지고 있는 적과는 응전하지 말아야 한다.

(3) 패배를 가장하여 달아나는 적군은 추격하지 말아야 한다.
(4) 적의 정예부대는 공격하지 말아야 한다.
(5) 미끼로 이편을 유인하는 적병과는 교전하지 말아야 한다.
(6) 철수하는 적군은 퇴로를 봉쇄하지 말아야 한다.
(7) 적군을 포위하는 경우, 반드시 퇴각할 틈을 마련해 주어야 한다.
(8) 막다른 지경에 빠진 적군은 성급하게 공격하지 말아야 한다.
(9) 본국과 동떨어진 적지敵地에 오래 머물러 있어서는 안 된다.

—손자—

◈ 용병상 완전한 승리를 추구하는 기본 원리는, 우선적으로 적의 허실을 명확히 판단하고, 적측의 인적 취약점과 지형상의 허점을 노려 집중 공격을 하는 데 있다. —오자—

◈ 용병에는 일반적으로 그 작전의 성패에 결정적 영향을 끼치는 네 가지 관건關鍵이 있다. 이 관건을 가리켜 '사기四機'라고 일컫는다.

- 첫째, 기기氣機는 장병들의 사기와 투지의 진작 및 그 운용에 대한 적절성 여부를 결정하는 관건이다.
- 둘째, 지기地機는 작전을 전개할 지형의 험이도에 대한 인식과 그 이용도의 적절성 여부를 결정하는 관건이다.
- 셋째, 사기事機는 적방에의 진입, 도발 등 제반 작전계획에 대하여 효과를 획득할 수 있는가의 여부를 결정짓는 관건이다.
- 넷째, 역기力機는 무기·장비 등 모든 군수물자의 제조와 확보, 전투부대의 훈련 정도가 실전을 능히 수행해 낼 수 있는가의 여부를 결정하는 관건이다. —오자—

◈ 작전의 요결要訣은 먼저 적장의 신상을 확인하여, 그의 지휘·통솔력과 재능才能이 어떠한가를 파악한 다음, 적정에 따라 권모술책權謀術策을 적절히 구사하여 임기응변하는 데 있다. 그렇게 하면 아군은 힘들이지 않고

승리할 수가 있다. —오자—

◈ 무왕이 물었다.

"적군이 아군의 실정과 작전계획을 사전에 알고 있다면 어떻게 해야 하오?"

태공이 대답하였다.

"전쟁에서 승리하는 방법은 적의 기밀을 은밀히 탐지하여 적측에서 유리하다고 판단하고 있는 형세를 역이용하여 신속하게 적의 허虛를 찔러 맹렬히 공격하는 데 있습니다." —『육도』—

◈ 태공이 대답하였다.

"군은 언제나 경계를 철저히 하면 수비가 견고해지고, 경계를 게을리 하면 적의 공격을 받아 패배하게 마련입니다. 아군 보루의 감시병으로 하여금 진영을 출입하는 자들을 철저히 감시하고 경계하게 하며, 영내에 있는 자와 영외에 있는 자가 업무 연락을 할 때에는 각기 표지기標識旗를 들고 진영을 출입하게 합니다. 그리고 경계병과 정찰병은 언제나 적진을 향하여 대기하게 하여야 합니다. —『육도』—

•주석 : 임진왜란의 칠천량 해전(1597. 7. 15.)에서 원균의 조선 수군이 일본 수군에 의해 완패당한 원인은 적에 대한 '경계'를 소홀히 하여 기습을 허용했고 또한 통제사 원균은 싸울 생각은 하지 않고 육지로 도망칠 생각밖에 없었기 때문이었다. 맥아더 원수는 "전투에서 패배하는 것은 용서할 수 있어도, 경계를 소홀히 하여 적의 기습으로 패배하는 자는 용서할 수 없다"고 했다.

◈ 송양의 인(宋襄之仁)

•주석 : 춘추시대, 즉 기원전 638년 송나라의 양공(襄公)은 "군자는 어려움에 처해 있는 적을 공격하지 않는다"고 말하면서 적의 반수가 강을 건넜을 때 공격하자는 참모의 건의를 거부했고, 또 적군이 전열을 가다듬기 전에 공격하자고 했으나 또 거부했다. 적이 전열을 갖춘 연후에 공

격하여 대패하였고 그는 부상을 당했다. 송양의 '인仁'은 '어질 인'이나 '착할 인'이 아니라, '바보 인'으로 해석되고 후세의 조롱꺼리가 되었다. 마오쩌둥은 "전쟁에서 자비, 정의, 도덕을 생각하여 가책을 받을 필요는 없다. 승리를 쟁취하기 위해서는 적의 눈과 귀를 가지고 적을 장님으로 만들고 귀머거리로 만드는데 최선을 다해야 한다"고 했다.

◈ 승리의 확신이 없이는 군대를 전투에 투입해서는 안 된다. —베게티우스—

◈ 장군은 기회를 보고 전투를 하며, 또한 꼭 필요한 전투만을 한다.

—베게티우스—

◈ 도망하는 적을 무질서하게 추격하는 것은 자칫하면 초전의 승리를 상실케 한다. —베게티우스—

◈ 이곳을 지나는 스파르타 사람들이여! 가서 전하여 다오. 이곳이야말로 우리의 군율에 따라 조국을 위해 쓰러지니라. —스파르타의 비문碑文—

•주석 : 기원 전 480년, 페르시아군의 침입을 받아 스파르타의 1천여 명은 델모피레의 요지를 지키다 전원 전사한 장병들을 추도한 비문의 내용.

◈ 우수한 장군은 부하 장병으로 하여금 전투를 피할 수 없는 상태로 몰아넣는다. 그리고 적에 대해서는 결전을 걸어오지 않도록 갖은 방책을 강구한다. —마키아벨리—

◈ 전투에서 적을 속이는 것은 비난받을 일이 아니라, 칭찬받아 마땅한 일이다. 인간생활 일반에서 삶을 속이는 행위는 매우 증오할 일이지만, 전시에는 다르다. 전투상태에서 책략으로 적을 속이고 그것으로 승리를 얻는 것은 정면으로 부딪혀서 승리하는 것과 마찬가지로 칭찬받아도 좋다고 생각한다. —마키아벨리—

•주석 : 『손자병법』에 "병법은 작전목표를 달성하기 위한 속임수이다"(兵者詭道也)고 하는 것과 동일한 입장이다.

◈ 전쟁은 짧게 그리고 활발하게 행하여야 한다. —프리드리히 대왕—

◈ 가장 어두울 때는 가장 새벽에 가까운 때이다. —프리드리히 대왕—

◈ 전쟁의 목표는 적의 섬멸에 있다. 그러나 이것을 달성하는 길은 여러 가지가 있다. 무릇 작전은 하나의 간단명료한 사상에 의해 지배될 필요가 있다. 누구나 그리고 일체의 모든 것은 이 사상을 따라야 한다. —젝트—

◈ 전쟁술이란 가장 많은 기회를 이용하는 술術이다. —나폴레옹—

◈ 최고지휘관은 대체로 일반적 방침을 결정하고, 달성해야 할 목표를 지시하는 것만으로 멈추고, 이것을 실행하는 수단에 대해서는 실행기관의 자유 선택에 맡겨야 한다. 이것을 범했을 때 성공은 불가능하다.

—나폴레옹—

◈ 병력의 집중, 신속한 행동 및 명예를 위해 죽을 수 있는 확고한 결심을 수반하는 활동, 이러한 것은 내가 언제나 전투에 임하여 유종有終의 미美의 운명을 획득할 수 있게 한 3대 요소이다. —나폴레옹—

◈ 무릇 전쟁을 개시함에 있어서 먼저 전진할 것인가, 아니면 전진하지 말아야 할 것인가를 숙고해야만 한다.

그러나 일단 공세를 취한 이상은 극단에 이르기까지 이것을 실행해야 한다. —나폴레옹—

◈ 모든 전쟁은 하나의 명확한 목표를 가져야 하기 때문에 확고한 원칙과 전술적 법칙에 의해 수행되어야 한다. 또한 전쟁은 모든 장애를 극복할 수 있는 규모의 군대에 의해 치러져야 한다. —나폴레옹—

•주석 : 전쟁에 있어서 명확한 목표에 대한 필요성은 자명하다. 이런 측면에서 미국의 베트남 전쟁에 있어서 명확한 전쟁목적과 군사목표가 없어서 패배했다는 지적이 있다. 또한 이 명언은 기습(surprise), 병력의 집중

(concentration of force), 경계(security), 사기(morale) 그리고 병력의 절약(economy of force) 등의 전쟁 수행의 고려요인과 관계가 깊다.

◈ 부대의 전투력은 역학적인 힘과 같아서 그 속도와 부대의 크기를 곱한 것으로 나타난다. 빠른 진군 속도는 부대의 사기를 배가 시키며, 모든 승리의 기회를 증대시킨다. –나폴레옹–

◈ 전투를 하는 지휘관은 무엇보다도 부대의 영광과 명예를 우선적으로 고려해야 한다. 부하의 안전과 보호는 그 다음 문제일 뿐이다. 후자는 전자로부터 초래되는 빛나는 무공과 용기 속에 거의 포함되어 있는 것이다. –나폴레옹–

◈ 아군이 그렇게 하기를 적군이 바라고 있는 일은 절대로 해서는 안 된다. 이유는 단 한 가지, 적이 그것을 노리고 있기 때문이다. 그러므로 적이 사전에 연구하고 정찰한 전투지역은 반드시 피해야 하며, 적이 요새화하고 참호를 구축해 놓은 곳에서는 두 배 이상의 신중을 기해야 한다. 이 원칙으로부터 이끌어낼 수 있는 한 가지 결론은, 방향을 우회함으로써 얻을 수 있는 적진지는 절대로 정면 공격하지 말라는 것이다. –나폴레옹–

◈ 수세에서 공세로의 전환은 전쟁에서 가장 미묘한 작전 중의 하나이다. –나폴레옹–

•주석 : 나폴레옹의 첫 번째 이탈리아 전역을 통해서, 수세에서 공세로 전환한다는 것이 그의 천재성과 과감성이 얼마나 중요한가를 우리들에게 명시해 주고 있다. 당시 이탈리아 전선의 동맹군은 병력 8만여 명에 대포만 해도 200여 문을 보유하고 있었다. 한편 프랑스군은 3만여 명의 병력과 30여 문의 대포가 고작이었다. 1796년 3월 27일 임지에 도착한 나폴레옹은 병사들의 급양과 보급상태가 비참함을 실감했다.

그는 정열적인 연설을 통해 부하 장병들에게 만약 수세만을 고집한다면 비겁한 죽음만이 그들을 기다리고 있을 뿐이며, 이제 프랑스 정부에 기대할 수 있는 것은 아무것도 없고 오직 승리에만 모든 희망을 걸어야 한다고 선언했다. 그는 "풍요로움이 롬바르디아 평원에서 여러분을 기다리고 있다. 병사들이여, 그대들은 충성심이 부족한가, 아니면 용기가 부족한가."하며 사기를 부추겼다. 그가 병사들의 사기를 고취시킨 덕분에 프랑스군은 병력을 집중시켜 분산된 적군을 격파했다. 병사들은 더욱 나폴레옹을 존경하고 신뢰하게 되었다. 며칠 전만 해도 바위틈의 진지에서 굶주림에 떨고 있었던 그의 군대는 이제 이탈리아 정복의 야망에 들떠 있었다. 개전한지 한 달이 지나자, 나폴레옹은 사르데냐 왕과 휴전에 합의했으며 밀라노도 정복했다. 프랑스군 병사들은 풍족한 병영생활로 인해 신속한 행군에 따르는 고통과 피곤도 잊게 되었으며, 부지런히 물자를 집결시킴으로써 다음 승리에 필요한 수단을 확보했다.

◈ 야전에서 총사령관은 전쟁에 있어서 그의 실수를 국가원수나 장관의 명령 탓으로 돌릴 수는 없는 것이다. 왜냐하면, 명령을 발령한 장본인은 전장에 있지 않기에 전황戰況의 최신정보를 부분적으로만 알거나 전혀 알지 못하기 때문이다. 따라서 야전에 있는 총사령관은 자기가 수행하고 있는 작전계획에 어떤 결함이 있다고 판단될 때는 정당한 이유를 밝히고 그 계획의 수정을 주장해야 한다. 만약 정당한 주장이 관철되지 않는 최악의 경우에는 그가 이끄는 군대의 패배를 자초하는 것보다는 차라리 지휘관 자신이 사임해야 한다. —나폴레옹—

•주석 : 베트남전쟁의 미군 총사령관 웨스트모어랜드(Westmoreland) 장군은 그의 자서전에서 위의 말을 인용하면서, "나 자신이 그러한 문제에 봉착하여 곤란을 겪었지만 참고 견디었다. 왜냐하면, 그러한 문제점이 있기는 하지만 결국에 가서는 우리가 승리할 것이라고 믿었으며, 결코 나폴레옹의 말처럼 그런 문제들이 우리의 군을 몰락시킨다고는 생각하지 않았기 때문이었다."라고 적었는데, 커다란 착오였다.

◈ 전략에 있어서의 승리, 즉 전술적 성공은 원래 수단에 지나지 않으며 직접 강화로 인도하는 상황을 만드는 것이 궁극의 목적이다. —클라우제비츠—

◈ 승리는 전장의 점령으로서 종결되는 것은 아니다. 승리의 수확 대부분은 승패의 분기 후分岐後의 추격에서 획득되는 것이다. —클라우제비츠—

◈ 결전 시에는 승패 양자는 다 같이 위기에 처해 있다. —클라우제비츠—

◈ 많은 경험에 의하면, 적을 격멸하기 위한 조건으로서는 다음과 같은 상황이 있다.

(1) 주로 적의 군대가 중심重心을 이루는 경우에는 군대를 격파한다.

(2) 적국의 수도가 국가 권력의 중심지일 뿐만 아니라, 정치단체 및 당파의 소재지인 경우에는 수도를 침공한다.

(3) 적의 가장 중요한 동맹자가 적보다도 유력한 경우에는 그 동맹자에게 강력한 공격을 가한다.

(4) 국민 총봉기의 경우에는 중심은 주로 지도자 개인과 여론에 있다.

—클라우제비츠—

•주석 : 작전상 군사목표의 우선수위를 주장한 내용인데, 이것은 항공세력(air power)이 등장하기 이전의 견해이고, 미국의 걸프전(1991) 당시, 미 공군의 워든 3세(Warden III) 대령은 군사목표의 우선순위를 아래와 같이 명시했다.

① 지휘구조(C4I, Leadership)

② 주요 생산시설(Essential Industry : 전기·정유시설 등)

③ 수송체제(Transportation System)

④ 인구 및 식량원(Population and Food Source)

⑤ 야전군(Fielded Military)

◈ 전쟁을 둘러싸고 있는 분위기의 네 가지 요소, 즉 위험·육체적 고통·불확실성 및 우연 등 이러한 것을 주시하고 또 이런 괴로운 분위기에 대처하여 확실하고 유효한 행동을 하기 위해서는 반드시 정의情意와 오성悟性의 커다란 힘이 필요하다. —클라우제비츠—

◈ 방어라는 전쟁 형식은 그것 자체로서 공격이라는 전쟁 형식보다 강력하다고 말해야 한다. —클라우제비츠—

• 주석 : 클라우제비츠는 『전쟁론』의 '제6편 제1장, 공격과 방어'에서 위의 내용을 주장했으며, '제3장, 전략에 있어서 공격과 방어의 관계'에서 클라우제비츠는 방어가 강력한 전쟁 형식임을 여섯 가지 요인을 들어 설명했다. 그러나 독일의 군사전문가들은 "공격은 최선의 방어이다"고 주장하면서 클라우제비츠의 견해를 몹시 비난했다. 클라우제비츠의 옹호자들도 "그가 이 주장을 하지 않았으면 더 편안했을 터인데." 하고 탄식했다고 한다.

필자는 이 문제에 대한 독일 군사전문가들의 논쟁을 살펴보면서, 그들은 『전쟁론』을 제대로 읽지 않았다는 점과 변증법(Dialektik)을 이해하지 못한 데서 원인을 찾고자 한다. 즉 "교전交戰에서의 방어적 체제라는 것은 결코 단순한 방패와 같은 것으로 생각해서는 안 되며, 교묘하게 공방攻防 양용으로 사용되는 방패로 생각해야 한다."(제4편 제1장)고 했고 또한 "무릇 적극적인 원리를 결여한 방어는 전술에 있어서와 마찬가지로 전략에 있어서도 그 자체가 모순이라는 것이 우리들 본래의 주장이 되지 않으면 안 된다. 따라서 어떠한 방어도 방어의 이점利點을 모두 활용했다면, 곧 공격으로 옮겨야 한다는 것을 반복하여 지적해 둔다."(제8편 제4장)고 했다.

◈ 오늘날의 유럽에서는 아무리 재능이 훌륭한 장수將師라 할지라도 2배의 병력을 가진 적과 싸워서 승리한다는 것은 극히 어렵다. —클라우제비츠—

• 주석 : 클라우제비츠가 활동하던 당시의 유럽 국가들은 무장이나 군의 편성, 심지어 훈련 분야에서도 비슷하였다. 따라서 병력이 적보다 우세하다는 것이 승리의 중요한 조건이 되었고 또한 전략·전술의 일반적 원리임을 지적했다.

◈ 마찰(friction)은 우리가 결코 예견할 수 없는 무수한 작은 사건으로서, 결합하여 성과의 전반적인 수준을 저하시킴으로써 우리로 하여금 항상 의도된 목표에 미달되도록 만드는 것이다.…어떤 의미에서 현실의 전쟁과 탁

상卓上의 전쟁을 구별하는 일반적 개념은 이 마찰의 개념일 것이다.

—클라우제비츠—

•주석 : 작전 수행의 장애요인으로 마찰의 개념을 클라우제비츠는 도입했다. 그렇다면 마찰을 감소시키는 조치는 무엇일까? 철저한 훈련, 높은 사기, 우수하고 충분한 무기와 장비, 창의적인 기획, 역사교육, 전투경험, 잠재적 문제에 대한 민감성 등이 있다는 견해는 참고할 가치가 있다.

◈ 만약 전쟁술이 작전지역에 있어서 결전을 기도企圖하는 지점에 최대 가능의 병력을 투입하는 것으로 성립된다면, 그것을 성취하는 수단은 올바른 작전선의 선택에 있다. —조미니—

◈ 개전開戰에서부터 전쟁 종결에 이르기까지의 작전계획을 상세히 예정豫定한다는 것은 크게 그릇된 것이라 하겠다. 적의 주력과 충돌이 일어난 순간부터 그 전술적 승패가 그 후 작전의 결정요인이 된다. 여러 가지 계획을 세워 보아도, 전술의 여하에 따라 대체로 실시할 수 없는 것이 많으며, 또 예기치 않았던 사건이 많이 속출하는 것이 보통이다. 따라서 형세의 변화를 상세히 관찰하여 미리 충분한 시간 여유를 가지고 그것에 대응하는 조치를 생각하고서 단호히 실행하는 것이 작전수행의 비결이다.

—몰트케—

◈ 전쟁의 연속되는 여러 행동은 사전에 조정된 계획을 실천하는 것이 아니라, 그때그때 군사적 기지機智를 가지고 수행하는 자연 발생적인 행위이다. —몰트케—

◈ 대모험이 없이는 전쟁에서의 대성과는 기대할 수 없다. —몰트케—

◈ 작전행동에 임해서는 '무엇을 할 것인가'가 아니라, '어떻게 할 것인가'가 더 중요하다. 확고한 결심과 간단한 착상에 불굴의 실행은 가장 확실하게 목표를 달성한다. —몰트케—

◈ 전략적 지점의 점유는 작전의 성공을 결정한다. —챠르스—

◈ 지휘관에 있어서 전술적 업무란 전선에 나가 있는다는 것이다. 그리고 그는 중요한 지점에 있어야 한다. 사무적인 업무는 참모장교에 맡겨 두면 된다. —도마—

◈ 패배해도 목적을 달성할 때가 있다. 승리하여도 목적을 달성하지 못할 때가 있다. 진정한 승리는 목적의 달성 여부에 달려 있다.

—아키야마 사네유키(秋山眞之)—

◈ 모든 전투지휘의 진수眞髓는 공격에 의하여 적을 섬멸하는 데 있다.

—슐리펜—

◈ 용병用兵은 예술과 마찬가지로 무한히 다양한 형태를 창조하는 데 그 본령本領이 있다. —마한—

◈ 승리는 물질적 파괴에 의해 획득되는 것이 아니라, 적에게 승리의 희망을 파괴케 함으로써 획득되는 것이다. —골츠—

◈ 적을 정신적으로 교란攪亂시켜 내가 결정적인 타격을 가할 수 있게 될 때까지 작전을 연기해 두는 것이 가장 건전한 전략이며, 또한 공격을 연기해 두는 것이 가장 건전한 전술이다. —레닌—

◈ 많은 전투는 스스로 패했다고 조급하게 믿는 자의 패배로 돌아갔다.

—콘라트—

(콘라트(Franz Graf Conrad von Hötzendorf, 1852~1925), 오스트리아 제국의 백작이며, 오스트리아·헝가리 제국의 원수. 제1차 세계대전 중 합스부르크 왕국의 군사활동을 계획하는 일을 맡았으며, 오스트리아·헝가리 연합군 참모총장으로 탁월한 군사 전략가였으나, 콘라트가 실패한 주된 원인은 인간적인 요인들과 제1차 세계대전의 정치현실을 모두 무시하고, 군사적 해결책만을 주장한데 있었다. 주요저서로는 회고록인 『나의 초년 1871~1882』

(1925), 『나의 군무 1906~1818』(5권, 1921~ 1925) 등이 있다.)

◈ 호전好轉되기 전에 악화惡化되는 단계도 있을 수 있다. —처칠—

◈ 적의 공격을 맞이하여 후퇴는 있을 수 없다. 우리 부대는 현재 확보하고 있는 진지에서 싸워라. 살아서 그곳에 머물지 못하면, 죽어서 그곳에 머물러라. —몽고메리—

•주석 : 제2차 대전 중 아프리카 전선에서의 명령문의 한 구절.

◈ 전쟁에서 승리하는 비결, 즉 '3군의 완전한 일체화'에 있다는 것은 장래에 남겨야 할 커다란 교훈이다. —맥아더—

•주석 : 제2차 대전을 통한 체험에서 나온 명구名句이다.

◈ 야전군의 지휘관에 있어서 상급지휘관으로부터 너무 상세한 간섭을 받거나 엄격한 시간표를 강요당하는 것처럼 위험한 것은 없다. —맥아더—

◈ 전차전에 있어서 움직이는 것을 그만 두면 반드시 패한다. —만토펠—

(만토펠(Hasso-Eccard von Manteuffel, 1897~1978), 독일군인, 기갑군사령관. 제1·2차 세계대전에 참전했다. 종전 후 자유당의 하원의원에 선임되었고, 재무장의 지지자였다.)

◈ 비록 각국마다 건국정신이나 재부財富의 많고 적음, 지리적 환경의 특수성, 3군의 발전 비중 등이 다르거나, 혹은 작전지구作戰地區의 작전대상 및 임무의 특수성에 따라 3군의 운용 면에 다소의 선후관계가 있다고 할지라도, 3군이 통일된 지휘를 받아 합동작전을 실시해야 한다는 사실만은 부인할 수 없는 철칙으로 되어 있다. —장웨이궈(蔣緯國)—

◈ 적이 전진해 오면 우리는 후퇴하고(敵進我退)
적이 멈추면 우리는 교란하고(敵駐我擾)
적이 피로하면 우리는 치고(敵疲我打)
적이 후퇴하면 우리는 추격한다(敵退我追) —마오쩌둥(毛澤東)—

•주석 : 이것은 1928년에 발표한 마오쩌둥의 16자전법十六字戰法이며, 열세한 군대가 우세한 적과 싸우는 유격전의 진수를 밝힌 내용이다.

◈ •승리가 확실한 경우에는 모든 전역戰役과 전투에서 단호히 결전을 할 것.
•승리가 불확실한 경우에는 모든 전역과 전투에서 결전을 회피할 것.
•민족의 운명을 거는 전략적 결전은 절대로 회피할 것. —마오쩌둥—

◈ 모든 군사행동의 지도원칙은 가능한 한 자기의 힘을 보존하고 적의 힘을 소멸消滅시킨다는 기본원칙에 바탕을 두고 있다. —마오쩌둥—

◈ 여러분, 나는 결정을 좋아하지 않는다. 그러나 결정을 해야만 한다. 그러면…갑시다. —아이젠하워—

•주석 : 1944년 6월 6일의 노르망디 상륙일 결정의 말이다. 기상조건의 악화로 6월 4일, 5일도 포기했으며, 만약 6일도 못하면 적어도 앞으로 19일까지 상륙을 연기해야 했다. 6일 아침 기상이 약간 좋아지지만, 그 후 악천후가 계속되어 상륙은 가능하나 후속의 보급이 어렵다는 상황이며, 각 지휘관의 의견도 둘로 나뉘어 결국 최고사령관이 결정을 내려야 했던 것이다.

◈ 이스라엘군의 전승 비결은 적극적인 공세, 행동과 기습, 결단과 속도, 항공우세 그리고 예하 지휘관에 대한 많은 분권적인 지휘권의 이양과 유럽인이 따를 수 없는 열렬한 정신 및 미군에 못지않은 병참지원의 우수성에 있었다. —보프르—

•주석 : 제3차 중동전쟁(6일전쟁 : 1967년 6월 5일)에 대한 논평이다.

◈ 다른 어느 경우보다도 전쟁에 있어서는 사건과 상상은 더욱 일치하지 않는다. —리비—

◈ 몽골군의 전술은 사격에 의하여 적을 약화시키고 또한 혼란에 빠뜨릴 때까지는 적과의 접근을 회피하였다. —리델 하트—

◈ 아돌프 왕은 안전의 확보, 기동 및 집중이라는 싸움에서의 세 가지 기본 원칙을 혼화混和하여 실행한 근대적인 최초의 지휘관이었다. 이 삼위일체三位一體는 신속하고 이익이 큰 승리라는 목적을 달성하기 위해 병력의 경제적 운용을 성립시키는 것이었다. —리델 하트—

◈ 전투에서 승리한다고 해서 전략적이거나 정치적인 성공이 보장되지는 않지만, 패배는 실패로 직결된다. —콜린 그레이—

◈ 전승戰勝은 장수가 승리를 믿는 데서 비롯되며, 패전은 장수가 전패戰敗를 자인自認한 데서 생긴다. —『통수강령』—

◈ 대군을 통수한다는 것은 방침을 제시하고 병참兵站을 준비하는 것이다. —『통수강령』—

◈ 적에 앞서 자주적으로 나의 의표를 결정하고 신속히 방침을 확립한다는 것은 선제권을 파악하고 적극 주동의 작전을 지도하고 자기의 법칙을 적에게 강요하기 위한 제일 요건이다. —『통수강령』—

◈ 철수는 실로 중대하며, 한 부대의 철수라 할지라도 그 영향은 대단히 크다. 철수에 관한 명령은 반드시 고급지휘관으로부터 먼저 발동되는 것을 원칙으로 한다. —『통수강령』—

◈ 대부분의 철수는 그 후의 전역戰役준비를 유리하게 하기 위한 기동으로서 그 주안은 전략태세의 개선, 작전자유의 획득, 주동권主動權의 탈환 등에 의해 유리한 조건하에서 새로운 전역戰役을 획책하는 데 있다. —『통수강령』—

◈ 전투지도戰鬪指導의 주안主眼은 끊임없이 주도의 지위를 확보하고, 적을 조종하여 의표意表로 나아가 그의 예기치 않은 지점과 시기에 철저한 타

격을 가하여 신속히 전투의 목표를 달성하는 데 있다.

—구舊일본군의 『작전요무령』—

◈ 효과적인 추격을 위해서는 고도의 통솔력과 주도권이 필요하다.

—미 『야전교범』—

16

지형과 기상

◈ 적의 능력과 의도를 알고 또 이편의 그것을 알면 승리는 위태롭지 않을 것이며, 더욱이 천시天時와 지리地利까지 안다면 언제나 승리할 것이다.

—손자—

•주석 : 천시란 낮과 밤, 맑고 흐림, 추위와 더위 등의 기상·기후 및 계절의 변화 등 시간적 조건을 뜻한다. 예컨대, 1274년 고려와 세계 최강의 원元나라의 연합군 4만 병력과 900여척의 함선으로 일본에 침공했으나 태풍으로 패배했고, 1281년 더 많은 병력과 함선으로 재침공했으나 역시 태풍으로 함선과 병력을 잃어 패배했다. 그래서 일본은 태풍을 '가미가제(神風)'라 불렀다. 제2차 대전 때, 미국의 기동함대는 필리핀에서 태풍을 경험하고 마치 해전海戰을 치른 것 같다고 했으나, 일본 본토 폭격을 멈추지 않았다. 일본은 '가미가제'를 불게 만든다면서 '가미가제' 특공대를 편성하여 공격했으나, 원자폭탄으로 인해 항복하고 말았다. 나폴레옹과 나치·히틀러의 러시아 침공 실패도 겨울의 동장군과 영토가 광대하기 때문에 패배했다고 보아야 하리라.

◈ 안내인을 이용하지 않는 자는 지리의 이利를 얻지 못한다. —손자—

◈ 지형에는 통형通形, 괘형挂形, 지형支形, 애형隘形, 험형險形, 원형遠形의 여섯 가지가 있다.

(1) 통형은 이편이 갈 수도 있고, 적군이 올 수도 있는 곳이다. 그러한 지형에서는 먼저 높고 양지 바른 곳을 점거하고 군량미의 수송을 편리하게 하여 싸우면 유리하다.

(2) 괘형은 가기는 쉬우나 돌아오기는 어려운 곳이다. 그러한 지형에서는 적의 방비가 허술할 때 나가서 공격하면 승리할 것이다. 적의 방비가 강하여, 만약 싸워서 승리하지 못하면 철수하기가 어려울 것이니 불리하다.

(3) 지형은 이편에서 진격해도 불리하고, 적군이 진격해도 불리한 곳이다. 그러한 지형에서는 적이 비록 이익을 제공한다 하더라도 진격하지 말 것이며, 일단 후퇴한 후에 적으로 하여금 반쯤 진출케 해 놓고 공격하면 유리하다.

(4) 애형에서는 이편이 먼저 점거하면 반드시 방어를 충실하게 하여 적의 공격에 대비해야 한다. 만약 적이 먼저 점거한 경우에는 그 방어가 충실하면 공격하지 말고, 방어가 허술하면 공격해야 한다.

(5) 험형에서는 이편이 먼저 점거하면 반드시 높고 양지 바른 곳을 점거하고, 적의 공격을 기다린다. 만약 적이 먼저 점령한 경우에는 철수할 것이며, 공격하지 말아야 한다.

(6) 원형에서는 싸움터가 멀어서 양군의 전력이 비슷할 때는 서로 도전하기 어려울 것이며 싸워도 이익이 없을 것이다.

무릇 이 여섯 가지는 지리의 원칙이다. 장수된 자는 그것을 적절히 활용하는 것이 중요한 임무이니, 신중하게 생각하지 않으면 안 된다. —손자—

◈ 무릇 지형에는 다음과 같은 위험한 곳이 있다.

- 절간絶間—절벽에 둘러싸인 깊은 계곡.
- 천정天井—사방이 높고 가운데가 낮아 물이 괴는 분지.
- 천뢰天雷—험준한 산에 둘러싸여 빠져나가기 어려운 곳.

• 천라天羅 – 초목이 빽빽하여 행동이 자유롭지 못한 곳.
• 천함天陷 – 수렁이 된 습지대로 통행이 어려운 곳.
• 천극天隙 – 길고 좁으며, 땅은 울퉁불퉁한 곳.

이와 같이 위험한 곳은 반드시 빨리 통과해버려야 하며, 가까이 해서는 안 된다. 이편은 그러한 곳을 멀리 하되, 적은 가까이 하도록 하며, 이편에서는 그러한 곳을 향하게 하고, 적은 그러한 곳이 배후가 되도록 해야 한다. –손자–

◈ 대저, 지형이라는 것은 전투를 수행하는 데 있어서 중요한 보조수단이다. 적군의 정세를 헤아리고 승리를 획득하기 위해서 지형이 험하고 좁고 멀고 가까움을 헤아리는 것은 장수의 용병用兵하는 방법이다. 이것을 알고 싸우는 자는 반드시 승리할 것이며, 알지 못하고 싸우면 패배하는 것이다. –손자–

◈ 지형에 따라 용병하는 방식이 있으니, 즉 산지散地, 경지經地, 쟁지爭地, 교지交地, 구지衢地, 중지重地, 비지圮地, 위지圍地, 사지死地가 있다.

• '산지'란 스스로 자기 국토 내에서 전투하는 것을 '산지'라고 말한다.
• '경지'란 다른 나라의 영토에 침입했으나, 깊이 들어가지 않는 곳을 '경지'라고 말한다.
• '쟁지'란 이편이 점령해도 유리하고, 적이 점령해도 유리한 곳을 '쟁지'라고 말한다.
• '교지'란 이편이 진격하기에도 편리하고 적이 공격하기에도 편리한 전략적 가치가 있는 곳을 말한다.
• '구지'란 여러 나라가 인접해 있기 때문에 먼저 점령하면 천하를 얻을 수 있는 곳을 말한다.
• '중지'란 적의 영토에 깊숙이 들어가서 많은 성과 고을이 배후에 있고 돌아오기가 어려운 곳을 말한다.

•'비지'란 높은 산과 험한 지형, 소택지 등 행군하기 어려운 곳을 말한다.
•'위지'란 돌아가기에는 길이 좁고, 돌아올 때는 우회해야 하며, 소수의 적군이 다수의 아군을 공격할 수 있는 곳을 말한다.
•'사지'란 빨리 전투를 끝내면 생존할 수 있으나, 빨리 끝내지 못하면 적의 포위에 빠져 퇴로를 차단당하여 섬멸되는 곳을 말한다.

이런 까닭으로,
•'산지'에서는 전투를 하지 말아야 한다.
•'경지'에서는 주둔하지 말아야 한다.
•'쟁지'에서는 공격하지 말아야 한다.
•'교지'에서는 부대 간의 연락이 차단되어서는 안 된다.
•'구지'에서는 제3국과 외교관계를 맺어야 한다.
•'중지'에서는 병참의 현지 조달에 힘써야 한다.
•'비지'에서는 전투를 하지 말고 빨리 통과해야 한다.
•'위지'에서는 계략을 써서 탈출해야 한다.
•'사지'에서는 사력死力을 다하여 싸우는 길 밖에 없다. —손자—

◈ 산림의 험난한 곳과 습지대의 지형을 모르는 자는 군대를 행군시키지 못하며, 토착의 길 안내자를 활용하지 못하는 자는 지형의 이로움을 얻지 못한다.
—손자—

◈ 위 무후가 오기(吳起)에게 물었다.
"만약에 적 병력은 다수이고, 아군은 소수일 때는 어떻게 조치해야 하오?"
오기는 이렇게 답변하였다.
"그런 경우, 평탄한 개활지에서 적과 접전을 회피하고, 적을 협소한 애로隘路로 유인하여 공격하여야 합니다. '한 명의 병사로써 10명의 적을 치는 데는 애로보다 더 좋은 지형이 없으며…그러므로, 대부대를 운용하는 장수는 평원지대에서 싸워야 하며, 소부대를 운용하는 장수는 협착하고 험준한 지형에서 싸워야 한다'고 말하는 것입니다." —오자—

◈ 지형이 높은 전망이 좋은 곳에 병력을 배치하면 경계와 수비를 철저히 할 수 있습니다. 험한 요새를 확보하여 지키면 수비를 견고히 할 수 있습니다. 산림이 무성하고 지형이 어둠침침한 곳에 병력을 배치하면 부대의 행동이 적에게 발각되지 않고 은밀히 작전할 수 있습니다. 참호를 깊이 파고 보루를 높이 쌓으며, 군량을 많이 비축해두면 지구전에 대비할 수 있습니다. —『육도』—

◈ 지휘관은 첫째, 어느 특정된 장소와 거리의 길이, 도로의 성질, 가장 가까운 길, 우회로, 산, 하천 등이 정확하게 삽입되어 있는 전장戰場의 설명도를 가지고 있어야 한다. —베게티우스—

◈ 지휘관의 지형에 대한 지식을 비유한다면, 그것은 마치 보병의 총기에 대한 지식과 기하학자의 수학 공식에 대한 지식과 마찬가지이다. —프리드리히 대왕—

◈ 명나라 장수인 제독提督 이여송(李如松)이 왜군을 추격하여 조령鳥嶺을 지나다가 탄식하여 말하기를 "이렇게 험준한 곳이 있는데도 지킬 줄 몰랐으니, 신 총병申總兵(신립申砬)은 꾀가 없는 사람이다." 하였다.

대체로 신립은 날쌔어서 그 당시에 이름은 얻었으나, 군사 쓰는 계책은 그의 장점이 아니었다. 옛사람이 말하기를 "장수가 군사 쓸 줄을 알지 못하면 그 나라를 적군에게 내어주는 것이다." 하였는데, 지금에 와서 비록 후회한들 무슨 소용이 있으랴마는, 그래도 훗날의 경계가 되겠기에 상세히 기록해 둔다. —유성룡—

• 주석 : 이여송은 명나라 장수로 임진왜란 때 지원군 4만 명을 거느리고 조선에 와서 왜군을 격파하고 평양을 수복했다. 그가 왜군을 추격하여 조령을 지나다가 탄식한 이야기를 유성룡은 『징비록』(1633)에 수록했다.

신립 장군은 "적세가 심히 날카로우니 함부로 싸우다가는 막기가 어려우니 조령에 진을 치고 방어하자"는 건의를 무시하고, "적은 보병이요, 아군은 기병이니 산협山峽에서 싸우는 것 보다 광야에서 철기鐵騎로 적을 짓밟아 버림이 옳다"고 하여 탄금대(지금의 충주)에서 배수의 진을 치고 왜병과 싸웠으나 패배하고 전사했다.

한편 왜장 고니시 유키나가(小西行長)는 조령에 이르러 산세가 험준함을 보고 반드시 복병이 있을 것이라 의심하고 척후병을 파견하여 탐색하였으나 복병이 없다고 하므로 진군하여 산의 정상에 이르니 복병이 한 사람도 없으매 적장 고니시는 웃으면서 "이러한 험지에 복병이 없다는 것을 보면 조선의 군세軍勢를 알겠다"고 했다는 것이다.

◈ 여러 가지 일 중에서도 지휘를 맡은 장군에게 특히 요구되는 것은 지형이나 지리를 알아두어야 한다는 일이다. 그 이유는 대국적이면서도 세부에 걸친 지식을 갖고 있지 않으면 지휘관은 어떤 작전도 실시할 수 없기 때문이다. 모든 기술이란 훈련을 거듭하고서야 비로소 완전하게 그것을 내 것으로 만들 수 있다. —마키아벨리—

◈ 각자의 상황 하에 있어서 자연이 주는 여러 가지 이익을 끌어내는 것은 유능한 장수의 재간이다. 평지, 산지, 소택지, 하천, 삼림 기타 무수한 지형상의 특성이 있으나, 이러한 것은 자기의 목적을 위해 전용轉用했을 때 위대한 공헌을 해주는 힘을 가지고 있다. —삭스—

◈ 영구적 축성을 위해 자연의 지형을 선정해야 하며, 도시는 요새화해서는 안 된다. —삭스—

◈ 나폴레옹은 아베니엔의 지리를 마치 자기의 옷자락처럼 숙지하고 있었다. —클라우제비츠—

•주석 : 1796년 3월, 28세의 나이로 이탈리아 원정군 사령관으로 임명되기 전에 그는 이미 이탈리아에 대한 작전계획을 입안한 경험이 있었고, 이때 그는 이탈리아에 대한 치밀한 지형의 전략적 연구를 했었기 때문에

이탈리아 원정을 대성공으로 인도할 수 있었다.

◈ 지리적 위치는 역사를 통해 본다면, 여러 가지 형태로 외교정책과 군사 전략 및 군사능력에 영향을 미쳐왔다. 그것은 군사적 기동성은 물론 군사적 접근성과 취약성에 영향을 미친다. —크라우스 노어—

◈ 지역은 작전행동을 위해 가치를 가지고 있으나, 그 자체는 일찍이 전승을 가져온 적이 없으며 또 그것을 가져올 수도 없다. —다란체크—

•주석 : 지역, 지형은 활용하는 사람에 따라 가치가 달라진다는 뜻이다.

◈ 가장 훌륭한 종류의 요새는 그 국가에 적의 접근을 허용하지 않는 동시에 적을 그 영토에서 공격하는 기회를 주는 것이다. —미구레—

◈ 모든 전략은 지정학적 전략이다 : 지리는 전략의 기본요소이다.

전쟁의 모든 맥락들은 영원히 살아 움직인다. 특히 다른 것들보다 지정학·지정학적 전략의 맥락이 더욱 왕성하게 작용한다. 전략은 반드시 지리적 관계를 고려해야 한다는 명백한 사실을 말한다. 따라서 전략은 지정학과 지정학적 전략관계를 따지지 않을 수 없다. 즉

◁ 모든 전략은 특정한 지리를 고려해서 행동을 지시한다.

◁ 다섯 가지 지리적 환경—땅, 바다, 하늘, 우주, 가상 공간—은 저마다 단순히 영향을 끼치는 것이 아니라, 그 안에서 군사적으로 무엇을 얻을 수 있는지를 결정하는 고유한 물리적 특성들이다.

◁ 안보 공동체들은 특정한 지리에서 전쟁을 수행해야 할 뿐 아니라, 대개 그 지리를 대상으로 전쟁을 수행한다.

◁ 심지어 전쟁이 주로 문제가 되는 지리를 대상으로 한 것이 아니라고 하더라도, 전략은 앞서 말한 것처럼 언제나 지리적 관계를 반드시 고려해야 한다.

◁ 그 어디에서든 정책 결정자와 군인들의 문화, 곧 그들의 가치관, 믿음, 사고방식, 표준관행은 지리의 영향을 깊이 받는다. 어떤 공동체가

차지한 지리는 그들 역사의 문을 여는 열쇠이다. 다시 말해서 그것은 그들의 역사를 만드는 힘이었다. —콜린 그레이—

•주석 : 필자는 국방대학원에 재직하고 있을 때, 일본의 사토 도쿠다로(佐藤德太郞, 1909~2001) 교수의 저서, 『대륙국가와 해양국가의 전략』(東京 : 1973)을 읽고, 그 내용이 훌륭하기에 서평書評을 『국방연구』(1974. 12.)에 발표하고 사토 교수에게 보내주면서 서신왕래가 시작되었다. 1975년 8월 도쿄(東京)의 호텔에서 처음 만나 질문하기를, "일본은 해양국가이기 때문에 해양전략 이론을 수용하면 되지만, 나는 반도국半島國에 살고 있습니다. 반도국의 전략이론이나 연구 자료를 소개해 주었으면 합니다."라고 말했다. 사토 교수는 약간 긴장된 얼굴로 대답했다. 즉 "반도국의 전략이론이나 연구 자료는 전혀 보지 못했습니다. 그러나 반도국의 전략이론은 이(李) 교수가 지금부터 연구해야 할 과제가 아닐까요?"

그 후 한반도에서 살고 있는 통일된 한민족韓民族의 생존전략이론을 구상하기에 앞서 기초적인 전략이론을 검토하여 발표한 논문이 「한반도의 전략이론 서설」(1976. 6.)이며, 그 후 저서로 『한반도의 억지전략이론』(1979)을 발간했음을 밝혀둔다.

◈ (임진왜란 때) 평양과 함경도에 주둔하던 막강한 일본군이 전투다운 전투조차 하지 못하고 후퇴한 이유는 무엇이었을까?…

일본군에게 명나라의 참전보다는 겨울 추위가 더 무서운 적이었던 것이다. 이 해 겨울은 유난히 추웠다고 한다. 12월에는 추위가 예년에 없이 무섭게 몰아닥쳐서 평안도 지방은 문자 그대로 얼음지옥이었다고 한다. 평양성에서 후퇴하던 일본군 병사는 다음과 같이 기록하고 있다.

> 이날 밤은 북풍이 무섭게 불고 한기는 살갗을 에며 뼈속까지 스며들어 인간의 지각을 모두 빼앗아 갈 듯했다. 동상에 걸린 병사들은 활은커녕 지팡이조차 잡지 못할 정도였다. 막대가 다 된 다리를 몽유병자처럼 질질 끌고 걸어갈 뿐이었다. 그렇게라도 하지 않으면 동사라는 확실한 죽음이 큰 아가리를 벌리고 기다리고 있었다. -『길야일기吉野日記』-

—반기성—

•주석 : 반기성의 『날씨가 바꾼 익사이팅 세계사』(2013)에 소개된 내용이다. 그는 전투·전쟁에서 날씨가 승패를 좌우하는 한 요인이고 또 기후는 문명을, 더 나아가 역사를 바꾸는 요인이라 주장했다. 반기성은 공군 제73 기상전대장을 역임했고 지금도 기상분야에서 활동하고 있다.

◈ 전쟁의 지리학은 육지와 바다에 국한된 기존의 지리학의 영역을 넘어서고 있다. 오늘날 전쟁의 무대는 하늘은 물론, 우주와 사이버 영역으로까지 확대되었다. 지형, 기후, 거리 등의 역할은 기술발전의 여부에 따라 달라지게 된다.

—콜린 그레이·지니 존슨—

◈ 현대전 개념의 발전과 기술의 발달 그리고 군사이익과 책임지역의 확장은 그 만큼 군사지리 범위의 확대를 가져왔다. 그래서 군사지리는 더 이상 지형이나 기후같은 자연현상 문제에 국한되지 않고 사회 및 경제 그리고 정치적 문제에 이르기까지 다양한 인간사회문제를 다루게 되었다. 쉽게 말해서 군사지리는 인간의 생존과 전쟁에서의 승리를 위한 교육의 일환으로서 기능을 수행하고 있다.

군사지리의 일반적 논리는 다음과 같은 것들이 포함되어 있다.

- 첫째, 물리적이건 사회적이건 실제적 환경상황의 성격은 같은 장소에 있어서 군사활동 수행에 독특한 영향을 미친다.
- 둘째, 이러한 성격은 군사활동에 대한 영향과 체계적인 연관을 맺고 있으며, 이 성격과 영향은 장소에 따라 그 관련 정도가 다르다.
- 셋째, 한편 이 영향은 적어도 어느 정도까지는 사전에 예측할 수 있기 때문에 군사계획 수립에 유용하다.

실제상황의 군사적 효과는 거의 군사기술 수준과 군사력의 성격 및 배치현황 그리고 이 군사력의 주어진 임무와 작전지역의 지리적 성격 등에 달려 있다.

—펠티어와 피어시—

•주석 : 미국의 군사지리 학자인 펠티어(Louis C. Peltier)와 피어시(G. E. Pearcy)의 공저, 『군사지리』(*Military Geography*, 1966)의 결론 부분이다.

군수軍需

◈ 군수(Logistics) : 무기체계의 연구개발, 장비 및 물자의 소요판단, 생산 및 조달·보급·정비·수송·시설·근무분야에 걸쳐 물자, 장비, 시설자금 및 용역 등 모든 가용자원을 효과적·경제적으로 관리하여 군사작전을 지원하는 활동.

—『군사용어사전』—

◈ 국가가 군대를 동원하여 전쟁을 하려면, 그 규모는 전차 1,000대, 치중차 1,000대, 무장군 10만 그리고 천리나 되는 먼 거리에 군량을 수송할 만한 비용, 국내외에서 사용되는 비용, 외교사절의 접대비, 군수물자의 보급 및 개인 장구 등 하루에 천금의 거액을 소비할 만한 능력이 있어야 한다. 그래야만 10만의 군대를 동원할 수 있다.…

전쟁을 함에 있어서 장기전을 벌이면 무기가 무디어지고 장병들의 사기도 저하된다. 따라서 적진을 공격해도 공격력이 약화될 것이다.…

그러므로 전쟁은 승리가 다소 미흡한 점이 있더라도 속전속결速戰速決로 끝내야지, 완벽한 승리를 기하고자 교묘하게 오래 끌어 이로웠다는 예는 본 적이 없다.

—손자—

•주석 : 미국은 베트남전에 1961년부터 1973년까지 개입하여 전투에서는 언제나 승리했으나 결국 전쟁에서 패하고 말았는데, 장기전으로 인한 정

부와 군민의 결속이 붕괴되었기에 패배하고 말았다. 소련도 아프가니스탄에 1979년 침공하여 1989년에 철수했는데, 강대국이라 할지라도 장기전을 치렀기에 패배하고 말았다.

◈ 군대는 수레가 없어도 망하고, 창고가 비어도 망한다. —옛 중국의 격언—

◈ 장수는 그의 부하들로 하여금 어떻게 식량을 얻도록 할 것이며, 전쟁에 필요한 다른 모든 물자를 어떻게 얻도록 할 것인가를 알지 않으면 안 된다. —소크라테스—

◈ 보급이 불충분한 군대는 무기에 의한 전투 없이도 패망시킬 수 있다. —베게티우스—

◈ 군의 급양給養은 근대의 전쟁에 있어서 옛날에 비하여 훨씬 중요한 사항이 되었다. 거기에는 두 가지 이유가 있다. 즉 첫째, 일반적으로 근대의 군은 병수兵數에 있어서 옛날에 비하여 현저히 거대해졌다는 것. 둘째, 근대의 전쟁에 있어서 군사적 행동은 이전에 비하여 훨씬 긴밀한 내적 연관을 가지며 또 전쟁 수행에 임하는 전투력은 끊임없이 전투 준비를 갖추고 있어야 한다는 것이다. —클라우제비츠—

◈ 군수란 전쟁수행을 지원하기 위하여 인원, 물자, 무기 등을 준비하고 제공하는 과학이다. —뒤 피크—

◈ 전략선戰略線 중 가장 중요한 것은 병참에 관한 것이며, 병참은 전쟁을 지배한다. —마한—

◈ 어려운 전투를 수행할 수 있게 하기 위해서 군대에 첫째로 필요한 것은 적절한 무기와 유류油類 그리고 탄약의 저장량이다. 실제로 전투는 교전이 시작되기 전에 군수장교에 의하여 이루어지고 또한 결정되어 버린다.
가장 용감한 군대도 총포 없이는 아무 것도 하지 못하며, 총포라 할지라도 풍부한 탄약이 없이는 아무 소용이 없다. 기동전機動戰에 있어서 아무리 많은 총포와 탄약이 있어도 그것을 운반할 수 있는 기동력이 없으면 소용이 없다. —로멜—

• 주석 : 제2차 대전 중 북아프리카 전투에서 '사막의 여우'로 불리던 독일군의 명장名將 로멜 장군은 그의 체험을 통하여 군수의 중요성을 역설했다.

◈ 어떤 군사행동에 있어서도 보급은 작전의 기능을 관장하는 신경계통의 구실을 한다. —맥아더—

◈ 병참은 모든 전투에 영향을 미치며, 많은 전투를 결정짓는다.

—아이젠하워—

◈ 과달카날 섬에서 1943년 2월부터 철수작전이 수행되었다. 각 부대는 거의 예정대로 철수지점까지 도착했으나, 몸을 움직일 수 없는 부상병은 자결시키거나 혹은 '처분'이 대규모로 실시되었다고 한다. 과달카날 섬에 투입된 총병력 31,404명 가운데 철수된 자는 10,652명이고, 나머지 약 20,000명은 사망했다. 그 가운데 전사자는 약 5,000명이고, 나머지 15,000명은 굶어 죽었다.

과달카날 섬이 '아도餓島'로 불려 진 까닭도 여기에 있었다.

—스기노오 요시오—

• 주석 : 스기노오 요시오(杉之尾宜生, 1936~2015)의 『大東亞戰爭敗北の本質』(2015)에서 인용했다. 그는 일본의 방위대학교 5기로 졸업했고, 방위대학교 교수(대령) 출신이다. 저자와는 『戰争論の読み方』(2001)의 공저자共著者로 친분이 있었기에 저서를 보내주었다. 과달카날 섬은 남태평양의 솔로몬 제도의 한 섬이다.

◈ 국가의 존립은 국내의 보급자원에 의존하지 못할 위치에 있을 때 위험하게 된다. 장차 전쟁에 있어서는 군대와 국민을 급양함이 절대적으로 결정적인 역할을 한다고 확신한다. —리스트—

◈ 병참은 전략적 기회를 좌우하는 요소이다. 그리고 병참은 보급과 기동의 과학이다.

―콜린 그레이―

핵무기와 핵전략

◈ 억제(Deterrence) : 상대국가가 군사행동을 취해서 얻을 수 있는 예상되는 이득보다 손실과 위험이 더 크다는 것을 예상케 하여 군사력 사용을 자제토록 하는 조치. ―『군사용어사전』―

◈ 억제전략(Deterrence Strategy) : 한 국가가 침략을 하려고 할 경우, 그 침략에 의해서 얻을 수 있는 이익 이상의 견디기 힘든 손해를 받게 될 것이라는 것을 그 나라에 인식시켜서 침략을 미연에 방지하거나, 혹은 전쟁이 발발할 경우 그 전쟁의 규모 및 치열도가 확대될 위험성을 억제하기 위해 사용되는 국가전략.

억제전략에는 이익거부에 의한 억제, 비용강요에 의한 억제, 자제유도에 의한 억제가 있음.

① 이익거부에 의한 억제 : 적이 추구하는 이익은 가치가 없고, 방책을 선택해도 선공先攻 가능성이 없다는 것을 적에게 인식시키는 방법.

② 비용강요에 의한 억제 : 우리가 추구하는 방안을 적이 채택하지 않을 경우에 발생하는 비용이 심각하다는 것을 적에게 인식시키는 방법.

③ 자제유도에 의한 억제 : 적이 자제할 경우, 이에 상당한 보상이 있음을 인식하게 하여 스스로 행동을 자제토록 하는 방법. ―『군사용어사전』―

◈ 원자폭탄이 사용되는 미래전쟁에서 누가 승리할 것인가에 관해 우리는 생각할 필요가 없다. 지금까지 미군의 주목적은 전쟁에서 승리하는 데 있었으나, 이제부터는 전쟁을 회피하거나 억지하는 데 그 목적을 두어야 할 것이다. 이것 외에 다른 유용한 목적은 가질 수 없다. —버나드 브로디—

•주석 : 핵 억지개념의 대두를 제시한 내용이다.(브로디 편編, 『절대무기』(1946)에서)
(브로디(Bernard Brodie, 1910~1978), 미국의 핵전략이론가, 예일 대학교의 국제관계 교수를 역임했고, 랜드(RAND)연구소의 상급참모요원, 1946년 미국방대학원 창설시 교수를, 후에 국방대학원 고문이 되었다. 그는 공군대학 및 육군대학의 자문위원, 해군대학 및 캐나다 국방대학원의 강사를 역임. 주요저서로 『해군전략지침』, 『기계화시대의 해상세력』, 『미사일시대의 전략』, 『절대무기』(공저) 등이 있다.)

◈ 무엇보다 먼저 납득시켜야 할 생각은 국가가 원폭 공격을 받은 후에야 싸우도록 계획된 군사제도가 미리 동원된 병력과 병기창에 미리 준비된 장비로써 싸우도록 임전태세臨戰態勢가 되어져 있어야만 한다는 사실이다.

—버나드 브로디—

•주석 : 핵무기의 출현으로 동원전략개념에서 즉각 대응전략개념으로의 전환을 제시했다.(브로디 편編, 『절대무기』(1946)에서)

◈ 침략을 억지하는 방법은 자유진영이 그가 선택한 장소와 시간에 그가 선택한 수단으로 강력히 보복하겠다는 의지와 능력을 갖는 것이다.

—버나드 브로디—

◈ 현재 세계적으로 각국이 모두 자신의 핵무기를 가지려는 추세 하에 있다. 모두가 핵무기를 보유함으로써 자국의 자위력을 발휘하려 하고 있다. 이와 같은 핵보유국의 증가는 오히려 새로운 현상을 가져온다고 볼 수 있다. 어느 나라나 핵무기를 함부로 사용하려 하지 않는다. 따라서 핵보유국이 늘면 늘수록 비非전쟁상태만이 계속된다는 논리가 선다.

—갈루아—

◈ 미사일을 단시간에 탐지하여 그것을 파괴하는 수단의 개발이 긴급히 필요하다. 그것은 전략·전술상의 예상치 않았던 사태를 미연에 방지하기 위해 필요하기 때문이다. 이미 오늘날 어떠한 거리에 있는 목표에 대해서도 필요에 따라 어느 지점에서나 실제로 무한히 위력을 가진 파괴수단을 투입할 수 있는 단계에 도달했다. –갈루아–

•주석 : 핵전쟁에 있어서 중요한 요인은 시간이라는 것이 확인되었다.

◈ 핵시대의 전략이론은 다음 네 가지로 분류할 수 있다.

- 첫째, 억지라든가 제1격, 제2격 등의 개념을 다루고, 이것을 기초로 하여 전략이론을 구축한다.
- 둘째, 기술적·과학적 연구이다. 핵무기의 파괴력 계산이나 비용대효과비에서 무기체계를 검토하는 과제를 연구한다.
- 셋째, 국가가 합리적인 결정에 바탕을 두어 행동하는 경우, 어떠한 상호작용이 일어나는가를 연구한다.
- 넷째, 이론적·논리적 고찰에서 어떤 이론을 실제로 채용할 것인가를 고찰한다. –레몽 아롱–

(아롱(Raymond Aron, 1905~1983), 프랑스의 정치·철학자, 파리 대학교의 사회학 교수. 그는 정치평론가로도 알려져 있으며, 논평의 범위는 국내정치 뿐만 아니라 국제정치에 이르기까지 종횡무진이다. 전쟁과 평화의 쌍곡선 위에서 신음하는 인류 또는 인간의 문제를 다루고 있다. 주요저서로 『역사철학 방향』, 『민주주의와 전체주의』, 『전쟁과 평화』, 『전쟁론』, 『국제관계 이론』 등이 있다.)

◈ 억지를 세 가지 형으로 구분한다는 것은 중요한 일이다.

- 제1형 억지는 직접적 공격에 대한 억지이다.
- 제2형 억지는 미국 자체에 대한 직접적 공격보다는 다른 매우 도발적인 행동을 적으로 하여금 취하지 못하도록 하기 위하여 전략적 위협을

행사하는 것을 의미한다.

•제3형 억지는 보복억지라고 할 수 있다. —허만 칸—

(칸(Herman Kahn, 1922~1983), 미국의 물리학자, 핵전략이론가이며 미래학자. 1948년부터 1961년까지 랜드연구소에 근무하면서 군사문제를 연구했다. 1961년 허드슨연구소를 설립하여 소장으로 취임했고, 미국의 핵전략 입안에 공헌했다. 한국에 때때로 와서 강연을 했다. 주요저서로『열핵전쟁』(1960),『서기 2000년』(1967) 등이 있다.)

◈ 현대 핵무기는 매우 위력적이기 때문에 비록 그 목표를 파괴하지 못한다손 치더라도 보복무기 체계가 작용될 수 없을 정도로 환경을 변화시킬 것이라는 것이다. 핵무기의 여러 효과는 폭풍, 방사열, 지표충격, 파편, 낙진 및 전리방사電離放射 등을 포함한다. —허만 칸—

◈ 대對병력전략은 무엇보다도 전쟁결과를 개선하려는 것인 동시에 이것을 달성하기 위한 방법으로서 군사목표를 강조하는 것이다. —허만 칸—

◈ 이 최종 무기장치는 다음과 같이 상상적으로 혹은 완전히 가상적으로 기술될 수 있다.…이 장치는 적의 행동으로부터 보호됨은 물론이요, 믿을만한 통신전달체계에 의해서 전 미국에 수 백 개의 탐지장치와 접속된 전자계산기와 연결되어 있다. 이 계산기에 예컨대, 미국에 5개의 핵탄核彈이 폭발하면 작동하게 되어 있다면, 핵폭발 시에는 지구 전체가 파괴되도록 계획될 것이다. —허만 칸—

◈ 생존자들은 사망자를 부러워 할 것인가? —허만 칸—

•주석 : 칸의 저서,『열핵 전쟁론』(1960년대 출간)에서 나온 문구인데, 거기서 그는 미국인의 핵전核戰에 의한 사망자 수와 전후戰後 회복에 필요한 연수年數를 명시했다. 즉 4천만 명이 사망하면 20년, 8천만 명이면 50년…

◈ 핵무기에 있어서 수수께끼 같은 이상한 사실이 있다. 지난 30년간 이 핵

무기 덕분에 세계는 대체로 안정의 길을 걸어왔던 것이 사실이다. 유럽에서는 30년간 전쟁을 치르지 않았다. 전쟁을 통해 이득을 얻을 수 있으리라고 생각하고 전쟁을 치른 옛날과는 상황이 다른 것이 오늘날 국제사회의 상황이다. —케네스 헌트—

◈ 핵무기가 인간이 가지는 무기고武器庫의 일부로서 남는 한, 미국은 소련이 최초에 어떠한 행동으로 나온다 할지라도 소련을 파괴하는 능력을 보유해야 한다. —볼드윈—

◈ 우리의 핵이 압도적으로 유리한 입장에 있을 때, 소련의 정치적 행동이 야만스럽고 또한 편굴偏屈하다는 것을 우리들이 알고 있다고 한다면, 소련이 균등 내지 우위를 달성했을 때, 세계가 더 안정되리라는 것을 누가 기대할 수 있을까. 소련의 핵 우위가 가지는 위험은 미묘하고 또한 다양하다. —볼드윈—

◈ 핵시대 전략의 기본문제는 억지정책과 억지에 실패했을 경우의 전쟁수행을 위한 전략과의 관계를 어떻게 규정지을 것인가의 문제일 것이다.

—키신저—

◈ 핵무기는 그 자체 상당한 억지효과를 갖고 있다. 그러나 그것이 정밀한 운반수단, 고도로 복잡한 통신조직, 적당한 전술 등과 결합되지 않는 한, 효과적으로 활용하기 어려울 것이다. —키신저—

◈ 생존에 대한 열쇠는 충분한 보복력을 갖는 데 있다. —키신저—

◈ 억지라는 것은 얻을 수 있는 이익과는 부합되지 않는다고 생각되는 위협을 노출시킴으로써 상대방에게 그에 대한 어떠한 행동방침을 취하게 하는 기도企圖인 것이다. —키신저—

◈ 억지가 효과를 발휘하기 위해서는 힘과 이것을 행사할 의지와 그리고 이

두 가지에 대한 잠재적 침략자의 평가와의 결합을 필요로 한다. 그리고 억지는 이러한 여러 요구에서 만들어지는 것이며, 그것을 합계한 것은 아니다.

—키신저—

•주석 : 미국의 베트남전쟁에서의 패배는, 힘은 있으나 그것을 행사할 의지의 약화에서 온 것이었다.

◈ 우리들은 공산침략을 억지하고자 할 경우, 그 침략이 어떠한 규모로 시작되건, 저지할만한 군사력을 개발하지 않으면 안 된다. 침략자가 어떠한 형태의 침략을 감행하더라도 자유세계의 군사력을 파괴하지 못한다면, 억지는 완전했다고 말할 수 없다. 적절한 제한전력制限戰力(민족해방전民族解放戰 등에 대처하기 위한 통상전력通常戰力)과 취약성이 없는 보복력(강력한 대소對蘇 핵전력)이 일체가 되면, 침략자는 제한, 전면 어느 분쟁을 감행하더라도 이익을 얻을 수 없을 것이다. 이런 경우 침략자는 군사행동을 할 수 없게 된다.

—키신저—

•주석 : 유연반응전략柔軟反應戰略의 해설이다.

◈ 미국의 곤란은, 즉 전면전이냐, 아니면 사태를 정관靜觀하느냐 하는 양자택일적兩者擇一的인 군사정책에 대항하여 온건한 결정을 내리면, 양자 간에 조화가 이루어지지 않고 있다는 느낌을 줄 뿐이며 또한 '대량보복'은 그 이론적 귀결로서 '평화에 대신할 것이 없다'는 구호를 수반하기 때문에 미국의 외교에서 유연성을 빼앗아버렸다는 명확한 사실이 존재하고 있다는 점이다.

—키신저—

◈ 본질적으로 억지라는 것은 군사행동을 취함으로써 얻으리라고 예상되는 이득보다 손실과 위험이 더 크다는 것을 예상케 함으로써 적으로 하여금 군사행동을 단념케 하는 것을 뜻한다.

방위라는 것은 억지가 실패했을 경우, 예상되는 우리 측의 손실과 위험을 감소시키는 것을 뜻한다.

—스나이더—

◈ 억지란 어떤 의미에서 단순한 정치적 권력의 부정적 측면인데 강요 또는 강제력과는 대비가 되는 것으로, 남을 타일러서 그만두게 하는 힘이다.

—스나이더—

◈ 억지는 첫째, 상대편의 현재 및 장래 예상되는 가치계산에 대해서 영향을 미치는 어떠한 형태의 통제. 둘째, 그러한 계산을 증감시키겠다는 신빙성이 있는 위협이나 약속의 전달. 셋째, 이쪽이 그러한 위협이나 약속을 실행하겠다는 의지에 관한 상대편의 신용도로 성립된다.

—스나이더—

◈ 우리들의 전면全面 핵전쟁부대의 전략목표는 다음과 같다.

•첫째, 적이 처음에 공격을 가해 온다 하더라도 그 적에 대하여 참을 수 없는 손해를 줄 능력을 미국이 갖고 있다는 것을 명확히 믿게 하여 미국과 그 동맹국에 대한 고의의 핵 공격을 억지할 것.

•둘째, 만약 그러한 전쟁이 발발한 경우에도 우리들의 인구와 공업력에 대한 손해를 제한할 것.

잠재적 침략국을 억지하는데 필요한 이 두 가지 능력 중, 첫째의 것을 우리는 '확실파괴確實破壞'라 하고, 둘째의 것을 '손해제한損害制限'이라 부른다.

—맥나마라—

◈ 자유의 적이 대량 파괴무기의 저장을 확대하는 한, 미국은 어떠한 상황하에서도 그 사용을 억지할 능력을 확보하는 이외엔 길이 없다.

—맥나마라—

•주석 : 1961년, 미 하원 군사회의 연설에서.

◈ 핵교전核交戰의 무서운 결과를 국한코자 하는 노력은 우리들의 이익일 뿐만 아니라, 확실히 소련의 이익이기도 할 것이다.

—맥나마라—

•주석 : 1964년도 미국의 국방예산 설명서에서.

◈ 미국은 가능 시 되는 핵전쟁에 있어서 어느 정도 실용성이 있는 기본적 군사전략이 과거에 재래식 군사작전에서 행했던 것에 관심을 기울여야 한다는 결론에 도달했다. 즉 그것은 동맹국에 대한 주공격으로부터 발생하는 주요 전쟁에 있어서 기본적인 군사목표는 적의 인구 중심지가 아니라, 그 군사력의 파괴에 집중되어야 한다. —맥나마라—

•주석 : 1962년 6월, 맥나마라 미 국방장관의 연설에서.

◈ 우리들이 창조코자 하는 것은 진정한 집단안전보장, 균형 및 억지의 체계이지, 그 공허한 외관外觀이 아니다. —슐레진저—

•주석 : 1976년 국방백서에서.

◈ 소련 군사이론가들은 핵무기의 도입이 전쟁운용에 지대한 영향을 미쳤다는 데는 인정하지만, 핵무기가 전쟁의 본질을 변경시켰다는 데는 부정적이다. 핵무기의 뛰어난 성능이 파괴력에 있는 것이 아니라는 태도를 취하고 있으며 또한 그런 파괴력은 소련에는 문제가 되지 않는다는 것이다. 소련 장성들은 제2차 대전 때 소련이 2천만 명 이상의 인명 피해를 입었고 1,710개의 도시, 7만 개의 마을이 파괴되었으며, 32,000개의 산업시설이 잿더미가 되었음에도 불구하고 끝내 전쟁에서 승리하고 또한 세계 초강대국으로 등장한 사실을 자랑스럽게 주장한다. —리처드 파이프스—

(파이프스(Richard Edgar Pipes, 1923~), 미국의 역사학 교수. 폴란드에서 태어나 1940년 미국으로 이주했다. 제2차 세계대전시 미 육군에서 복무했고, 하버드 대학교에서 공부했으며, 1958년부터 하버드 대학교에서 러시아역사를 가르쳤다(현재 역사학과 명예교수로 재직하고 있다). 1976년 미국중앙정보국(CIA)에서 소비에트분석가 모임을 이끌었고, 레이건 행정부에서 국가안전보장회의의 동유럽과 소련담당국장을 역임했다. 주요저서로 『구체제하의 러시아』(1974), 『유럽에서 소련전략』(1976), 『러시아혁명』(1990), 『재산권과 자유』(1999), 『공산주의 : 역사』(2001) 등 다수가 있다.)

◈ 과거 20년 동안에 걸쳐 소련이 채택한 전략교리戰略敎理는 탁월한 민간인

전략 이론가들에 의해 미국에서 채택된 것과는 정반대의 정책을 요구하고 있다. 즉 억지가 아닌 승리를, 무기의 충분한 확보가 아닌 완전한 우위를, 보복이 아니라 공세행동을 요구하고 있다. —리처드 파이프스—

•주석 : 이것은 미·소의 핵전략교리의 기본성격을 제시하고 있다. 1977년 7월「커멘터리」지誌에서.

◈ 소련의 핵전략교리는 전면전쟁이 미·소를 다 같이 크게 파괴시킴은 사실이지만, 그 결과는 상호 자살적인 것이 아니라고 강조한다. 즉 핵전쟁에 대한 준비와 우수한 전략을 가진 국가가 승리하고 생존하는 사회로 등장한다고 생각한다. —리처드 파이프스—

•주석 : 1977년 7월「코멘터리」지에서.

◈ 세계 열핵전쟁에서 승리자가 없다는 부르주아의 이데올로기는 모순투성이이며 방향오도方向誤導를 하는 해악害惡스러운 것이다. —카라마노프—

•주석 : 이것은 소련의 핵전략교리의 기본방향을 제시하고 있다.「레닌의 철학적 유산과 현대전쟁의 여러 문제」(1972)에서.

◈ 전략은 폭력의 운용술로부터 억제의 술인 폭력의 위협술로 변했다.

—하카비—

•주석 : 핵무기의 등장으로 전략의 기능이 전환되었다는 것을 알리는 내용이다. (하카비(Yehoshafat Harkabi, 1921~1994), 이스라엘의 장군, 국제정치학자. 예루살렘의 히브리 대학교에서 교수, 미국 프린스턴 대학교 방문교수로 재직했다. 주요저서로『핵전쟁과 핵 평화』(1966),『이스라엘에 대한 아랍태도』(1974),『팔레스타인과 이스라엘』(1975),『이스라엘의 운명의 결정』(1988) 등 다수가 있다.)

◈ 최초의 핵실험은 1945년 7월 16일 뉴멕시코에서 실행되었다. 한 달도 되지 않은 8월 6일과 9일 핵무기는 일본의 두 도시, 히로시마와 나가사키의 공격에 사용되었다.…

핵무기를 생산하기 위해 가장 중요한 핵분열 물질은 우라늄 235와 플루

토늄 239이다. 이런 방사능 동위원소들은 확보하기 어렵다.…국제원자력 에너지기구(IAEA)는 원자력 발전소를 보유한 비핵무기 국가들이 핵분열 물질을 전용하거나 핵무기 생산에 사용하지 못하게 하는 역할을 수행한다.…핵무기는 화학, 생물, 방사선 물질 무기 등과 더불어 대량 살상무기에 포함된다.…

억제는 미래에 믿을만한 효과를 발휘하지 못할 수도 있다. 냉전기에 미국과 소련 사이의 대결구도 속에서 개발된 억제이론은 북한과 이란 같은 국가들에게 적용하기가 부적절할 수 있다.…

2차 핵시대(1991년 12월 소련의 붕괴 후 오늘날까지)의 최대 주제는 얼마나 많은 핵보유국이 나타날지, 그리고 그 국가들이 정치적 목적을 위해 어떻게 그들의 핵무기를 사용할지에 대한 불확실성에 기반을 둔 미예측성이다. 더 걱정스러운 것은 아마도 하나 또는 더 많은 테러집단 또는 다른 폭력적 비정부 행위체들이 핵무기 획득이 가능할 것이라는 점이다.

-스데일 왈튼-

◈ 한반도에서 북한이 전쟁을 일으킨다면 어느 편이 승리하느냐가 문제가 아니라, 핵전쟁이 일어나면 평양 금수산 기념궁전을 비롯하여 한반도 전체가 완전히 폐허로 변할 것이며, 그것은 한민족의 영원한 쇠퇴와 몰락을 뜻하는 것이 되리라. 그러니 북한의 수뇌자들은 전쟁을 일으키기 전에 그 전쟁의 결과가 어떻게 될 것인가를 깊이깊이 생각하기 바란다. -풍석-

•주석 : 月刊『自由』(2013년 3월호)에 발표한 내용이다.

제 5 장

군사교육과 훈련

군사교육과 훈련

◈ 문文을 논하는 자는 반드시 무武를 갖추어야 한다. —공자—

•주석 : 공자의 주장으로 원문은 '有文事者, 必有武備'(『十八史略』)이다. 나라를 이끌어 갈 인재는 모름지기 문무겸비文武兼備를 해야 한다는 것을 주장했다. 조선왕조는 유교를 수용하여 우리 사회의 정치사상, 윤리와 도덕의 기본 이념, 행동과 가치관의 좌표, 인간형성의 교육원리로 삼았으나, 문을 숭상하고 무를 소홀히 했기 때문에 일제日帝와 싸워보지도 못하고 1910년 8월 22일 영토와 주권을 상실하고 말았다는 뼈아픈 교훈은 결코 잊어서는 안 될 것이다.

(공자孔子, B.C. 551~479), 중국 춘추시대의 사상가, 유교의 시조. 여러 나라를 순회 설교했으나 그의 사상적 정치가 실현되지 못하매 13년간의 방랑을 끝내고 고향에 돌아와 제자를 교육하고 경서經書를 정리했다. 그의 제자는 3,000명이나 되었는데, 그 중 72인이 유명했다. 그의 근본사상은 인仁으로, 이것은 남을 사랑하는 것이다. 그가 죽은 후 제자들이 그의 언행言行을 모은 것이 『논어』이다. 그는 유교의 시조로 후세에 성인聖人으로 숭배되어 우리나라에서도 유교 전래 이후 성균관을 비롯하여 각 서원 및 향교에 모셨고, 우리나라 문물제도에 절대적인 영향을 미쳤으며, 현재에도 성균관 및 향교에서 봄, 가을에 제사를 드리고 있다.)

◈ 옛날부터 나라를 통치코자 한다면, 반드시 신하를 교육하고 다음에 국민

과의 단결을 강화했다. 왜냐하면 단결이 없으면 싸울 수가 없기 때문이다. —오자—

•주석 : 미국의 베트남전쟁의 실패는 좋은 거울이 된다.

◈ 천부적인 용맹스러운 사람은 거의 없다. 많은 병사들은 훈련과 단련의 힘을 통하여 용맹스러운 병사가 되는 것이다. —베게티우스—

◈ 전쟁에서의 승리는 전적으로 병원兵員의 수나 단순한 용기 같은 것에 달린 것이 아니니다. 오직 숙련과 훈련만이 그것을 보증한다. —베게티우스—

◈ 인재를 교육하고 선택하고 활용할 줄 알아야 한다. —왕안석(王安石)—

(왕안석(王安石, 1021~1086), 중국 북송北宋의 정치혁명가, 문장가. 북송의 재상으로 새로운 정치를 실행했으나, 보수파의 공격에 재상에서 물러났다. 형국공荊國公에 봉해졌고, 왕형공(王荊公)이라 불렀다. 시와 문장을 잘해 당송팔대가唐宋八大家이며 글씨도 잘 썼으나 문장과 정치 명성이 후세에 빛났기에 서예의 명성은 이에 가려졌다.)

◈ 전쟁에 있어서 필요한 것은 다수의 정병精兵과 명장名將 거기에다 행운이다. —마키아벨리—

◈ 훈련만큼 군대를 건전하게 유지해 주는 것은 없다. 옛날 사람들은 매일 군대의 군사훈련을 실시했다. 적절한 훈련은 숙영지에서 군의 건전성을 유지하고, 전장에서 승리를 보장한다. —마키아벨리—

◈ 정연한 질서와 규율을 엄수시키기 위해 주어지는 모든 노고와 고통도 그 목적은 확고한 방법으로 군대로 하여금 적과 싸우는 준비를 하기 위해서이다. 왜냐하면 완전한 승리는 보통, 전쟁이 되어 끝나기 때문이다.

—마키아벨리—

◈ 정연한 질서는 군대를 용감하게 만들고, 혼란은 군대를 겁약怯弱하게 만든다. —마키아벨리—

◈ 부하의 강인불굴強靭不屈의 정신은 지휘관이나 조국에의 신뢰 및 애정에서 나타나는 것이다. 또 신뢰감은 군단軍團에 영향을 미치는 것, 즉 군사제도, 최근의 승리, 총사령관의 명성 등에서 기인하는 것이다. -마키아벨리-

◈ 훈련이라는 것은 전쟁에 있어서 만용蠻勇 이상으로 중요한 것이다.

-마키아벨리-

◈ 서기 2세기에 로마제국은 지구상의 가장 훌륭한 부분과 인류 가운데 가장 개화된 부분을 포괄하고 있었다. 광대한 나라의 경계가 있는 곳은 옛날부터 군인으로서의 명예와 기율 있는 용기에 의해 지켜지고 있었다.… 로마의 군사력에 대한 공포는 여러 황제의 평화주의에 무게와 위엄을 덧붙였다. 그들은 끊임없이 전쟁준비에 의해 평화를 유지했다.…국체國體가 아직 순수했던 시대에 무기의 사용은 시민계급에만 주어졌다. 즉 사랑하는 국토와 보호해야 할 재산을 소유하고, 법률을 유지하는 것이 각자의 이익인 동시에 의무이기 때문에 그 법률의 시행에는 상당한 책임을 가진 시민계급에만 주어졌다. 그러나 정복의 확대에 의해 국민의 자유를 잃어버리게 됨에 따라 전쟁은 차차 하나의 기술로 변하고, 하나의 장사로 타락해 버렸다. -기번-

•주석 : 영국의 역사가 기번(Edward Gibbon, 1737~1794)의 명저『로마제국 쇠망사』(1776~1788)의 인용구이다. 그는 서기 138년 트라야누스 황제부터 1453년 동로마제국 멸망까지 총 1315년 동안의 역사를 약 20년에 걸쳐 71개 장, 150만 단어, 8,000여개의 주석으로 구성된 책을 저술했다. 그는 이 책의 마무리를 스위스에서 끝내고 자서전에 "마음이 통하는 옛 벗과도 이별하였고, 나의『쇠망사』의 금후의 수명은 어떻게 될지, 대체로 사학가의 생명이란 짧고 불안정한 것임을 생각할 때, 나의 자부심은 위축되면서 나의 마음은 깊이 우울한 생각으로 꽉 메워졌다"고 했으나, 이것은 기우에 지나지 않았다. 이 책이 발간된 지 200여년이 지난 오늘날에도 불후의 고전으로 세계의 지도자급인 처칠·네루 수상,

철학자 러셀, 시카고 대학교 총장였던 허친스 박사의 애독서요 또한 여러 나라 말로 번역되었기 때문이다.

◈ 그들이 최초로 군에 입대할 때는 지극히 장중한 의식을 가지고 선서를 했다. 그는 어떠한 경우에도 부대의 군기軍旗를 버리지 않으며, 지휘관의 명령에 복종하며, 황제와 제국의 안전을 위해 신명身命을 바칠 것을 선서했다.…정액의 봉급·임시수당 및 일정 기간의 근무 후에 대한 규정의 보상·급여 등이 군대생활의 노고를 경감輕減하는 동시에, 한편으로는 비겁하거나 명령 불복종에는 준엄한 형벌을 면할 수 없었다.

백인대장百人隊長은 구타·징계의 권한이 부여되어 있었고, 장관將官은 사형에 처하는 권한을 가지고 있었다. 그래서 선량한 병사들은 적 이상으로 상관을 두려워해야 한다는 것이 군기적 격언軍紀的格言이었다. —기번—

◈ 그들의 국어에 있어서 군대라는 명사名詞는 훈련을 뜻하는 말에서 빌려올 정도였다. 군사훈련은 그들 군기軍紀의 중요한 끊임없는 목표였다. 새로운 입대자는 아침·저녁의 구별 없이 맹훈련을 실시했고, 고참이라 할지라도 그 연공年功이나 지능知能에도 불구하고 이미 숙련된 기술의 복습은 면제되지 않았다.…

로마군대는 평화로운 때에도 전시훈련에 익숙해 있었다. 이것은 로마군을 적으로 하여 스스로 싸운 경험을 가진 고대의 역사가 플라비우스 요세푸스(37?~100?)가 한 명언名言이지만, "로마군에 있어서 유혈流血만이 전장과 훈련장을 구별하는 유일한 조건이었다."고 했다. 탁월한 장군들은 물론이요, 황제들도 스스로 친히 사열을 하고 실례를 보여주고 이들의 군사훈련을 고무하는 것을 근본정책으로 삼았다. —기번—

◈ 우리가 순전히 공리적인 견해를 취한다 하더라도 군대라는 것이 모든 청년들에게 가장 일반적인 교육시설로 간주되게 할 수 있을 것이다.

—프리드리히 대왕—

◈ 용감한 군대는 지휘관에 의하여 육성되며, 위기의 순간에 있어서 지휘관의 결단이 왕국의 운명도 좌우하게 된다. 따라서 육군의 고급장교를 구성하는 귀족들의 교육에는 각별한 노력이 필요하다. —프리드리히 대왕—

◈ 군기의 사소한 이완弛緩도 병사들을 야만화로 인도할 것이다.

—프리드리히 대왕—

◈ 만약 각개 군인이 그가 전쟁에서 수행해야 할 일을 평시에 미리 훈련을 받지 않는다면 그는 사업의 명칭만 알고 있지 실시 방법에 대하여 전혀 모르는 사람을 데리고 있는데 불과하다. —프리드리히 대왕—

◈ 대저 문文과 무武는 본시 두 길이 아니다. 옛날에는 선비를 학교에서 가르침에 육예六藝를 강습하여 그 현능賢能한 이를 뽑아서 능력을 헤아려 직무를 맡기니, 그러므로 안에 살면 향·수(鄕·遂 : 행정단위)에서 백성을 기르는 관리가 되고, 밖에 나가면 군사를 거느리고 외적의 모욕侮辱을 막는 장수가 되었다. —유형원(柳馨遠)—

•주석 : 위의 내용은 실학자 유형원이 10년 동안 걸려서 저술한 명저『반계수록磻溪隧錄』(1670)에서 문무일치文武一致의 사상을 주장했다. 육예란 예禮, 악樂, 서書, 수數, 사射, 어御로 옛날의 교육내용을 뜻한다. 즉 예는 예절, 악은 음악으로 교양교육 내지 인성교육에 속하고, 서는 글씨 쓰기, 수는 계산을 뜻하며 실무·기술 교육에 속하고, 사는 활 쏘는 기술, 어는 말을 타고 수레를 이끄는 기술로 군사훈련에 속한다.

(유형원(柳馨遠, 1622~1673), 조선의 실학자. 호는 반계磻溪. 종래의 정통 주자학을 뛰어넘은 새로운 사상을 바탕으로 국가체제의 전면적 개혁을 통해 국가를 재조再造하려 했다. 그의 사상은 조선 후기 실학발전의 토대가 되었다. 주요저서로『반계수록磻溪隧錄』,『기행목록紀行目錄』,『경세문답經說問答』등 다수가 있다.)

◈ 군사 기술과 군사 미덕은 모든 명예로운 시민이 되는 길이다.

—허치슨—

(허치슨(Francis Hutcheson, 1694~1746), 스코틀랜드 계 아일랜드 철학자. 글라스고 대학교에서 배웠고, 1719년 더블린에 사립학교를 세웠으며, 1729년부터 글라스고 대학교에서 세상을 떠날 때까지 도덕철학 교수를 했다. 도덕의 근원은 도덕적 감각에서 구하며, 이것에 의해 '최대 다수의 최대 행복'을 구하는 행위가 시인되었다. 주요저서로 『아름다움과 관념의 기원에 대한 연구』(1725) 등이 있고, 후에 출판된 『도덕철학의 체계』(2권, 1755) 등이 있다.)

◈ 나는 여가가 생기면, 모든 군인들이 즐겁게 읽을 수 있는 전쟁의 원칙서原則書를 쓰고 싶다. 그렇게 되면 과학과 마찬가지로 쉽게 전쟁이라는 것을 배울 수가 있으리라. —나폴레옹—

•주석 : 그는 생시르(Saint Cyr) 육군사관학교에서 이런 말을 했지만, 결코 실현되지 않았다.

◈ 유능한 지휘관과 우수한 장교단, 적절한 편성, 철저한 훈련 및 엄정한 군기軍紀는 필승의 군대를 만드는 요인이다. —나폴레옹—

◈ 군인에게 있어서 본질적인 것은 행위이다. 무릇 행위는 3단계를 거쳐 발전한다. 즉, 사유思惟에서 생긴 결의, 수행의 준비 또는 명령, 그리고 수행이다. —젝트—

◈ 전선에 있는 병사들에 비하여 오늘날의 지휘관은 복잡 정교한 무기를 구사할 수 있도록 하기 위해 극히 주도周到할 훈련을 필요로 한다. —젝트—

◈ 인재가 없는 것이 아니다. 격려와 선도善導와 육성과 선발 등의 방법을 활용하면 구할 수 있다. —쩡궈판(曾國藩)—

(쩡궈판(曾國藩, 1811~1872), 중국 청나라 말기의 정치가, 학자. 1838년 진사進士에 합격하였고, 1851년 '태평천국의 난'이 시작되자 농민을 조직·편성하여 진압에 주동적 역할을 했으며, 태평의 난과 염군捻軍 진압의 최고사령관으로서 활약한 공적으로 청말淸末 최대의 정치가가 되었다. 유학의 연구에도 당대 굴지의 인물이었다. 봉건적 질서를 유지하려는 보수주의자

이며, 외국 근대공업의 도입에 주력한 실리주의자였다. 부하들이 황제에 즉위하라는 청을 수없이 받았으나 거절하고 청조淸朝의 충신으로 남았다.)

◈ 교육을 통해서 각 개인의 재질材質을 낭비하지 않고 격려와 고무鼓舞로써 근심을 덜어주고, 인재를 적재적소의 원칙에 따라 운영하면 조정朝廷에 무능한 관리는 있을 수 없을 것이다. —쑨원(孫文)—

(쑨원(孫文, 1866~1925), 중국의 정치가, 신해혁명을 이끈 혁명가, 중국 국민당의 창립자. 중화민국과 중화인민공화국 모두의 국부이기도 하다. 별명은 쭝산(中山)으로 쑨쭝산(孫中山)으로 많이 불린다. 중화민국 초대 임시총통(1911~1912)을 지냈고, 중국의 실질적인 통치자(1923~1925)였다. 정치이념은 중국혁명의 이념적 토대가 된 삼민주의三民主義로 요약되며 민족주의民族主義·민권주의民權主義·민생주의民生主義 등 3원칙으로 구성되어 있다.)

◈ 평소의 생활조건이 전투조건과 일치하는 자는 강하고, 서로 어긋나는 자는 약하여 멸망한다. —장팡전(蔣方震)—

(장팡전(蔣方震, 1882~1938), 중화민국 시기의 군사이론가, 육군대장. 자字는 바이리(百里), 저서로 『국방론國防論』이 있다.)

◈ 전쟁의 경우, 건전한 원리는 도덕론에서의 건전한 원리와 마찬가지로 유익하며 필요하다. 그 원리가 확립되어 있을 경우, 모든 확률은 어떠한 경우에도 그의 편에 서게 된다. 그리고 집중 이상으로 훌륭한 것으로 인정된 원리는 없다. —마한—

◈ 군비軍備는 제한되었겠지만 훈련에는 제한이 과課해지지 않았을 테지….

—도고 헤이하치로(東鄕平八郎)—

•주석 : 1922년 일본과 영국·미국 사이에 해군 군축조약으로 군비(전함)의 제안을 받았을 때, 그 보완책을 제시한 말. 도고(東鄕) 원수는 쓰시마(對馬島) 해전에서 러시아 발틱함대를 격파한 명장이기도 하다.

◈ 군사상의 지식을 교육하는 목적은 학생들의 지능 가치를 발휘케 하는 데 있다. —몰트케—

◈ 전쟁만이 전쟁술을 가르칠 수 있다는 옛 원리는 거짓말이다. —포슈—

•주석 : 전쟁술은 전쟁이라는 체험을 통해서만 배울 수 있다는 옛말은 이제 통용通用되지 않는다는 것이다.

◈ 어떤 이가 조지 패튼 장군에게 물었다.

"어떻게 하면 효과적으로 군대를 지휘·통솔할 수 있나요?"

이에 조지 패튼은 딱 부러지게 대답했다.

"한 가지면 됩니다. 바로 완벽한 규율이지요. 규율은 군대의 전투력을 유지하는 매우 중요한 요소이자 병사들의 잠재력을 최대한 발휘할 수 있도록 만드는 기본 요소이기도 합니다. 그래서 규율은 제도적으로 그 기반이 탄탄해야 합니다. 전투의 치열함이나 죽음의 무서움보다도 더 강력할 필요가 있지요. 규율을 이행하지 않거나 이를 지키지 않는다면 당신은 잠재적 살인범이 되는 것입니다." —패튼—

•주석 : 규율은 곧 규칙으로 사람들이 준수해야 할 정해진 질서와 집행 명령, 직책을 이행하는 일종의 행동 규범을 뜻한다. 지휘관의 엄격한 규율의 집행은 옛 로마군의 격언처럼 병사들은 적 이상으로 자기의 상관을 두려워했던 것이다. 그래야만 적과 싸워서 승리할 수 있는 군대가 되는 것이다.

(패튼(George Smith Patton Jr., 1885~1945), 미국의 육군 장군, 저돌적인 성격으로 미군 최초의 전차부대 지휘관이다. 제2차 세계대전 중인 1943~1945년 북아프리카, 시실리, 프랑스, 독일에서 전투를 지휘했고, 노르망디 상륙작전에서 큰 활약을 했다. 북프랑스에서 하루에 110㎞를 진격하기도 했으며, 프랑스와 나치독일에 걸친 7군을 지휘했다. 1945년 12월 9일 자동차 사고로 독일 하이델베르크 병원에서 사망했다.)

◈ 군인이란 누구나 모두 전투를 할 수 있어야 하며, 전원 싸울 수 있도록 훈련되어야 한다. —몽고메리—

•주석 : 제2차 세계대전시 아프리카 전역에서 독일군의 압박을 받았을 때, 보급계통補給系統의 여러 부대가 경무장輕武裝이기 때문에 전투는 자기의

일이 아닌 것처럼 생각한데 대한 경구警句.

◈ 군사교육의 목적은 사람을 교육시켜 한 군인으로서 성공시키는 것이다. 군사교육은 일반교육보다 더 나아가서 유용한 시민을 만드는 이외에 그를 교육시켜 애국 애족하는 용감한 군인을 만드는 것이다.

—장제스(蔣介石)—

◈ 군사교육은 군인을 교육시켜 그들에게 내재하고 있는 잠재력, 즉 정신, 도덕, 지혜, 결심 및 통솔력을 발휘케 하여 국가가 부여하는 임무를 달성케 하는 것이다. —장제스(蔣介石)—

◈ 각자는 평소에 배운 대로 실행하라! —가미루스—

◈ 군사교육과 훈련을 발전시키기 위해서는 다음 원칙을 고려하는 것이 극히 중요하다.

- 첫째, 훈련의 여러 조건은 최대한 실전에 가까운 것이라야 한다. 전쟁의 곤란과 예상치 못한 사태에 적응하고 그것을 적극적으로 극복할 수 있는 능력을 병원兵員들이 가져야 한다.
- 둘째, 훈련은 실물實物교육이어야 한다. 신무기의 실용연구에 있어서 그 효과와 본질을 한 눈에 알도록 해야 한다. 그와 동시에 피교육자들은 그것을 창조적으로 받아들이고, 적극적으로 행동할 수 있도록 해야 한다.
- 셋째, 훈련은 연구해야 하는 기술의 물리적 본질, 그 효과와 용도의 해명과 분석에 기초를 두어야 한다. —포구로프스키—

◈ 대단히 중요한 것은 현대전의 성격을 결정하는 여러 조건은 현재 일찍이 보지 못한 급속도로 발전하고 있는데, 이 확실한 정세를 깊이 인식해야 한다. 따라서 군사학의 연구 속도도 이전과는 전연 달라야 한다. 이것은 부대교육 특히 장관將官교육을 조직함에 있어서 당연히 고려되어야 할 문

제이다. 각종의 사관학교나 군대학에서 얻은 지식은 급속히 낡은 것으로 변한다. 그래서 언제나 지식이 현대의 군사발전의 수준에서 적응하기 위해서는 모든 군인이 군사학과 군사기술의 충실한 연구활동을 매일 실시할 필요가 있다. —포구로프스키—

◈ 근본적이며 또한 가장 중요한 장교의 임무는 교육이다. —로란—

◈ 사람이 전쟁의 주도적 요소라는 근본적 진리는 모든 군사적 활동의 기조이다. —로란—

◈ 당신들에게 부과된 임무는 확고하고 변할 수 없는 것이며 침범될 수 없다. 그것은 한마디로 전쟁에서 이기는 것이다. 당신들의 직업 영역에 있어서 그 밖의 모든 것은 오직 그 절대적 목적을 달성하는 데 필요한 부수물에 지나지 않는다. —맥아더—

•주석 : 1962년, 맥아더 원수가 미 육사의 사관생도들에게 행한 연설에서.

◈ 잘 훈련되고 훌륭하게 교육되고 적절히 유도된 인간은 유일한 절대적 무기이다. —맥아더—

◈ 두 가지의 근본적인 요구는 훈련과 통솔의 요소에서 유래한다. —리지웨이—

◈ 전쟁은 더욱 더 복잡해지고 있지만, 병사들의 신체와 훈련은 종전과 마찬가지로 중요하다. —리지웨이—

◈ 군의 궁극적인 목적은 전장에서 싸워 반드시 승리하자는 데 있습니다.
적과 싸워서 이기는 길은 비단 병력의 수, 장비의 우열에만 있는 것은 결코 아닙니다. 전승戰勝의 요체要諦는 군의 정신전력精神戰力에 있습니다. 즉 엄정한 군기軍紀, 왕성한 사기士氣, 그리고 필승의 신념입니다. 필승의 신념은 평소에 있어서 적보다도 월등히 정치精緻하고도 실전적實戰的인

훈련을 통해서만 얻어지는 것입니다. —박정희—

•주석 : 1974년 3월, 박정희 대통령의 제30기 육사 졸업식의 유시에서.

◈ 싸움터는 곧 가장 좋은 학교인 동시에 훈련장이다. —장웨이궈(蔣緯國)—

◈ 신전술新戰術의 도입보다도 구舊전술의 추방이 더 어렵다. —리델 하트—

◈ 군대의 의무복무 연한은 청춘의 허송세월이며, 매일 제대날짜만 손꼽고 있는 군인들에게는 만리장성萬里長城, 마지노 선, 그리고 최신무기 등이 무슨 소용이 있는가.

자기 나라는 자기의 힘으로 지켜야 하고 또 그런 일에 보람을 가지게끔 하는 교육은 어려서부터 학교교육을 통해서 하는 것이 효과적이며, 군대 교육은 최신 과학무기의 조작과 새로운 전략·전술의 연구계발에 집중하는 것이 좋을 것이다.

이제 우리들도 일반 대학교에서 군사훈련(military training)을 하리라고 한다. 필자는 장차 우리나라의 지도적 인재를 양성하는 대학교육에 있어서는 비단 군사훈련뿐만 아니라, 군사학(military art and science)도 교양과목으로 가르쳐야 한다고 생각한다.

이렇게 함으로써 우리들은 평화와 안전이란 결코 공포의 부산물이 아니라 지대한 노력과 강한 신념의 부산물이며 또 평화는 다만 전쟁을 증오하고 평화를 사랑한다는 말로서 획득되는 것이 아님을 배워야 한다.

평화를 사랑하고 또 평화를 바라는 사람들은 그것을 획득하기 위해서 땀과 피를 흘리는 것을 두려워하지 말아야 한다. 만약 그렇지 않다면 평화는커녕 노예가 그를 반겨 맞아 주리라. —풍석—

•주석 : 『교육평론』(1968년 8월호)에 발표한 내용이다.

1968년 1월 21일, 북한 무장공비 김신조 일당의 청와대 습격 미수사건 이후 남북한이 긴장상태로 변했다. 그리하여 1970년 11월 21일 문교부는 대학의 교양교육을 강화하기 위해 필수과목으로 '교련敎鍊'을 6

학점 삽입했다. 이 과정에서 한 대학 교수는 "민족의 장래를 위해 학원에만은 군화소리보다도 한껏 자유가 있어야만 민족의 앞길이 탁 트이고…", "지성이나 진리의 전당과 군화소리와는 원칙적으로 대립되는 개념이다"고 주장하기도 했다. 그러나 300여 년 전의 유형원의 견해(이 책의 p. 287 참조)는 탁견卓見이라 하지 않을 수 없다. 왜냐하면, 국가안보의 문제는 정치나 학문의 자유 그리고 학원의 자유 이전의 문제이기 때문이다. 하지만, 애석하게도 대학 교련과목은 1988년 말에 폐지되고 말았는데, 앞으로 부활되어야 한다고 생각한다.

◈ 단적으로 말해서 사관학교 교육은 야전에서 적과 싸워 이겨야 하는 초급장교에게 필요한 전문지식이 무엇이며, 앞으로 군사전문가로 발전하는데 필요한 기초지식이 무엇인가를 알아야 한다. 의사를 양성하고자 한다면 의학을 전공시키고, 법률가·판사를 양성하고자 한다면 법학을 전공시키듯이 사관학교에서 초급장교를 양성하고자 할 때 전공해야 할 과목이 무엇인가 하는 문제에 정설定說이 없다는 것이 오늘의 사관학교 교육이 직면한 중대한 문제점이다. 군사학이 무슨 학문인지 모른다는 것이 문제가 아니라, 모른다는 그 자체를 모르고 있다는 것이 문제를 더 심각하게 만들고 있다.

장차 나라의 간성이 되는 사관생도들에게 그들의 임무를 수행하는 데 필수적인 전쟁을 연구대상으로 하는 지식체계, 즉 군사학(military art and science)이 교육의 핵심이 되어야 하고, 인문·사회 및 응용과학은 보조학문으로 뒷받침해야 한다. 그리고 일반대학 교육에서도 학문으로서 군사학을 연구하는 '군사학연구소'가 설치되기를 바란다. ―풍석―

•주석 : 육군사관학교 화랑대 연구소에서 발표한 「한국 군사학의 발전방향」(1999. 6. 10.)의 일부내용이다.

몇 년 전 신문보도에 의하면, 육군사관학교를 수석으로 졸업할 생도가 졸업·임관하면 일선 소대장으로 가고 싶다는 것이 아니라, 의과대학으로 가고 싶다는 기사를 읽고 충격을 받았기에, 그 충격이 세미나 발표내용에 숨겨져 있다는 것을 밝혀둔다.

◈ 군대는 국가 최대의 소비자이다. 군제軍制가 양호하면 할수록 그만큼 국민경제가 받는 영향이 적을 뿐 아니라, 오히려 간접적으로 사회생산의 발전을 촉진시킬 수도 있다. —중화민국의 『군제학軍制學』에서—

◈ 군대는 안정되어야 패하지 않고, 나라는 평안해야 망하지 않는다. —중화민국의 『군제학』에서—

◈ 국가는 반드시 일정한 과학적인 제도를 설정하고, 거기에 준하여 인재를 발탁拔擢하고 훈련시키고 운영해야만 한다. 많은 무리 가운데서 인재를 찾아 쓰겠다는 소극적인 생각을 버리고, 인재를 길러서 쓰겠다는 적극적인 생각을 가져야 한다. —중화민국의 『군제학』에서—

군사이론과 군사학

◈ 우리나라 무사는 병서와 옛사람의 용병술을 알지 못하니 이와 같은 사람으로서 강한 적을 막으려는 것은 어려운 일이다.…지금 병서를 권하면 듣는 사람이 냉소할 것이다. 그러나 비록 3년 묵은 쑥이라 할지라도 구하지 않는다면 병을 고칠 날이 없을 것이다. ―『선조실록』(선조 33년조)―

•주석 : 한민구 국방부 장관은 1월 28일 "한국군은 그동안 한·미 연합 방위체제하에서 개별 무기체제와 기술개발 위주의 군사력 건설에 치중, 독자적인 전략·전술 개발 노력이 부족했다"고 말했다.(「조선일보, 2015. 1. 29.)

필자는 국방대학원에 재직하고 있을 때, 한국군은 6·25전쟁과 베트남전쟁을 통하여 많은 실전경험을 쌓았다. 그러나 한국군은 '전투'는 했어도 '전쟁'을 하지 않았다는 것을 결코 잊어서는 안 된다고 강조하고, 1982년 여름 미 육군전쟁대학원(U.S. Army War College)을 찾아가서 군사전략 교재를 구해 왔으며 군사전략 수립의 절차와 방법에 역점을 두고 번역·보완해서 『군사전략론』(1987)을 발간했다. 한글세대의 등장으로 절판되었다가 한글 개정판을 최근에 발간했다(2009).

최병갑(육사 11기) 교수는 초판의 서평에서, "이 책은 모든 군인들에게 필독서가 되어야 할 필요는 없다. 그러나 군의 간부 및 간부가 되고자 하는 군인에게는 필독서가 되어야 할 충분한 이유와 내용을 갖춘 책이라 생각된다"고 했다. 최근 이 책을 제대한 장군에게 보내주었더니 회신에 "우리 군은 골프채는 있어도 '전략론' 책은 없는 현실이 부끄럽습니다"고 했다.

◈ 전술이론은 모든 시간, 모든 공간 그리고 무기의 과학이 된다. —기베르—

◈ 전쟁은 암흑으로 덮인 과학이다. 그 속에서는 아무도 자신 있는 발자국을 옮겨 놓지 못한다. 모든 과학은 원칙을 가지고 있지만 전쟁의 경우에만은 없다. —삭스—

◈ 전쟁학에 있어서 학리學理는 지력智力의 육성 및 보편적 이론을 배양하는데 유익하지만, 그러나 학리에 너무 편향되거나 혹은 그것에 맹종하여 그것을 남용한다는 것은 언제나 위험하다. —나폴레옹—

◈ 모든 이론이 우선 착수해야 할 일은 서로 얽히고 혼동되고 있는 개념과 견해를 정리하는 것이다. 그리하여 명칭과 개념을 충분히 이해하고서야 비로소 이론적 고찰을 명확하고 쉽게 진행시킬 수 있고 또 독자와 언제나 동일한 관점에 서 있다는 것을 확인할 수 있다. —클라우제비츠—

◈ 이론은 여러 가지 과제를 해결하는 방식을 정신에게 지시할 수는 없다. 이론은 정신이 가야 하는 길을 그 양쪽에 세운 원칙에 의하여 필연성이라는 좁은 길을 제시할 수도 없다. 요컨대 이론의 효용은 정신을 훈련시켜 잡다한 대상과 이들 대상 상호의 관계를 통찰하여 거기서 다시 정신을 행동의 영역으로 보내는 데 있다. 이런 경우 행동의 영역은 이전보다 한층 더 고차적인 것이다. —클라우제비츠—

◈ 각 시대는 각 시대의 독특한 전쟁이론을 가져야 하는 것이다. —클라우제비츠—

◈ 전쟁이론은 전략에 있어서 이러한 목적과 수단을 연구해서 목적과 수단의 효과와 상호작용의 성질을 구명究明하는 것이다. —클라우제비츠—

◈ 군사현상의 본질을 탐구하며, 이 현상을 구성하는 사물의 본질과의 연관성을 보여주려고 노력했으며…조사와 관찰, 철학과 경험은 서로 경시하거나 배척할 것이 아니라, 양자는 서로 보충해야 한다. —클라우제비츠—

◈ 역사적 실례實例는 모든 것을 명확하게 할 뿐만 아니라, 경험과학經驗科學에 있어서는 가장 훌륭한 증명력을 가지고 있다. 특히 전쟁술에 있어서는 더욱 뚜렷하다. —클라우제비츠—

◈ 국민전쟁을 유효하게 하는 주요 조건은 다음과 같다.

① 전쟁이 방어자의 국내에서 수행될 것.
② 전쟁이 단 1회만의 파국으로 결정되지 않을 것.
③ 전장이 광대한 면적을 점하고 있을 것.
④ 국민의 성격이 국민전쟁이라는 수단을 지지할 것.
⑤ 방어자의 국토가 지형적으로 단절되지 않고 접근하기 어려울 것.

……

어느 국가든 적국에 비하여 아무리 약소하고 또 열세하다 하여도 그런 최후의 노력을 아껴서는 안 된다. 그렇지 않다면, 그 국가는 혼이 빠진 국가라 말하지 않을 수 없다. —클라우제비츠—

•주석 : 위의 내용은 『전쟁론』 '제6편 제26장, 국민의 총무장'(The People in Arms)에 나오는 내용으로, 1808년 나폴레옹군이 스페인을 침공했을 때, 스페인 국민은 소위 게릴라전(guerrilla warfare)으로 대항하여 나폴레옹군을 괴롭혔다. 클라우제비츠는 그런 식으로라도 저항을 하지 않는 국가는 '혼이 빠진 국가라 말하지 않을 수 없다'고 하는 입장이다. 한편 스위스인 조미니는 나폴레옹군에 소속되어 참전했는데, 그는 국제법으로 게릴라전을 불법화해야 한다고 주장하기도 했다. '제26장'은 후에 마오쩌둥(毛澤東)의 유격전遊擊戰 이론의 기초가 되기도 했다.

◈ 만약 군사이론이 그러한 인간성을 이해하지 않고 여전히 절대적 관념상의 추론과 법칙을 좋아한다면, 이미 그러한 이론은 현실적 투쟁에는 아무

런 쓸모없는 것이 될 것이다. 이론이라는 것은 인간적인 것을 충분히 고려해야 하며 용기·대담, 아니 무모한 것까지도 고려해야만 하는 것이다. 전쟁술(전략과 전술)은 살아있는 힘과 정신적 힘을 다루고 있기 때문에 절대적인 것, 확실한 것에 도달할 수 있는 것이 아니다. 따라서 전쟁술에는 많든 적든 언제나 추론의 여지가 남아 있는 것이다.…

요컨대, 용기와 자신自信은 전쟁에 있어서 본질적인 원리라는 것이다.

—클라우제비츠—

• 주석 : 군사이론은 물질을 연구대상으로 하는 화학이나 물리학과는 차원이 다르며, 전쟁은 인간이 주체이며 절대적인 것, 확실한 것이 존재할 수 없다고 했는데, 조미니와는 본질적으로 입장을 달리하고 있다는 것을 알아야 한다.

◈ 전쟁을 구성하고 있는 모든 대상은 얼른 보아서는 헝클어져 분별하기 어려움에도 불구하고 만약 이론이 이러한 대상을 하나하나 명백히 구별하고, 여러 수단의 특징을 열거하며 또 이러한 수단에서 생기는 효과를 지적하고, 목적의 성질을 명백히 규정하며, 더욱이 투철한 비판적 관찰의 빛에 의해서 전쟁이라는 영역을 샅샅이 비출 수 있다면 이론은 그 주요한 임무를 달성한 것이 된다.…

전쟁이론이란 미래의 지휘관을 양성하는 것일 뿐만 아니라, 미래 지휘관의 독학獨學을 돕는 것이며, 결코 그와 더불어 전장에서 그를 인도하는 것은 아니다.

—클라우제비츠—

◈ 전쟁이론은 전쟁에 관한 여러 가지의 대상을 검토 분석하고 또 이러한 대상을 정돈함으로써 전쟁을 발생시키는 여러 가지 원인을 변별辨別하며, 따라서 그 시대의 일반적 요구와 그때의 특수한 요구를 각각 적절하게 고려하면서 전쟁의 요강要綱을 제시하도록 노력해야 한다. —클라우제비츠—

◈ 군사적 행동은 언제나 물질만을 대상으로 하고 있는 것이 아니라, 그와

동시에 물질을 운용하는 정신력도 그 대상으로 하고 있다. 따라서 이 양자를 분리한다는 것은 불가능하다.…

전쟁에서의 모든 것은 대단히 단순하다. 그런데 너무나 단순한 이것이 오히려 더 어려움을 간직하고 있다. 이 어려움은 누적되어 전쟁을 아직 보지 못한 자는 상상도 못할 마찰(friction)이 있다. 그래서 강철과 같은 강한 의지가 이 마찰을 제거하며 여러 가지 장애를 분쇄해 버린다. 어쨌든 큰 도로가 마주치는 광장에 서 있는 오벨리스크처럼 전쟁술의 중앙에 당당히 솟아있는 것이, 즉 불굴의 정신을 갖춘 장수의 견고한 의지인 것이다. —클라우제비츠—

•주석 : 당시의 군사전문가들은 측정 가능한 물질적 요인, 즉 병력의 수, 무기와 장비, 내선內線 그리고 작전선 등을 이론의 대상으로만 삼았다. 그러나 클라우제비츠는 반기를 들고 정신력의 중요성을 강조했다는 것은 탁견卓見이라 하지 않을 수 없다.

◈ 이론은 어디까지나 인간사고人間思考의 철학적 법칙을 만족시켜 주고, 모든 선線이 교차하는 점을 명확히 해주기 위한 것이며, 결코 전장戰場에서 사용하기 위해 대수학적 공식을 안출하는 것은 아니다.

요컨대, 전쟁이론에서의 법칙이나 규칙은 지휘관의 사고思考를 위해 그 내적 운동의 주요 방침을 규정하는 것뿐이며, 그의 앞으로 갈 길을 위해 측량봉測量棒을 세우려는 것은 아니다. —클라우제비츠—

◈ 정신(Geist)과 실질實質(Gehalt : 병원兵員, 무기 및 장비 등)을 구비한 체계적인 전쟁이론을 쓴다는 것이 불가능한 것은 아니다. 그러나 지금까지 나타난 여러 이론은 그러한 것과는 상당히 거리가 멀었다. —클라우제비츠—

•주석 : 종래의 군사이론가들은 전쟁을 연구대상으로 하면서도 측정測定 가능한 병력, 무기와 장비 등만 연구대상으로 삼았으나, 클라우제비츠는 측정 불가능한 '정신'을 첨가했다는 것은 군사이론 연구를 한 단계 더 높이는 결과를 가져왔고 또한 군사학의 이론적·철학적 창시자로

알려지고 있다.

◈ 전쟁이론을 위한 결론

전쟁이란 구체적 상황에 따라 그 성질을 달리하는 카멜레온과 같은 것일 뿐만 아니라, 그 현상 전체의 지배적인 여러 경향을 보았을 때, 기묘한 삼위일체(三位一體, trinity)를 이루고 있다.

- 첫째, 맹목적인 자연 충동이라 볼 수 있는 증오·적개심과 같은 본래의 격렬성.
- 둘째, 전쟁을 자유로운 정신활동으로 만드는 개연성·우연성과 같은 도박의 요소.
- 셋째, 전쟁은 순수히 오성(悟性, Verstand)의 영역에 속한다는 것에 의해 정치적 도구로서의 종속적 성격을 가진다.

이러한 세 가지 가운데, 첫째는 주로 국민에, 둘째는 주로 장수와 군대에, 셋째는 주로 정부에 각각 속하는 것이다. 전쟁에 있어서 타오르는 격정은 전쟁에 앞서서 이미 국민의 마음속에 내재하고 있어야 한다. 우연이라는 개연성의 영역에 있어서 용기와 재능이 어느 정도 활동할 수 있는가 하는 것은 장수와 그 군대의 특성에 달려 있다. 그런데 정치적 목적은 정부에만 소속되는 것이다.

이러한 세 가지 경향은 마치 철석처럼 깊이 전쟁의 본질에 뿌리를 박고 있으며, 경우에 따라 이러한 세 가지 경향은 각각 전쟁에 대하여 여러 가지 비중을 가져오는 것이다. 따라서 그것 가운데 어느 것을 무시하거나 혹은 그것 사이에 자의적恣意的인 관계를 설정하려는 전쟁이론은 곧 현실세계와 충돌하여 그것만으로도 그러한 전쟁이론은 무가치한 것이 되어버릴 것이다.

—클라우제비츠—

- 주석 : 미국 육군전쟁대학원의 교수 해리 서머스(Harry G. Summer Jr.) 대령은 그의 저서 『미국 월남전의 전략론』(*On Strategy : The Vietnam War in Context*, 1983)에서 미군은 전술적 승리는 했으나, 전략적 패배의 원인을 클라우

제비츠의 『전쟁론』(1832)을 기준으로 분석·평가했다. 예컨대 존슨 미국 대통령이 의회의 공식적인 선전포고에 대한 승인을 받지 못했던 것을 그가 범한 최초의 과오였다고 지적하고, 이로 인해 월남전은 국민의 열의와 지지를 받지 못한 전쟁이 되었으며, 그 결과로 미 육군은 "미 국민에 의한 전쟁이 아니라, 미 행정부를 위한 전쟁"을 마지못해 수행하게 되어 바람직하지 못한 결과를 가져왔다고 쓰고 있다.

◈ 전쟁 수행의 지식은 완전히 정신 속에 동화同化되어야 하는 것이며, 조금이라도 동화되지 않고 남아 있어서는 안 된다는 것이다.…

예컨대 전쟁에 있어서 지휘관은 어떠한 상황에 당면해서도 즉각적으로 자기의 능력에 의해서 결단을 내려야한다는 것이다. 전쟁에서의 지휘관의 지식은 정신 및 생활과 완전히 동화해서 참다운 능력이 되어야 한다.

—클라우제비츠—

◈ 클라우제비츠의 『전쟁론』은 그 통찰력이 심오하고 또한 독창적이기 때문에 후세의 사상가들에 의해 이해되지 않았던 고전古典 중의 하나이다.

—브로디—

• 주석 : 미국의 핵전략가 버나드 브로디(1910~1978)의 견해이며, 그는 그 이유를 구체적으로 밝히지 않았다. 『전쟁론』을 이해·해석하자면 칸트(Kant)에서 헤겔(Hegel)에 이르는 독일 관념주의 철학의 기초지식이 있어야 가능하다는 것이 필자의 견해이며, 이로 인해 군인들이 쉽게 접근하지 못하는 이유이리라.

◈ 모든 전쟁의 작전에는 기본적 원리가 있으며, 성공하는 데 채택되는 수단을 지배하는 원리의 존재를 증명하는 것이다. —조미니—

◈ 전쟁의 원칙에 대한 논설論說 가운데 다만 한 가지 정당한 것은 전사戰史의 깊은 연구에 의하여 얻어지는 것뿐이다. 그러나 천부적인 명장名將에 있어서는 원칙에 구애됨이 없이 싸움을 뜻대로 할 수 있는 여지가 남겨져 있다. 역逆으로, 전쟁은 순전히 학學이며, 그 운용은 모두 계산에 의해서

실행된다는 설이다. 그러나 이것처럼 명장의 자질을 죽이고, 패전으로 그릇되게 인도引導한 설說은 없다. 한편 몇몇의 인사人士는 전쟁에는 원칙이 존재하지 않는다는 형이상학적 회의적懷疑的 논의를 내세우고 있다. 이것도 또 일반인이 수긍을 할 만큼 충분하지 않다. 왜냐하면, 이러한 논의는 나폴레옹전쟁의 현실과 성과가 이 연구에 의해 획득된 원칙에 대해 이를 반박할 자료를 조금도 제공하지 못하기 때문이다. —조미니—

◈ 전쟁학에는 어떤 종류의 기본적 원리가 있으며, 이 원리에서 배출된 운용원칙의 수는 적고 또한 상황에 따라 수정된다 할지라도, 그것은 역시 전투의 수라장 가운데서도 언제나 어렵고 복잡한 임무를 수행해야 하는 군 사령관을 위해 일반적 지침으로서 유용하리라. —조미니—

◈ 어느 시대를 막론하고 전쟁은 좋은 성과 여부를 좌우하는 근본원칙이 반드시 존재하였다.…그리고 이 원칙은 불변이며 무기의 종류와 역사적 시간 및 장소와는 아무런 관계가 없는 것이다. —조미니—

◈ 바른 원리에 기초를 두고, 전쟁의 실제 사실에 의해 다짐되고, 또한 정확한 전사戰史에 의해 보충된 정당한 군사이론은 장수를 양성하기 위한 학교의 올바른 교육 자료가 되리라. 가령 이러한 수단이 위대한 장수를 길러내지 못했다 해도 적어도 그것은 전쟁술의 본의本義를 이해하고, 천재적 장수의 다음 가는 유능한 장수를 틀림없이 길러낼 수 있으리라.

—조미니—

◈ 프랑스를 구한 것은 프랑스의 독특한 군사학이었다. 독자의 군사학이 없는 민족에게는 영원한 생명은 없다. —포슈—

◈ 조국 프랑스는 결코 두 번 다시 패전의 서러움을 체험해서는 안 된다.

—드 골—

•주석 : 이것은 드골 장군이 전사戰史 연구를 통하여 전략·전술의 저작에 몰두

하게 된 동기가 되었다.

(드 골(Charles André Joseph Marie de Gaulle, 1890~1970), 프랑스 대통령, 군사지도자, 정치가. 1912년 육군사관학교를 졸업, 제1차 대전에 참전했다. 제2차 세계대전 초기에 참전하였고, 당시 나치치하의 비시정부에서 국방부 육군차관을 지냈으나, 1940년부터 영국으로 망명, 프랑스 자유민족회의와 프랑스 임시정부를 조직·결성했다. 제5 공화국을 수립, 1945년부터 1958년까지 총리를 두 번 지냈고, 1958년부터 대통령이었다. 1965년의 국민투표에서 재선하였으나 1969년의 선거에서 패하고 물러났다. 대통령 재직시 나치 부역자들에 대한 대대적인 숙청으로 유명했으나 프랑스의 베트남, 아프리카 식민지에 대해서는 사과나 청산을 하지 않았다. 주요저서로 『적의 내분』(1924), 『미래의 군대』(1934), 『회고록』(1958) 등이 있다)

◈ 나는 드골 장군이다. 프랑스는 한 전투에서 패배했지만, 이 전쟁에 패배한 것은 아니다. —드 골—

•주석 : 1940년 6월 18일, 영국에 망명하여 영국 국영방송에서의 첫 방송의 일부이다.

◈ 비엔나 평화 이후 반세기 동안 프로이센은 유럽전쟁에 적극적인 참여를 하지 않았다. 프로이센 군대가 유럽에서 가장 강력한 군대로 등장하던 1860년대까지 약 50~60년간 한 번도 실전의 경험을 갖지 못했다. 그런데 그렇게 강력한 군대가 될 수 있었던 것은 오직 그들의 군제와 평시훈련 및 이론적인 전쟁연구 때문이었다. —홀본—

◈ 전쟁은 무지無知한 자에게 있어서는 거래이지만, 천재에게 있어서는 과학이다. —슈바리에 후오랄—

◈ 미래전의 성공은 군사전략의 발전 수준이 현대전의 요구에 응하는 정도에 의해 좌우된다. —소콜롭스키—

◈ 군사교육은 철학, 과학 그리고 전쟁학의 세 가지 학술을 융합하여 이루어진 것이다. 이상의 세 가지 학술을 하나로 융합함으로써만이 하나의 생

명 있고 체계 있는 그리고 완벽한 군사교육이 될 수 있다.

—장제스(蔣介石)—

◈ 유격전쟁遊擊戰爭은 근거지 없이는 장기간 존속하고 발전할 수 없다.… 그러나 1928년 5월부터 당시의 상황에 적용하는 소박한 성격의 유격전쟁의 기본 원칙이 생겨났다. 그것은 곧 '적이 진격하면 우리는 퇴각하고(敵進我退), 적이 주둔하면 우리는 교란하고(敵駐我擾), 적이 피로하면 우리는 공격하고(敵疲我打), 적이 퇴각하면 우리는 추격한다(敵退我追)'는 작전으로 16자로 요약될 수 있다.

—마오쩌둥(毛澤東)—

•주석 : 마오쩌둥(1893~1976)의 논문, 「중국 혁명전쟁의 전략문제」(1936년 12월)에 나오는 내용이며, 그가 국내 혁명전쟁의 경험을 종합하기 위해 쓴 것으로 당시 섬서성 북부에 설립되어 있던 홍군紅軍대학에서 이 제목으로 강연한 적이 있다.

특히 16자 전법은 약자가 강자를 어떻게 다루어 승리할 것인가의 유격전쟁의 기본 원칙을 명시했는데, 중국의 군사고전인 『손자병법』과 클라우제비츠의 『전쟁론』 '제6편 제26장, 국민의 총무장' 등을 바탕으로 만들어 낸 탁월한 작품임을 과시하고 있다. 마오쩌둥은 유격전쟁의 이론가일 뿐만 아니라, 실천가로 중국의 통일과 권력을 장악한 정치가이기도 했다.

◈ 중일전쟁이 지구전持久戰이며 또한 궁극적 승리가 중국의 것이라고 한다면, 이런 지구전이 세 단계로서 구체적으로 표현되리라는 것은 합리적으로 예상할 수 있다.

·제1단계는 적의 전략적 공세, 우리의 전략적 수세의 시기이며,

·제2단계는 적의 전략적 수세, 우리의 반격준비의 시기이며,

·제3단계는 우리의 전략적 반격, 적의 전략적 퇴각의 시기이다.

이 세 단계의 구체적 상황은 미리 단정할 수 없으나, 지금의 모든 조건에 의거하여 전쟁의 추세를 고찰하면 대체적으로 그 상황을 예측할 수 있을 것이다.

—마오쩌둥—

•주석 : 이것은 1938년 5월 26일부터 6월 3일까지 옌안(延安)의 항일전쟁연구회에서 실시한 마오쩌둥의 강연 「지구전持久戰에 대하여」의 일부 내용이다. 토마스 햄즈 대령(예)의 '4세대 전쟁'의 핵심내용은 마오쩌둥의 16자 전법과 지구전의 세 가지 단계가 결합된 내용으로 보는데, 타당한 견해라 하겠다.

◈ 혁명의 중심과업과 그 최고의 형태는 무력으로 정권을 탈취하는 것이며, 전쟁으로 문제를 해결하는 것이다. 이 마르크스-레닌주의적 혁명원칙은 보편적으로 타당한 것이며, 중국에서나 외국에서나 옳은 것이다.

—마오쩌둥—

•주석 : 사회주의자의 전쟁에 대한 태도에 대하여 레닌(1870~1924)은 "사회주의자가 전쟁에 반대한다면 벌써 사회주의자는 못 된다"고 주장했다. 한편 북한의 「조선로동당 규약」(2010. 9. 28.)에 의하면, "최종목적은 온 사회를 주체사상화하여…"라 함으로써 무력에 의한 한반도의 적화통일을 최종목적으로 삼고 있다. 오늘날 핵·미사일 무기체계의 등장으로 핵전쟁이 '정책을 달성하는 수단'이 될 수 없다는 것이 명백하다. 그러니 북한 수뇌자들이여, 핵전쟁으로 완전히 폐허가 된 한반도에 적화통일이 무슨 소용이 있는지 깊이깊이 생각하기 바란다.

◈ 양군이 적대敵對하는 모든 문제는 전쟁에 의해서 해결되는 것이며, 중국의 존망存亡은 전쟁의 승패에 달려 있다. 따라서 군사이론의 연구, 전략과 전술의 연구, 군대의 정치공작의 연구는 조금도 늦출 수 없는 것이다. 전술에 대한 연구는 비록 부족하기는 하지만, 지난 10년 동안 군사사업에 종사하는 동지들이 많은 성과를 거두었고…이 모든 것에 대하여 앞으로 주의를 기울여야 하며, 그 중에서도 전쟁과 전략의 이론이 모든 것의 핵심이 되어야 한다. 군사이론의 연구로부터 흥미를 일으켜 군사문제의 연구에 주의를 기울이도록 전당全黨을 환기시키는 것이 필요하다고 생각한다.

—마오쩌둥—

•주석 : 이것은 마오쩌둥이 중국공산당 중앙위원회 제6기 제6차 확대 전원회

의에서 내린 결론의 일부분이며, 1938년 11월 6일이다. 그는 「항일 유격전쟁의 전략문제」(1938. 5.)와 「지구전에 대하여」(1938. 5.)라는 논문을 이미 발표했다. 그는 1938년 3월 18일 일기에 옌안(延安)에서 매주 1회 클라우제비츠의 『전쟁론』에 대한 연구회를 개최했다는 기록을 남겼다. 그의 중국에서의 혁명성공은 군사이론의 연구와 실천에서 비롯된 것으로 생각한다.

◈ 군사학은 철학, 과학 그리고 전쟁학의 집대성이다. 군사학 연구의 성패는 필연적으로 전쟁의 승패, 나아가서 민족의 생사와 국가의 존망에까지 영향을 미치게 된다. 따라서 그것은 인간 지혜의 최고의 발로이다.

—장웨이궈(蔣緯國)—

◈ 군사학의 연구가 인간 지혜의 최고의 발로發露인 만큼 이는 실로 한 나라의 국민들의 중지衆智를 모아 집중적으로 연구하는 데서 비롯된 것이며 또한 인간의 모든 지식을 종합한 결정結晶이라 할 수 있다.

—장웨이궈(蔣緯國)—

◈ 전쟁학은 실행력을 함양한다. 이 실행력을 특수한 경우에 응용하는 것이, 즉 전쟁술이다. —마이어스—

◈ 전략이론의 목적은 확정된 법칙이나 원칙을 발견하기보다, 오히려 정신을 교육하는 데 있다. 전략은 실천적인 시도이다. —토마스 만켄—

◈ 전략교리戰略敎理는 무기체계의 선택 문제를 초월하고 있다. 이는 하나의 사회가 존속하기 위한 방식이다.…그 사회의 방향감方向感은 전략교리에 표현되어 있다. 이 전략교리는 그 사회와 다른 사회의 관계에 있어서 직면하는 도전과 또한 이에 대한 대처방법을 규정하고 있다. 사회에 있어서 교리는 개인에 대한 교육역할을 하고 있다. —키신저—

◈ 전략교리의 강직성剛直性에 대한 대가代價는 군사적인 대참패를 초래하

였다. —키신저—

•주석 : 제2차 대전 초기, 프랑스의 마지노 요새를 비롯한 수세교리로 참패한 것을 말하는 것이다. 키신저는 정치학자·핵전략 전문가이며, 닉슨·포드 행정부에서 외교안보 보좌관과 국무장관을 지냈다. 1977년 국무장관을 끝으로 외교 현장에서 물러났다. 그러나 지금 94세이지만 막후에서 오늘날에도 미국 외교계의 황제로 군림하고 있다.

◈ 하나의 적절한 전략교리의 열쇠는 자기의 우월성을 확보할 수 있는 요소를 정확히 이해하는 데 있으며, 나아가서는 유리한 결전장決戰場을 선택하든지 또는 이용할 수 있는 무기체계의 요령을 활용하든지 하여 적측보다도 더욱 신속하게 자기의 우세한 요소를 응용할 수 있는 능력을 정확히 이해하는 데 있다. —키신저—

◈ 힘을 정책에 구체화하는 것은 전략교리의 과제가 된다. 국가의 목표가 공세적이건 수세적이건 또는 그 목표가 변혁의 달성이건 그 변혁의 방지를 추구하는 데 있건 간에 국가의 전략교리는 투쟁할 가치가 있는 목적을 규정하고 그 목적을 달성하기 위하여 힘의 적절한 규모를 결정하지 않으면 안 된다. —키신저—

◈ 무기체계의 발전과 이용이 전략교리를 떠나서는 불가능하다는 사실을 제쳐 놓고, 전략교리를 무기체계의 기술적 분석과 동일하다는 사상을 대두하게 한다. —키신저—

•주석 : 미국의 전략이론 연구의 그릇된 방향을 지적하고 있다.

◈ 군사교리는 실질적으로 군사행동을 지배하는 철학이며 지침이며 원리로서 군사이론의 진수이다. 그것은 국가의 정치적 목적을 달성하기 위하여 필수적인 군사이론을 압축해서 실제적인 군사행동의 지침이 되게끔 공식적으로 체계화한 것이다. —키신저—

•주석 : 군사교리의 본질과 기능을 명확히 밝힌 내용이다.

◈ 미국의 안전보장을 위해 근본적으로 필요한 것은 피할 수 없는 도전에 직면했을 경우 우리들이 합목적적으로 행동할 수 있게 하는 이론이다. 이론의 과제는 우리들이 계속해서 기습을 방지하는 데 있다. 또한 미국의 이론은 세계에 있어서 미국의 전략적 관심의 본질을 밝히는 데 있다. 동시에 소련 행동의 방식을 파악하고 소련 수뇌의 행동형을 우리 자신의 이성理性의 표준에서 계측計測하는 오류를 범해서는 안 된다. —키신저—

◈ 전략교리는 현재 사태를 움직이고 있는 세력요인을 평가하여 이를 희망적 방향으로 구체화하는 수단을 발견하지 않으면 안 된다. —키신저—

◈ 전략이론에 대한 시험은 가장 일어나기 쉬운 도전에 대해 하나의 반응의 형태를 확립할 수 있느냐 없느냐 하는 데 있다. —키신저—

◈ 전승戰勝처럼 군사사상에 해를 끼치는 것은 없다는 것이 여러 번 지적되었다. 왜냐하면, 혁신이란 것도 전승에 의하여 정당화되는 타성으로 전화轉化되고 말기 때문이다. —키신저—

◈ 승리는 사용할 수 있는 힘뿐만 아니라, 힘의 각 요소를 결합케 하는 방법에 의존하고 있기 때문에 전쟁이라는 것은 불확정의 요소가 있는 것이 통칙通則이다. 물론 한계가 있기는 하지만, 통솔력과 전략교리가 우수하면 자원의 열세는 보충될 수 있다. —키신저—

◈ 군사술이란 무장충돌의 성격, 본질, 범위와 군대 및 그것의 완전한 지원으로 전투작전을 하는 군사력, 수단, 방법에 관한 지식의 조직인 까닭에 무장충돌의 객관적 방법을 연구하고 군사술 이론의 문제를 발전시키고 군대와 또한 그것의 군사기술장비의 발전 및 준비에 문제를 제기하고 군사적 역사경험을 분석하는 것이다. —샤프킨—

• 주석 : 군사술(military art)이란 소련군에서는 전략, 작전술 및 전술을 총칭한 것이다.

(샤프킨(Vasily Yefisovich Savkin), 소련 육군 대령. 소련의 프룬제(Frunze) 육군사관학교의 교수를 역임했다. 주요저서로 『작전술 및 전술의 기본원칙』(1972) 등이 있다.)

◈ 일찍이 충무공께서는 국가가 누란累卵의 위기에 처했을 때, 오로지 구국일념救國一念으로 낮이나 밤이나 한시라도 전대戰帶를 풀어놓은 적이 없었습니다.

그뿐 아니라, 격전의 나날을 보내면서도 틈만 있으면 한 줄기 등잔불 앞에서 병서를 탐독하면서 국난 극복의 예지叡智와 용기를 익히고 닦았던 것입니다. —박정희—

•주석 : 1973년 4월, 박정희 대통령의 제27기 해사 졸업식의 유시에서.

◈ 목표와 비용에 관해서 대체방법을 열거하고 각각의 의미를 고찰하는 것은 좋지만, 분석방법이나 계산기를 쓸 수 없는 군사문제도 많다. 수학 모델이나 계산기가 쓰이는 경우도 그것은 건전한 직관적 판단을 대신하거나 또 그것과 경합하는 것은 결코 아니며, 오히려 판단을 돕는 것이다. 나는 최적전략이 계산척計算尺 혹은 고속계산기에 의해서 산출된다고 믿는다는 점에서는 가장 소극적인 인간이다. 사실이야말로 최고의 것이다. 체계분석은 정책결정자에게 가장 쓸모 있는 방법으로 구성된 적절한 자료를 제공하는 하나의 기법이다. 따라서 이 기법도 또한 건전하고 경험이 풍부한 군인의 판단을 대신하는 것이 아니며, 결정자가 필요로 하는 여러 가지 정보의 하나에 지나지 않는다. —히치—

◈ 군사이론(military theory)이란 군사문제에 관한 연구뿐만 아니라, 그들의 개념(concept), 범주(category), 정리(定理, proposition), 법칙(law) 및 일반이론(theorem) 등을 포함한다. 옛날의 군사문제 연구의 초점은 "전쟁이란 무엇인가"와 "어떻게 전승할 것인가" 하는 두 가지 질문에 놓여 있었다. 앞의 것을 '전쟁철학'(philosophy of war)이라 불렀고, 뒤의 것을 '전략'(strategy)이라 불렀다. 이

전략이라는 용어는 전쟁수행의 이론과 실제 및 군사작전에 있어서 군대의 운용을 뜻했다. 군사이론은 다음 네 가지 질문에 대해 답을 구해야 한다.

(1) 전쟁이란 무엇인가?

(2) 전쟁준비는 어떻게 할 것인가?

(3) 전쟁을 어떻게 승리할 것인가?

(4) 전쟁을 어떻게 억제할 것인가? —줄리안 라이더—

(라이더(Julian Lider, 1918~), 주요저서로 『전쟁의 본질』(1977), 『군사이론 : 개념, 구조, 문제』(1983), 『힘의 상관관계』(1986), 『제2차 세계대전 이후의 영국 군사사상』(1985) 등 다수가 있다.)

◈ 1981년 미 육군전쟁대학원을 방문했을 때, 테일러(Maxwell D. Taylor) 장군은 전략을 목표, 방법 및 수단으로 구성되는 것으로 특징화하였다. 이 개념을 등식으로 설명하면 다음과 같다.

• 전략 = 목적(지향하는 목표)+방법(행동방안)+도구(특정 목적을 달성하기 위한 도구)

위의 공식은 전략의 일반적 개념으로서 군사전략으로 접근할 수 있는 방법을 개발할 수 있다. 목적은 군사목표로 표현할 수 있으며, 방법은 군대를 사용하는 여러 가지 방안과 관련된다. 근본적으로 이것은 군사목표를 달성하기 위한 행동방안의 모색을 의미한다. 수단은 임무를 달성하기 위한 군사자원(인력, 물자, 금전, 부대 등)으로 표현된다. 따라서 이것은 군사전략 = 군사목표+군사전략개념+군사자원으로 결론지을 수 있다.

—아더 라이케 2세—

• 주석 : 필자는 1968년부터 국방대학원에서 '전략론' 강의를 해왔다. '군사전략'의 수립절차와 방법을 알고 싶었으나, 국내에는 자료가 없었다. 1982년 여름, 미국의 워싱턴에서 국제군사사학회(International Commission of Military History)의 회의가 개최되어 참석하는 기회를 이용해서, 미 국방대학원 및 미 육군전쟁대학원에서 자료를 수집하여 『군사전략론』(1987)을 발간했다. 한글세대의 등장으로 책이 절판되었다가 최근에 개

정판(2009)을 발간했다.

요즘 군사학 박사과정 학생들에게 '군사전략'의 수립절차와 방법을 가르칠 뿐만 아니라, 60대 이후(인생 후반전)의 '인생전략'도 소개한다. 즉,

인생전략 = 인생목표 + 방법 + 수단

60대 전후해서 퇴직하면 30~40년의 활동기간이 있기 때문에 앞으로 무엇을 하면서 살아야 할 것인가의 문제는 대단히 중요하며, 이것이 바로 인생전략이다.

- 인생목표 : 하고 싶은 일을 우선순위로 정한다. 즉 ① 군사학 연구, ② 서예, ③ 도자기 굽기, ④ 자원봉사 등등
- 방법 : 30~40년의 시간이 있기에 '천천히 그리고 꾸준하게'(slow and steady) 목표를 추구한다.
- 수단 : 목표달성에 필요한 자원으로 건강, 취미, 능력, 자금 및 시간 등이다.

수단을 고려하면서 인생목표의 우선순위에 따라 분석·검토하여 '결정'을 해서 실천에 옮기는 것이 인생전략이라 할 수 있다. 결정에는 위험성과 불확실성이 수반된다. 따라서 결정을 하기 위해서는 용기가 필요하다.

인생전략을 수립함에 있어서 두 가지 고려사항은 먼저 의·식·주(衣食住)에 어려움이 없어야 하며, 퇴직할 때 연금을 반드시 수령해야 한다는 것을 환기시켰다. 필자가 1987년 명예퇴직을 할 때, 연금수령자는 적었고 일시금을 선호했는데, 그들은 지금 생활고에 시달리고 있다고 한다. 다른 한 가지는 한평생 추구하고 싶은 일(life work)을 지녀야 한다는 것이다. 일생동안 추구하는 목표가 있고 죽는 날까지 달성하고자 하는 일이 있을 때, 우리의 심신은 강건해지고 또한 인생의 의의意義도 찾게 되리라.

◈ 우리가 성공하지 못했기 때문에 우리는 그 경험으로부터 더욱 더 배우지 않으면 안 된다. '베트남전쟁으로부터 터득한 전략적 교훈의 진수'는 우리 군인은 군사분야에 있어서 최고의 권위자가 되어야 한다는 사실이다.

—해리 서머스—

•주석 : 미국 육군의 해리 서머스 대령의 저서 『미국 베트남전의 전략론』(1981)의 마지막 결론이다. 그는 클라우제비츠의 『전쟁론』을 토대로 하여 베트남전을 전쟁 그 자체뿐만 아니라, 미국 내의 배경에도 비추어 고찰했다. 필자가 1982년 여름, 미국 국방대학원(National Defence College)과 미 육군 전쟁대학원(U.S. Army War College)을 방문하여 알게 된 사실은 모든 학생들이 『손자병법』과 『전쟁론』을 필수과목으로 읽고·토론한다는 것을 알고 놀랐다. 1975년 베트남전쟁에서 미군은 전투에서는 승리했으나, 전쟁에서 패배했기에 그 원인을 찾고 있었다.

(서머스(Harry G. Summers Jr., 1932~1999), 미국 육군 대령, 육군전쟁대학 교수를 역임했다. 1981년 육군전쟁대학 졸업논문으로 『전략론 : 베트남전쟁의 비판적 분석』을 썼고 1982년에 출판했다.)

◈ 어떤 분야에서든지 전략의 목적은 현실에 대한 우리의 이해와 효과적으로 행동할 수 있는 우리의 능력을 개선하는 것이다. —다니엘 모런—

◈ 전쟁과 전략의 논리(logic)는 보편적이며, 어느 시대, 어느 장소에 있어서도 유효하다. 그것은 주로 전쟁이 인류의 활동이며, 물질적으로 진보가 있음에도 불구하고 인간의 본성에는 변화가 없기 때문이다.…

전략이론(strategic theory)은 전쟁을 이해하는 데 개념적 기반을 제공한다. 그것은 전쟁과 평화를 둘러싼 문제를 분석하기 위해 도구를 제공한다.…

전략이론의 성공과 실패는 정책 입안자가 전쟁과 평화를 둘러싼 문제를 이해하고 적절한 전략을 수립했을 때, 유용성과 정비례한다. 20세기의 미국의 전략가인 버나드 브로디는 다음과 같이 말했다. 즉 "전략이란 실행가능한 해결책을 추구하는 데 진실을 탐구하는 분야이다."

—존 베일리스 외—

◈ 이상적으로 본다면, 뛰어난 전략가는 반드시 뛰어난 역사가가 되어야만 한다. 우리가 가진 전략적 증거는 오직 역사뿐이지만, 그 역사를 기록한 사람들의 성품이나 신뢰도는 논쟁의 여지가 있는 법이다. 역사 그 자체는

우리에게 어떤 것도 가르쳐줄 수 없으며, 이것은 의지를 가진 행위자도 아니다. 우리에게 주어진 과제는 어떻게 역사적 교육을 통해 우리에게 필요한 전략적인 관점을 얻고, 이를 토대로 신중하게 정책을 결정할 수 있는가이다. —콜린 그레이·지니 존슨—

◈ 투키디데스, 손자 그리고 클라우제비츠가 말하지 않은 것이 있다면, 아마도 말할 가치가 없다고 생각해서 그랬을 것이다. … 투키디데스의 『펠로폰네소스 전쟁사』(B.C. 431~404)와 손무의 『손자병법』(B.C. 523?), 클라우제비츠의 『전쟁론』(1832)은 전략을 이해하기 위해 반드시 읽어야 할 3권의 책이다. —콜린 그레이—

•주석 : 위 내용의 뒷부분은 그레이가 주장한 내용이지만, 필자도 동일한 견해이다. 투키디데스(B.C. 480~396)는 27년간의 전쟁사 가운데 21년까지만 기록에 남긴 미완성 작품이고, 클라우제비츠(1780~1831)는 현실전쟁(real war)의 관점에서 『전쟁론』 전체를 수정하지 못한 미완성의 작품이다.

◈ 전쟁의 성격과 수행 그리고 전략은 시간과 상대측에 따라 반드시 변해야 하지만, 그러나 전쟁과 전략의 본질과 기능은 변하지 않는다.

—콜린 그레이—

◈ 1세대 전쟁에서는 적의 근접 전력을 파괴하는 데 초점이 있었고, 2세대 전쟁에서는 화력에 의존하면서 여전히 적의 전투력을 파괴하는 데 초점이 있었다. 3세대 전쟁에서는 보다 장거리를 타격할 수 있는 능력을 갖게 되자, 이러한 발전된 능력을 이용하여 적의 전쟁의지를 가장 빨리 분쇄하기 위한 방법으로 적의 지휘·통신·군수시설을 파괴하는 데 초점을 두었다. 4세대 전쟁은 전쟁 수행에 대한 적의 정치적 의지를 직접 분쇄하는 데 초점을 두고 있다.

4세대 전쟁의 개념에 대한 최초의 저술을 하고 이를 성공적으로 실천에 옮긴 사람은 마오쩌둥(毛澤東)으로, 그는 20세기 초 중국을 휩쓴 격렬한 소용돌이 속에서 성장한 사람이다.…

4세대 전쟁은 주로 인간과 기술과 지식에 의해서 승패가 결정되는 장기간에 걸친 투쟁이다.…4세대 전쟁이 도래하였다. 4세대 전쟁에서는 정치·경제·사회·군사부문의 모든 가용 네트워크를 동원하여 적의 정치지도자들로 하여금 그들의 전략적 목표는 결코 달성될 수 없으며, 얻는 것에 비하여 값비싼 대가를 치러야 한다는 것을 인식하도록 하는 데 주안을 둔다. 이는 반군 개념이 발전한 한 형태이다.…

전략적 수준에서 4세대 전쟁은 직접적으로 적의 의사결정자들의 심리변화를 추구한다. 그러나 전통적인 방법인 전장에서의 우세를 통해서 이러한 변화를 달성하려고 하지 않는다. 1세대에서 3세대까지는 전쟁의 목표가 적의 군사력을 분쇄하고 군사력 재창출 능력을 파괴하는 것이지만, 4세대 전쟁에서는 그런 방식을 취하지 않는다. 나폴레옹 시대의 서사시적이고 결정적인 전투 또는 광범위한 지역에 걸친 고속기동전 같은 것은 4세대 전쟁하고는 관계가 없다. 4세대 전쟁에서의 승리란 직접적으로 적 지도부의 의지를 분쇄하기 위하여, 그들의 전쟁목표는 달성될 수가 없을 뿐더러 값비싼 대가를 치러야 한다는 인식에 도달하도록 모든 가용 네트워크를 동원함으로써 달성된다.…

마오쩌둥(毛澤東)과 주데(朱德)는 마지막으로 손질하여 1928년 5월에 한자 16자로 된 전법을 전군에 전파하였다.

적이 진격해 오면 우리는 물러난다(敵進我退 적진아퇴)
적이 주둔하면 우리는 괴롭힌다(敵駐我擾 적주아요)
적이 피로하면 우리는 공격한다(敵疲我打 적피아타)
적이 물러나면 우리는 추격한다(敵退我追 적퇴아추)

반군에 대한 주요 정치적 성격을 규정한 다음, 마오쩌둥은 반군활동 3단계를 다음과 같이 설정했다.

• 제1단계 : 이 단계에서 반군들은 우선 정치적인 힘을 길러야 한다. 군사적 활동은 선별하고, 정치적으로 그럴만한 이유가 있는 암살 정도로 국한되어야 한다.

• 제2단계 : 반군들은 힘을 저축하고 기지에 대한 통제를 확고히 해야 한다.

• 제3단계 : 반군들은 이제 정부에 대한 최종 공세에서 지금까지 주의 깊게 관리해온 정규부대를 투입하여 싸운다. 이 단계에서는 전력의 대비對比가 조기에 반군 쪽에 유리하도록 기울어진 상태라야 승리할 수가 있다. —토머스 햄즈—

• 주석 : 미국 해병대 대령 출신의 토머스 햄즈의 저서, 『21세기 전쟁—비대칭의 4세대 전쟁』(하광희 외 옮김, 2010, 417쪽)을 요약했다. 햄즈 대령(예)은 제2차 대전 후, 세계 최강대국인 미국이 베트남과 레바논 그리고 소말리아에서 세 번 패했고, 소련 역시 아프가니스탄과 체첸(Chechnya)에서, 또 프랑스도 베트남과 알제리에서 패했다는 데 관심을 두었다. 그리하여 나폴레옹 시대에서 제2차 세계대전까지의 전쟁 양상을 제1세대에서 제3세대의 전쟁으로 분류·분석하고 그것은 우승열패優勝劣敗의 전쟁이지만, 제2차 대전 후의 제4세대 전쟁에서는 열승우패劣勝優敗, 즉 국력과 군사력이 약한 편이 그보다 강한 편에 승리했다는 저서를 냈는데, 그 주인공이 바로 중국의 마오쩌둥이며, 그것의 이론적 근거는 유격전(게릴라전)의 기본원칙인 '16자 전법十六字戰法'(1928년 5월)과 '반군활동 3단계'(1938년 5월)를 제시했다. 햄즈는 4세대 전쟁의 특성을 분석하고 장기간의 투쟁을 통해 적의 의사결정자들의 심리변화를 추구하는 것이라 했다.

최근의 군사분야에서는 '비대칭 전략'(非對稱戰略 : Asymmetric Strategy)이라는 용어가 있는데, 즉 군사목표 달성을 위해 전략 환경과 군사적 능력, 전쟁수행 방법의 변화를 고려하여 적의 강점을 회피하고 약점을 공격함으로써 효과적으로 대응하지 못하도록 하는 전략인데, 마오쩌둥의 전략은 여기에 속하는 내용이다.

◈ 전쟁학이 없는 전쟁사는 결실이 없고, 전쟁사가 없는 전쟁학은 뿌리가

없는 나무와 같다. ―풍석―

◈ 군사사상에서 군사교리까지의 고찰

·첫째, 군사사상(Military Thought)이란 전쟁, 군대(병역제도), 무기(군사기술) 그리고 용병술(전략·작전술·전술) 네 가지 측면의 상호관계를 포괄한 통일된 사고체계思考體系이다.

·둘째, 군사이론(Military Theory)이란 군사문제에 대한 연구뿐만 아니라, 군사문제의 개념(concepts), 범주(categories), 명제(propositions) 그리고 법칙(law) 및 일반원리(theorem)를 포함한다. 그리고 군사이론의 구조는 아래와 같다.

① 전쟁이란 무엇인가?

② 어떻게 싸워서 승리할 것인가

③ 어떻게 전쟁준비를 한 것인가

④ 어떻게 전쟁을 억제할 것인가

·셋째, 군사학(Military Art and Science)이란 전쟁을 연구대상으로 하여, 그것의 본질과 성격을 연구하고, 전·평시를 통하여 전쟁에 대비한 군사력 건설과 후방지원 방법을 연구한다. 그리고 전쟁목적을 달성하기 위한 무력전의 형태와 수행방법 및 억제에 관한 통일된 지식의 체계이다.

군사학의 범위는 아래와 같다.

- 전쟁철학
- 전쟁학
  - ㉮ 군제학
  - ㉯ 용병술 : 군사전략, 작전술, 전술
- 군사 사학
- 군사 교육학

•군사 지리학(해양학·기상학 포함)

•군사 보조학문(국방경제, 군법, 위생 등)

•군사학의 각 분야의 연구방법 확립

·넷째, 군사교리(Military Doctrine)란 국가목적을 달성하기 위하여 군사이론·군사학을 고려하여 국가의 공식적인 군사력 운용의 행동지침이라 할 수 있다. –풍석–

•주석 : 군사이론의 내용은 스웨덴의 줄리안 라이더(Julian Lider)의 저서, 『군사이론』(*Military Theory*, 1983)에서 인용했음을 밝혀 둔다.

필자는 국방대학원에 재직하고 있을 때, 「군사학의 이론체계」(1980)라는 논문을 발표하여 군사학의 이론정립을 시도했고, 문교부에서 군사학이 학문으로 인정된 것은 2002년 12월이며, 2003년 3월 신학기부터 충남대학교에서 '군사학 석사과정'의 강의가 시작되었다.

군사이론(military theory)과 군사학(military art and science)의 명확한 경계선은 없다고 생각하며, 군사학은 군사이론을 더욱 발전시켜 학문적(철학과 과학 분야의 통합)으로 지식이 한층 더 체계화한 것으로 이해한다. 그렇다면 정치학(political science), 사회학(social science)으로 영어를 표기하는데, 왜 군사학은 'military art and science'로 표기하는가? 이 문제에 대해 클라우제비츠는 명확히 구분하고 있다. 즉 "술(art)이란 생산하는 능력을 목적으로 하는 것이며, 예컨대 건축술 등이다. 이에 반하여 학(學, science)이란 순수한 지식을 목적으로 하는 것이며, 예컨대 수학, 천문학 등이다.…전쟁에서 행위자의 지식은 정신 및 생활과 동화되어 참다운 능력이 되어야 한다"(제2편 2·3장)고 했다. 직업군인인 간부가 갖추어야 하는 군사학은 다만 일반적인 군사지식 뿐만 아니라, 그 지식이 능력화 되어야 한다는 뜻에서 군사학은 'military art and science'로 표기하는 것으로 해석한다. 예컨대, 음악가는 음악에 대한 일반적 지식을 갖추고 다음에 실기, 즉 피아노·바이올린 등의 연주 능력을 갖추어야 비로소 음악가라 할 수 있으리라.

21 전쟁사 연구

◈ 아테네인 투키디데스는 펠로폰네소스인과 아테네인 간의 전쟁사에 대해 썼다. 이 전쟁이 일어난 순간, 이 전쟁이 크게 확대되고 또 과거에 일어난 그 어떤 전쟁보다 이야기할 만한 가치가 있게 되리라 예측하고 곧 쓰기 시작했다.…

옛날 일을 노래한 시인들의 수식과 과장에 넘친 표현에는 신빙성을 인정할 수 없다. 또 전승작가傳承作家처럼 너무 옛날로 거슬러 가기 때문에 논증할 수 없는 사건이나 믿을 수 없는 다만 신화적 주제를 엮어 진실탐구보다는 청중의 흥미 본위의 작문을 감수하는 입장이 허용되지 않는다. 어느 것이나 배척하고 명백한 사실만을 바탕으로 하여 옛날 일이라 해도 충분히 사실史實에 가까운 윤곽을 규명한 결과는 당연한 것으로 시인해도 좋을 것이다.…

나의 기록에는 전설적인 요소가 제외되어 있기 때문에 이것을 읽고 흥미가 있다고 생각하는 사람은 적을지 모른다. 그러나 지금부터 전개될 역사도 인간이 인도引導하여 이루어지는 것처럼 다시 그와 유사한 과정을 겪는 것이 아닐까 하고 생각하는 사람들이 회고하여 과거의 진상을 찾을 때, 나의 역사의 가치를 인정해 준다면 그것으로 충분하리라. 이 기술記述

은 오늘의 독자의 구미에 맞추어 상賞을 얻기 위한 것이 아니라, 후세의 유산이 되도록 엮은 것이다. —투키디데스—

•주석 : 그리스의 역사가, 투키디데스의 명저 『펠로폰네소스 전쟁』(*Peloponnesian War*, B.C. 431~411)에서 저술의 목적을 명시했고, 역사가의 자질과 태도에 관한 내용인데 오늘날에도 유용한 내용이라 생각한다.

(투키디데스(Thucydides, B.C. 465?~400?), 고대 그리스 아테네의 역사가이며, 정의보다는 패권에 기반하여 국가 간의 관계를 보는 정치적 현실주의 학파의 시조로 여겨지기도 한다. 펠로폰네소스 전쟁에 장군으로 선발되어 트라케에 파견되었으나 사명을 완수하지 못해 추방되었다가 전쟁이 끝나고 아테네로 돌아와서 그동안 수집한 자료와 자신이 직접 체험한 것을 기록하여 『펠로폰네소스 전쟁사』를 저술했다.)

◈ 전쟁이 필연적으로 일어나리라 각오하지 않으면 안 됩니다. 우리가 앞으로 나아가 적의 도전에 응한다면 적의 기세는 꺾이게 마련입니다. 사람도 국가도 호랑이굴에 들어가야 불후의 명예를 얻을 수 있습니다. 페르시아군을 훌륭히 격퇴한 우리의 선인들에겐 오늘날과 같은 물자도 없었습니다. 게다가 그 분들은 가지고 있는 것조차 내버리고 운이나 힘을 믿지 않고, 오히려 용기와 계책으로 이어족을 격파하고 오늘날의 기초를 쌓았습니다. 그러므로 우리도 선인들 못지않게 전력을 기울여 적을 격파하고, 물려받은 것을 아무 손상 없이 후세에 전해주어야 합니다.

—페리클레스—

•주석 : 투키디데스의 위의 책에 인용된 그리스의 정치가 페리클레스의 연설 내용이다.

(페리클레스(Pericles, B.C. 495?~429?), 고대 그리스 아테네의 정치가, 장군. B.C. 5세기 후반에 아테네 민주주의와 아테네 제국을 발전시켜 아테네를 그리스의 정치적·문화적 중심지로 만들었으며, 아테네의 황금시대를 열었다. 투키디데스를 이르러 "아테네의 제1 시민"이라 칭하였다. 그의 업적으로 B.C. 447년에 착공된 아크로폴리스의 건설도 포함된다.)

◈ 먼저 원칙을 말하고, 토의에 의하여 이것을 발전시켜 다음에 실례實例를

들어 그 의의를 간명簡明히 하여, 원칙이라는 골격에 실제적 행위라는 살(肉육)과 피(血혈)을 주어, 그리하여 살아있는 사람처럼 완전한 모습을 갖추게 하며, 이것을 논리적 방법이라 한다. —다리우스 1세—

•주석 : 원칙이란 전쟁의 원칙을 뜻함.

(다리우스 1세(Darius I, B.C. 550~486, 재위 : B.C. 522~486), 고대 페르시아 아케메네스 왕조의 위대한 왕이며, 다리우스 대왕(Darius the Great)이라고 불린다. 뛰어난 행정조직과 대규모 건축사업으로 유명하다. 몇 차례에 걸쳐 그리스 정복을 꾀했으나, B.C. 492년에는 폭풍으로 함대가 파괴되었으며, B.C. 490년에는 마라톤에서 아테네에 패했다.)

◈ 전사戰史는 지배자의 학교이다. 지배자는 과거 세기世紀의 오류에서 배워 그것을 반복하지 않도록 해야 하며, 계통을 세워 한 발자국씩 그것을 추구하여 자기의 처치處置를 바르게 평가하는 자만이 자기보다 계획적으로 행동하지 않는 자에게 승리할 수 있다는 것을 이해해야 한다.

—프리드리히 대왕—

◈ 전쟁에 관한 기술의 수준 높은 지식을 획득하는 방도는 두 가지가 있다. 스스로 체험에 의하든가, 아니면 과거의 전쟁이나 훌륭한 지휘관들이 실시한 전투의 역사를 연구한다는 것이다. —나폴레옹—

◈ 알렉산더, 한니발, 카이사르, 구스타브 아돌프, 튜렌느, 유진 그리고 프리드리히의 전사戰史를 여러 번 읽고 거기서 배워야 한다. 이것이 전쟁술의 비결을 배우고 또한 위대한 장수가 될 수 있는 유일한 수단이다.

—나폴레옹—

◈ 전술, 교련, 포공병과학砲工兵科學은 기하학과 마찬가지로 논문에 의해 배울 수 있을지라도, 대작전의 지식은 자기의 경험과 전사戰史 및 명장名將의 연구에 의해 획득될 수 있다. —나폴레옹—

◈ 정신적인 힘의 가치가 얼마나 크며, 또한 때때로 믿기 어려울 정도의 영

향력을 가진다는 것은 역사가 훌륭히 증명하고 있다. 장수가 역사에서 배워야 할 점은 바로 여기에 있다. 이것이야말로 장수의 정신을 높이는 가장 귀중하고 훌륭한 자양분이다. —클라우제비츠—

◈ 역사적 실례實例는 일반적으로 많은 사항을 설명하는 것이지만, 더욱이 경험과학에 있어서는 최대의 증명력을 가지고 있다. 그리고 그것은 전쟁술(전략·전술)에 있어서 특히 현저하다. —클라우제비츠—

◈ 사정査定에 입각한 진실에 바탕을 둔 훌륭한 원리는 전사戰史의 교훈을 가미함으로써 지휘관을 위한 참다운 교육을 할 수 있다. —조미니—

◈ 건전한 비판을 가한 전사야말로, 실로 전쟁의 학교이다. —조미니—

◈ 전쟁술은 예술과 마찬가지로 원리를 갖고 있다. 만약 그렇지 않다면 전쟁은 술術이 아니다. 전쟁을 배울 수 있고 또 배워야 하며, 전사戰史의 광범하고 심각한 연구에 의한 전쟁 본질의 이해야말로 전쟁술 연구의 기초이다. —포슈—

◈ 평시에 있어서 군의 두뇌를 양성하고 또한 언제나 전쟁에 대해 이를 긴장케 하기 위해서는 역사보다 더 훌륭한 교훈이 풍부한 책은 없다. —포슈—

◈ 가장 신뢰할 수 있는 교훈은 패배에서 배울 수 있다. —로비넷—

◈ 전사의 지식은 사실史實이나 규정規定의 벌거벗은 골격에 생생한 생명을 부여한다. —로비넷—

◈ 전사에 기초를 두지 않는 교육자는 그 교육내용을 무미건조하고 또한 학술적인 것으로 만들어 결국 교육효과를 획득하지 못한다. —로비넷—

◈ 전쟁사 연구는 미래의 지휘관들이 군사행동을 수행할 수 있는 여러 가지 실정의 복잡성을 이해하게 하는 데 가장 유용하다. —몰트케—

• 주석 : 몰트케 원수는 중대 이상의 부대 지휘를 해본 경험도 없이 프로이센·오스트리아 전쟁(1866)과 프로이센·프랑스 전쟁(1870~71)에서 승리하여 독일의 통일을 완성하는 데 기여했다. 그의 전승의 비결 요인은 여러 가지가 있지만, 그 가운데 중요한 요인의 하나는 그의 철저한 전쟁사 연구에서 비롯되었던 것이다.

◈ 표준이 될 만한 병서兵書에서 원칙을 모아 이것을 명확히 기술記述하여 이것을 가지고 연구제목으로 했다. 나도 이러한 방법을 가지고 군사기록인 역사에 접근했다.

—마한—

• 주석 : 마한은 조미니의 『전쟁술』(1838)과 『프랑스혁명의 전사戰史』(1819~1824)를 연구한 연후에 그의 유명한 저서 『해상세력사론海上勢力史論』(1890)을 출판했다.

◈ 심오한 군사학軍事學을 연구하려면, 반드시 역사부터 먼저 연구해야 한다.

—장팡젠(蔣方震)—

◈ 지난 시대의 정치를 논한다면, 가변적인 사실과 불변적인 원리의 두 가지로 구분할 수 있다. 옛것을 거울삼아 오늘을 알려고 함에 있어, 그 원리는 배우고 표면상의 사실은 본 따지 말 것이며, 그 원리는 활용하되 그 허울은 되풀이 하지 않아야 하며, 지난날의 원리를 변화에 맞추어 융통성 있게 최대로 활용해야 한다.

—쑨이랑(孫怡讓)—

• 주석 : 여기서 정치를 군사로 치환하면 그대로 유용한 내용이며, 또한 동서고금을 통하여 얻어진 값진 교훈을 참고삼아야 한다는 내용이다.

(쑨이랑(孫怡讓, 1848~1908), 중국 청나라의 학자. 경학經學, 제자학諸子學, 문자학文字學 등 다양한 학문영역을 섭렵했고, 금석문金石文의 연구에도 탁월한 견해를 보였으며, 은허殷墟에서 출토된 갑골문에 대해 처음으로 체계적인 연구를 시도하였다. 주요저서로 『주례정의周禮定義』, 『온주경적지溫州經籍誌』 등이 있다.)

◈ 역사는 경험의 기록인 바, 이것을 철저히 연구하면 마침내 전쟁에 관계되는 여러 요소를 찾을 수 있다. 왜냐하면, 역사가 아무리 불완전하다 할

지라도 이들의 요소는 하나도 잊히지 않기 때문이다. 역사는 사진과 같은 것이며, 이에 반하여 순리적 방법은 발췌적拔萃的으로 흐르는 경향이 있다. —다비리—

◈ 손자병법의 원리를 현대전쟁의 양상에다 적용할 수 있는 군사학도에게는 그것이 저술된 지 2,500여년이 지난 오늘날에 있어서도 그것은 전쟁수행에 있어서 가장 새롭고 또한 가장 가치 있는 지침서이다. —필립스—

•주석 : 미 육군의 토마스 R. 필립스(Thomas R. Philips, 1892~1965) 소령이 군사고전을 편집한 책『전략의 기초』(*Roots of Strategy*, 1940)에서 주장한 내용이다.

◈ 전쟁사 연구가는 역사로부터 지엽적인 전쟁방법과 기술 같은 것은 배우려고 하지 않습니다. 모든 시대에 있어서 그러한 전쟁방법과 기술은 당시 가용했던 무기의 특성과 전투부대의 기동수단, 보급 및 통제수단에 의해 결정적인 영향을 받았기 때문입니다. 그러나 전쟁사를 연구함으로써 우리는 과거에 성공을 가져다 준 근본적인 원칙과 이러한 원칙이 어떻게 결합되고 적용되었는가를 명백히 알게 됩니다. 이러한 원칙은 시간의 제약을 받지 않습니다. 따라서 육군은 전쟁의 악취惡臭가 채 가시지 않은 최근의 전쟁뿐만 아니라, 오랫동안 먼지 속에 묻혀 진 전쟁에 대해서도 연구분석을 계속 더해 나아가고 있습니다. —맥아더—

◈ 군대는 승리에서보다 오히려 패전에서 배울 것이 더 많다. —리델 하트—

◈ 손자병법의 소책자에는 내가 저술한 20여권 이상의 저서에서 다루어 둔 전략 및 전술의 근본문제를 거의 포함하고 있다. —리델 하트—

•주석 : 제2차 대전 말기 중국 무관武官이 리델 하트를 방문하여 중국 군관학교에서『손자병법』은 고전古典으로 추앙을 받고 있으나 별로 읽혀지지 않고 있을 뿐만 아니라, 현대전 수행에 적합하지 않다고 말했을 때의 대답이다.

◈ 역사는 발전의 경향을 제시할 뿐, 그 사건이 반복될 것임을 말해 주지는

못한다. —잭슨—

(잭슨(Thamas Jonathan Jackson, 1824~1863), 미국 남북전쟁 당시 남군의 장군. 뛰어난 전략가로 1861년 제1차 불런전투에서 펼친 방어전으로 철벽鐵壁이라는 별명을 얻었다.)

◈ 공군이든, 육군이든, 해군이든 간에 현대군인은 모두 제공권이 달성된 연후에 비로소 지상, 해상작전이 가능하다는 데 대하여 의견이 일치되고 있다고 하며, 따라서 현대전에 있어서 첫째로 하지 않으면 안 될 것은 항공전에서 승리를 거둔다는 것이다. —르메이—

(르메이(Curtis Emerson LeMay, 1906~1990), 미 공군 대장. 1929년 비행학교 및 1939년에 오하이오 대학교를 졸업. 제2차 대전 중에는 비행단 지휘관 등을 역임하고, 1957~1961년까지 전략공군사령관 및 공군참모차장, 1961~1965년까지 공군 참모총장을 역임했다. 제2차 세계대전시 태평양 전장戰場에서 저고도 전략폭격으로 일본을 초토화 시킨 것으로 유명하다. 냉전에 들어서는 서베를린 공수작전을 지휘했으며, 쿠바 미사일 위기 때는 소련과 쿠바에 대한 핵공격을 포함한 전면전을 건의했으나 받아들여지지 않았다. 주요저서로 『르메이의 임무』(1965) 등이 있다.)

◈ 과거를 기억하지 못하는 자는 과거를 되풀이하기 마련이다. —산타야나—

(산타야나(George Santayana, 1863~1952), 스페인 태생 미국의 철학자, 시인, 평론가이다. 하버드 대학교를 졸업하고 동 대학교 교수가 되었으나, 1925년 로마에 정착하였다. 제2차 세계대전 중에는 로마의 사원에서 가톨릭적 자유사상가로 지냈다. 그의 사상은 어느 학파에도 속하지 않은 독특한 것으로 실재론과 관념론을 결합시키려 하며, 견고한 자연주의와 아름다운 낭만주의를 결합하려고 하는 것이 특징이다.)

◈ 전사戰史는 결코 체험을 대신할 수는 없지만, 그러나 적어도 체험을 준비할 수는 있으리라. 즉 평시에 있어서 전사는 전쟁을 배우고 전쟁술의 확고한 원칙을 결정하는 참다운 방법이다. —포이켈—

◈ 과거를 취급하는 역사가들도 미래에 대한 이해理解에 접근해야만 비로소

객관성에 접근할 수 있는 것입니다.

나는 지난번 강연에서 역사를 과거와 현재와의 대화라고 말했으나, 오히려 역사는 과거의 여러 사건과 점차적으로 우리들 앞에 출현하게 될 미래의 여러 목적과의 대화라고 말씀드렸어야 했습니다.…

과거에 대한 역사의 해석도, 의의意義있는 것과 적절한 것의 선택도, 새로운 목표가 점차적으로 출현함에 따라서 진화되어 나아가는 것입니다.

—E. H. 카—

•주석 : 영국의 저명한 역사학자 카(Edward H. Carr)의 역사철학인 『역사란 무엇인가?』(*What is History?*, 1961)에 나오는 내용이다. 그는 역사란 과거를 연구하는 학문이지만, 현재와 미래에도 깊은 연관성이 있다고 역설했다. 그는 또한 "역사는 본질상 변화요, 운동이요, 진보입니다"고 주장하기도 했다.

(카(Edward Hallett Carr, 1892~1982), 영국의 정치학자, 근대 러시아사를 전공한 역사학자이다. 1916년부터 20년간 외교관으로 활약했으며, 웨일스 대학교 교수(1936~1947), 「타임스」 부편집인(1941~1946) 등을 역임했다. 주요저서로 4부분으로 나누어진 여러 권의 『소련사』 및 『역사란 무엇인가』(1961), 『나폴레옹에서 스탈린까지』(1980) 등 다수가 있다.)

◈ 사실에 대한 연구를 시작하기에 앞서 우선 역사가를 연구하십시오.…

역사의 연구는 원인의 연구입니다.

역사가는 '왜?'라는 물음을 부단히 추구하는 것이며, 해명解明의 희망이 있는 한 쉴 수는 없는 것입니다.

—E. H. 카—

◈ 군사사의 연구는 과거의 군사문제를 통하여 현재의 군사문제를 이해해야 할 뿐만 아니라, 미래를 전망해야 하기 때문에 필자의 경험으로 미루어 다음과 같은 방법을 제시한다.

•첫째, 연대순年代順으로 군사사를 개관하여 군사사의 전체적 형태와 모습을 살핀다.

•둘째, 다음은 주제별로 깊이 있게 연구를 한다.

• 셋째, 주제별에 의한 깊이 있는 연구경험을 쌓은 자가 다시 연대순으로 군사사를 개관하게 되면, 어렵지만 어느 정도 미래를 전망할 수 있으리라 생각한다.

따라서 군사사 연구에 있어서는 개괄적 방법과 집중적 방법을 병용하는 것이 바람직하다.

—풍석—

제 6 장

전쟁의 원칙

• 전쟁의 원칙에 대해서는 두 가지 견해가 있어 왔다. 즉, 조미니(1779~1869)는 "어느 시대를 막론하고 전쟁은 좋은 성과 여부를 좌우하는 근본원칙이 반드시 존재하였다. … 그리고 이 원칙은 불변이며 무기의 종류와 역사적 사건 및 장소와는 아무 관계가 없는 것이다"고 주장했다.

한편 클라우제비츠(1780~1831)는 "전쟁술은 살아있는 힘과 정신적 힘을 다루고 있기 때문에 절대적인 것, 확실한 것에 도달할 수 있는 것이 아니다. 따라서 전쟁술에는 많든 적든 언제나 추론의 여지가 남아 있는 것이다. … 요컨대 용기와 자신自信은 전쟁에 있어서 본질적인 원리라는 것이다"고 했다.

오늘날 군사학계의 추세는 전쟁의 문제는 화학이나 물리학과는 다르며 또한 전쟁의 원칙은 전쟁·작전수행에 있어서 지침이요, 고려요인으로 생각하는 경향이며, 필자도 여기에 속한다는 것을 밝혀둔다.

-풍석-

목표의 원칙

◈ 무릇 군대의 운용은 물과 같아야 한다. 물은 높은 곳을 피하고 낮은 곳으로 흐르기 마련이다. 마찬가지로 군대의 운용도 적의 강한 곳(실實)을 피하고 허점(허虛)을 공격해야 한다. —손자—

•주석 : 위의 구절을 바르게 이해하기 위해서는, "옛날 싸움을 잘 하는 장수는 먼저 적이 승리하지 못하도록 만전의 태세를 갖추고, 이편이 승리할 수 있는 기회를 기다렸다."(제4장 군형軍形)와 "적의 무방비한 곳을 택하여 공격한다."(제1장 시계始計)를 함께 생각해야 하리라.

◈ 목적을 단일하게 한다는 것은 대성공의 비결이다. —나폴레옹—

◈ 전략은 전쟁의 목적을 달성하기 위한 전투의 사용이기 때문에 전쟁은 모든 군사적 행동에 대해 그 목적에 상응하는 목표를 설정해야 한다.

—클라우제비츠—

◈ 전투는 전쟁에 있어서 실질적 효과를 올리는 유일한 것이다. 그리고 또 전투는 대치하는 적의 군사력을 패배시킨다는 목표를 달성하기 위한 수단이다. 어쨌든 전투에는 적 군사력의 패배를 의심 없이 전제로 하기 때문이다. 따라서 적 군사력을 분쇄한다는 것은 모든 군사적 행동의 기초이

며 또 모든 군사적 행동을 결합하는 지점이기도 하다. —클라우제비츠—

◈ 적 전투력은 격파되어야 한다. 우리들은 적 전투력으로 하여금 계속 전투를 할 수 없는 상태로 만들어야 한다. 적의 국토는 점령되어야 한다. 왜냐하면, 국토는 새로운 적 전투력의 공급원이 될 수 있기 때문이다. 적의 의지를 굴복케 하여…강화와 더불어 정치적 목적이 달성되고 전쟁은 종결된다.

—클라우제비츠—

◈ 폭력, 말하자면 물리적 폭력은 수단이고, 적에게 우리들의 의지를 강요하는 것이 목적이다. 그런데 이 목적을 달성하기 위해서는 적의 저항력을 무력화無力化해야 하며 이것이 모든 군사적 행위의 목표이다.

—클라우제비츠—

◈ 공격자는 전력全力을 기울여 적의 중심(重心 : 힘과 운동의 중심中心)에 총공격을 가해야 한다.

① 주로 적의 군대가 중심重心을 이루는 경우에는 군대를 격파한다.

② 적국의 수도가 국가 권력의 중심지일 뿐만 아니라, 정치단체 및 당파의 소재지인 경우에는 수도를 침공한다.

③ 적의 가장 중요한 동맹자가 적보다도 유력한 경우에는 그 동맹자에게 강력한 공격을 가한다.

④ 국민 총봉기의 경우에는 중심은 주로 지도자 개인과 여론에 있다.

—클라우제비츠—

•주석 : 클라우제비츠가 『전쟁론』(1832)을 저술한 동기는 또다시 나폴레옹과 같은 장수가 프랑스(인구 : 3천만 명)에 재등장하여 프로이센(인구 : 5백만 명)에 침공해 온다면 어떻게 방위할 것인가였다. 그는 마지막 제8편 '전쟁계획'에서 연합군, 즉 오스트리아·독일연방·네덜란드 및 영국군의 우세한 병력으로 또한 프로이센에는 산맥·거대한 하천 등 지형상의 장애물이 없기 때문에 정면충돌(적의 중심重心을 향하여)을 주장한 것으로 해석한다.

◈ 적의 격멸이 전쟁의 목표이다. 그러나 이 목표에 도달하는 길은 다종다양多種多樣하다. —클라우제비츠—

◈ 적의 편성부대, 즉 전장戰場에 있는 적 공세부대는 나폴레옹이 좋아하는 목표였다. —조미니—

◈ 전쟁을 연구하는 데 금언金言이 판단의 대체물이 되게 내버려 두는 것보다 위험한 것은 아무것도 없다. —콜벳—

- 주석 : 영국의 해양전략가 줄리안 콜벳(1854~1922)의 『해양전략의 원칙』(1911)의 인용구이며, 원칙과 개념에 대한 지식은 판단이나 이해의 대체물이 아니며, 두 가지 모두를 풍부하게 해주는 도구에 지나지 않다는 뜻이다.

◈ 결정적인 장소에 결정적인 병력을 집중시켜야 한다. 성공은 다만 희생에 의해서만이 획득된다. —젝트—

- 주석 : 1928년 2월 28일, 슐리펜 탄생 95주년 기념일에 젝트(1866~1936) 원수가 슐리펜 계획의 기본개념을 명시한 내용이다.

◈ 군사목표의 우선순위는 아래와 같다.

(1) 지휘구조(C4I, Leadership)

(2) 주요 생산시설(Essential Industry : 전기, 정유시설 등)

(3) 수송체제(Transportation System)

(4) 인구 및 식량원(Population and Food Source)

(5) 야전군(Field Military) —워든 3세—

- 주석 : 미국의 걸프전(1991) 당시 미 공군의 워든 3세(Warden III) 대령은 위와 같이 군사목표의 우선순위를 정했다. 이것은 항공력의 등장으로 인해 군사목표의 우선순위가 클라우제비츠의 견해와는 달라졌다는 데 유의해야 한다.

  (워든 3세(John A. Warden III, 1943~), 미국 공군 대령, 미국의 항공전략이론가. 미국 공군사관학교를 졸업하고, F-4, F-15 등 3,000시간의 비행기록을 가진 전투조종사. 공군지휘참모대학 총장을 역임. 걸프전 시 '사막의 폭풍'

작전을 수립하면서 항공력에 적용된 4단계 전역구상을 주창하여 인정을 받았으며, 전략수립 시 최우선적인 것은 적의 지휘부를 파괴함으로써 마비시키는 것이 중요하다는 '물리적 마비이론'과 '5개의 동심원 이론'을 제시하면서 "이론이 실제에 앞서며, 실제가 이론을 입증하는 경우"라고 했다. 주요저서로 『항공전역』(*The Air Campaign*, 1988), 『전략적 사고와 기획』(*Strategic Thinking and Planning*, 2008) 등이 있다.)

◈ 나바르의 영주 앙리는 이브리에서 그의 기병대에게 그 날의 전투와 프랑스의 장래를 결정짓는 진격명령을 내리면서 그의 투구 위에 꽂힌 깃털을 따르라고 했다 한다. 깃털이야 오늘날 유행에서 벗어났지만 모든 지휘관들은 아직도 목표를 달성할 때까지 결코 눈을 떼어서는 안 될 상징적인 흰 깃털, 즉 그의 임무를 각자 앞에 꽂아 놓을 수는 있다.

—미 보병지美步兵誌—

공세의 원칙

◈ 잘 싸우는 자는 적을 자기 마음대로 조종을 하지, 적에게 조종을 당하지 않는다. —손자—

•주석 : 전장에서 주도권 장악의 중요성을 강조한 내용이다.

◈ 모든 전투는 적의 능력을 능히 막을 수 있는 방어(正)로써 나아가, 적을 이길 수 있는 공격(奇)으로써 승리하는 것이다. —손자—

◈ 모든 전선을 방어하려고 하는 것은 아무 것도 방어하지 않는 거나 마찬가지다. —프리드리히 대왕—

◈ 무릇 프로이센군이 수에 있어서 적군에 비해 열세한 경우에도, 그것 때문에 적을 격파할 수 없다고 실망해서는 안 된다. 그러한 경우, 장수의 적절한 처치로 수의 열세를 보완할 필요가 있다. —프리드리히 대왕—

•주석 : 프리드리히 대왕(재위 : 1740~1786)은 로스바흐 전투(1757)에서 25,000명의 프로이센군으로 50,000명의 프랑스군을 격파했고, 이어서 로이텐 전투에서는 30,000명의 병력으로 80,000명의 오스트리아군을 격파했다. 나폴레옹은 "로이텐 전투는 기동과 결단이 낳은 걸작품이다. 로이텐의 전투 하나만으로도 프리드리히에게 불멸의 명예와 명장의 칭호를 부여할만하다"고 칭찬했다. 그리고 장수의 적절한 처치란 공세, 기

습, 상대적 집중 등이 고려된다.

◈ 패한 적군에 대하여 그 후퇴를 허용해야 한다는 금언金言은 잘못된 원칙에 바탕을 두고 있다. 그 이유는, 승자는 오히려 승리를 더욱 철저히 하기 위해 나의 힘을 최대한으로 발휘하여 패한 적을 추격해야 하며, 적의 후퇴를 완전히 흩어져 도망가게 만들어야 한다. —삭스—

•주석 : "적군을 포위할 경우, 반드시 퇴각할 틈을 마련해 주어야 한다."(『손자병법』(8, 구변))는 내용과 혼돈하지 말아야 한다. 손무가 주장한, 초기에 완전포위를 하지 말라는 것은 적군의 필사적 각오로 싸우는 기세를 꺾기 위한 술책이다. 패하여 도주하는 적군에 대해서는 철저한 추격이 필요하다는 것은 당연하리라.

◈ 전승의 뒤를 이어 적을 추격하고 패퇴하는 적의 재집결을 방지하는 것이 기병騎兵의 임무이다. —나폴레옹—

•주석 : 기병을 기갑부대로 대체하면 현대전에서도 적용된다.

◈ 방어만을 믿고 공격의 수단을 갖추지 않거나, 혹은 그런 수단은 갖고 있어도 감히 사용하지 않으려고 한다면, 진지를 영구히 유지하는 것은 불가능하다. —나폴레옹—

◈ 방어자가 신속하고 강력한 공격으로 옮기는 것, 즉 적의 공격을 저지하자 곧 반격을 하는 것이야말로 방어의 가장 빛나는 순간이다. 그러한 옮김을 곧 생각하지 못하는 사람, 또 그러한 옮김을 곧 방어의 개념에 넣지 못하는 사람은 방어의 우위에 대하여 이해하지 못할 것이다. 그러한 사람은 적의 전투 수단을 파괴하거나 혹은 탈취하는 것은 주로 공격이라는 것밖에 모른다.(VI-5) —클라우제비츠—

◈ 무릇 적극적 원리를 결여한 방어는 전술에서와 마찬가지로 전략에 있어서도 그 자체가 모순이라는 것이 우리 본래의 주장이 되지 않으면 안 된다. 따라서 어떠한 방어도 방어의 이점利點을 모두 활용했다면, 곧 공격으

로 옮겨야 한다는 것을 반복하여 지적해 둔다.(Ⅷ-4) —클라우제비츠—

(※상세한 내용은 이종학, 「군사고전과 변증법-방어와 공격을 중심으로-」『空軍評論』(138호, 2016. 12.)을 참조할 것.)

◈ 전장戰場의 과실果實은 추격의 활용에 의하여 비로소 완숙되는 것이다.

—몰트케—

◈ 추격은 원래 먼저 격파한 적을 가능한 한 근본적으로 분쇄하는 것을 목적으로 하며, 퇴피退避하는 적군으로 하여금 싸우지 않을 수 없게 강요하여, 마침내 그의 생존의 기초, 즉 양호한 병참선 및 안전한 근거지의 소유를 탈취하는 데 있다. —골츠—

◈ 항공전에서는 방어를 인정해서는 안 된다. 오로지 공세만이 존재한다.

—두헤—

◈ 최선의 방어는 정확한 포격을 적에게 퍼붓는 것이다. —마한—

◈ 거대한 군사적 파국입니다. 전쟁은 철수로서는 이기지 못합니다.

—처칠—

•주석 : 1940년 6월 4일, 하원연설에서 덩케르크 철수에서 영불연합군 30만 명은 거의 사고도 없이 철수해서 예상한 것 이상의 성공이라고 모두 기뻐했다. 그러나 처칠은 그런 견해에 반대했던 것이다.

◈ 조우전遭遇戰의 요결은 선제先制에 있다. 이것을 위해 전투의 초동부터 전세戰勢를 지배하는 것이 긴요하다. —구舊일본군의 『작전요무령』—

◈ 전투에 임하여 공방攻防 어느 편을 택할 것인가는 주로 임무에 바탕을 두고 결정할 것이지만, 공격은 적의 전투력을 격멸하고 이를 압도壓倒 섬멸하기 위한 유일한 수단이기 때문에 상황의 부득이한 경우를 제외하고는 언제나 공격을 단행해야 한다. —구 일본군의 『작전요무령』—

◈ 공세는 여러 사람의 의지의 자유를 조화하고, 이것을 합쳐서 일정한 방향에 대해 구심적求心的으로 활동시키며, 수세는 여러 사람의 의지로 하여금 이심적離心的으로 작용시키는 특성을 지니고 있다.

—『통수강령統帥綱領』—

◈ 옛날부터 명장은 공세를 존중했다. 예컨대, 전략적으로 수세를 취하는 경우에도 전술적으로는 거의 언제나 공격을 단행했다. 다른 민족과 특히 연합작전을 실시하는 경우에는 더욱 그러했다. —『통수강령』—

◈ 공격과 방어에 대한 견해가 서로 다르게 해석되어 왔는데, 그 내용을 밝혀 보려고 한다.

(1) 승리할 수 없는 태세는 방어이고, 승리할 수 있는 태세는 공격이다. 방어를 취하면 병력의 여유가 생기고, 공격을 취하면 병력이 부족하기 마련이다.

옛날 방어를 잘 하는 자는 깊은 땅속에 숨었다가, (기회를 포착하여) 높은 하늘에서 행동하였다.(形,『竹簡孫子兵法』)

(2) 승리할 수 없는 태세는 방어이고, 승리할 수 있는 태세는 공격이다. 방어를 한다는 것은 병력이 부족하기 때문이며, 공격을 한다는 것은 병력의 여유가 있기 때문이다. 방어를 잘 하는 자는 깊은 땅 속에 숨어있고, 공격을 잘 하는 자는 높은 하늘에서 행동한다.(軍形,『魏武帝註孫子』)

(3) 전략적 성과를 올리기 위한 주요 원리는 다음과 같다.

① 토지 및 지형의 유리

② 기습

③ 여러 방면에서의 공격

④ 요새 및 이에 속하는 일체의 것을 원용하며 전장을 강화한다.

⑤ 국민의 지원

⑥ 훌륭한 정신력의 활용

이상으로 우리들은 방어란 공격보다 강력한 전쟁형식이라고 하는 명제를 충분히 증명했다고 믿는다.(클라우제비츠의 『전쟁론』 6편 3장)

—풍석—

• 주석 : 방어와 공격에 대하여 1972년 4월 중국 산동성 은작산의 전한前漢(B.C. 140~118) 묘에서 출토된 『죽간 손자병법』이 (1)이고, 조조(曹操, 155~220)가 216년에 위왕魏王에 즉위하여 출간한 『위무제주손자魏武帝註孫子』(200)가 (2)이다.

(1)은 방어가 공격으로 변한다는 변증법(Dialektik)에 바탕을 두고 있는 반면에 (2)는 방어와 공격을 별개로 생각하는 형식논리학(formal logic)에 바탕을 두었으며, 그 후의 『손자병법』은 위왕의 견해를 따르고 있는데, 변증법을 이해하지 못해 개찬한 것으로 추정한다.

한편 독일의 군사전문가들 대부분은 클라우제비츠의 "방어란 공격보다 강력한 전쟁형식이다."라는 주장을 반대했다. 그들은 변증법을 이해하지 못했을 뿐만 아니라, 『전쟁론』도 제대로 읽지 않은 것 같다.

예컨대, "방어자가 신속하고 강력한 공격으로 옮기는 것, 즉 적의 공격을 저지하자 곧 반격을 하는 것이야말로 방어의 가장 빛나는 순간이다. 그렇게 옮기는 것을 생각하지 못하는 사람, 또 그렇게 옮기는 것을 곧 방어의 개념에 넣지 못하는 사람은 방어의 우위에 대하여 이해하지 못할 것이다."(6편 5장)

"어떠한 방어도 방어의 이점利點을 모두 활용했다면, 곧 공격을 옮겨야 한다는 것을 반복하여 지적해 둔다."(8편 4장)

24

집중의 원칙

◈ 적의 배치는 노출시키고, 이편의 배치는 적이 알지 못하게 감추어 둔다면 이편은 집중할 수 있으나, 적군은 분산되기 마련이다. —손자—

◈ 전쟁이란 무엇인가? 그것은 야만스러운 사업이다. 전쟁술이란 무엇인가? 한 지점에 있어서 최강이 되어야 하는 것, 그것이 전쟁술이다.

—나폴레옹—

◈ 오스트리아의 장수들은 모두 경험이 풍부하며 결코 평범하고 용렬하지는 않았으나, 그들은 너무 일시에 많은 것을 생각한다. 나는 항상 적의 주력만을 생각했다. —나폴레옹—

◈ 전쟁술이란 싸우기 위해 병력의 집중에 상당한 주의를 기울이는 동시에, 생존하기 위해서는 병력을 분산하는 술術이다. —나폴레옹—

◈ 전투는 시작, 중간 그리고 종결이 있다는 점에서 하나의 극劇이다. 적을 공격함에 있어서 전력을 기울여 이것에 집중하고 조금도 소홀해서는 안 된다. 불과 1개 대대의 병력이 승패를 결정할 수 있을 때가 가끔 있다.

—나폴레옹—

◈ 급양給養을 쉽게 하기 위해서는 분산해야 한다. 그러나 전투를 하기 위해서는 집결해야 한다. —나폴레옹—

◈ 사람들은 나를 보고 다른 사람들보다 천재라고 하지만, 나는 적과 싸우기 위해 나의 병력이 충분하다고 생각한 일은 한 번도 없다. 나는 내가 모을 수 있는 모든 병력을 모았을 뿐이다. —나폴레옹—

◈ 전투를 결심했다면 먼저 모든 전투력을 집결시켜라. 아무것도 분산시키지 말라. 단 하나의 대대가 때때로 그 날의 승패를 결정짓는다.

—나폴레옹—

◈ 수의 우세가 전투의 결과를 규정하는 가장 중요한 요인이라는 것을 시인하지 않을 수 없다. 결정적 지점에 가능한 한 많은 군대를 전투에 참가시켜야 한다는 것이다. 이것이 전략의 첫째 원칙이다. —클라우제비츠—

◈ 병력의 절대적 우세가 이루어질 수 없는 경우, 주어진 병력을 교묘히 운용한다면 결정적 지점에 상대적 우세를 배치할 수 있는 수법이 남아 있으며 또 실제 그렇게 하는 방도 외에는 없는 것이다. —클라우제비츠—

◈ 지금 유럽에서는 군대의 무기, 편성 그 밖의 기술 등은 대단히 유사하고, 다만 군대의 사기와 장수의 능력이 약간 다를 뿐이다. 오늘의 유럽에서는 아무리 훌륭한 지능을 가진 장수라 할지라도 2배의 병력을 가진 적과 대항해서 승리를 얻는다는 것은 매우 어렵게 되었다. —클라우제비츠—

◈ 군의 주력을 결승점에 투입하라는 말은 쉽지만, 결승점의 선택은 어렵다. 또한 이 결승점에의 병력집중에 있어서 어떤 선線을 선택하느냐 하는 것은 전쟁술의 기초이다. —조미니—

◈ 전쟁술이란 전투를 위해 신속히 집중할 수 있어야 하고, 생존을 위해 분산하는 기술이다. —티에르—

•주석 : 나폴레옹은 전장 외 집결의 용병술을 구사했지만, 몰트케는 전장집결, 즉 분진합격分進合擊의 용병술을 구사했다.

(티에르(Louis Adolphe Thiers, 1797~1877), 프랑스의 정치지도자, 역사가, 제3 공화국 초대 대통령. 1819년 변호사가 되었고, 1921년 파리에 나와 신문기자가 되어 프랑스혁명에 대한 자유주의적 부르주아의 입장에서 『프랑스 혁명사』 10권을 출간하여 명성을 높였다. 1836년과 1840년 두 차례 수상에 임명되었다. 그는 공화제가 프랑스를 분열시킨다고 생각해서 입헌군주제를 지지하기도 했다. 1834년 프랑스학술원 회원에 피선되기도 했다. 주요저서로 『프랑스 혁명사』 10권(1823)이 있다.)

◈ 전장戰場에 있어서 최고 통수의 가장 중요한 작업은 떨어져 있는 군단을 적시適時에 전장으로 불러, 협동 연결시키는 데 있다. —몰트케—

◈ 군을 분할하지 않고서는 도저히 그 지역을 방위할 수 없는 경우에는 결단코 포기하는 편이 낫다. —슐리펜—

◈ 유한한 병력을 가지고 능히 전승을 확보하는 방법은 유일한 방면에 노력을 집중하여 국부적으로 절대우세를 점하는 데 있다. —마한—

◈ 훌륭한 장군들이 많지만, 그들은 대체로 너무 많은 곳에 신경을 쓰려고 한다. 그들은 보급품 저장소, 병참선, 후방, 강력한 진지 등 모든 것을 다 보고 지키려 한다. 이리하여 결국에 가서는 병력을 분산시키게 되고, 따라서 지휘를 못하게 되고, 한 가지 문제에 집중하지 못하게 되고, 마지막에는 무력해지고 만다. —포슈—

◈ 전투를 위해 총력을 모아야 한다는 외에 더 확실한 전쟁의 원칙은 없다. —처칠—

◈ 오늘날에 와서 우리는 과거에 고집해 왔던 집중의 그릇된 관념을 버리고 병력의 유동성에 관한 새로운 원칙을 파악하여 분산을 다스릴 수 있는 새 기술을 찾아야 한다. —리델 하트—

• 주석 : 핵무기의 등장으로 인하여 과거의 집중만큼 분산의 새로운 기술도 배워야 한다는 뜻이다.

◈ 진정한 집중이란 계획성 있는 분산이다. —리델 하트—

◈ 전쟁의 원칙은 단순한 하나가 아니고 많은 원칙들로 구성되는 것이지만, 한마디로 그것은 '집중'(concentration)으로 압축될 수 있다. 그러나 사실상 이것은 '약점에 대한 힘의 집중'이라고 부연되어야 할 것이다. —리델 하트—

◈ 최다수의 병원兵員을 가지고 최초에 전장에 도착한다. —미 군사 속담에서—

• 주석 : "Getting there first with the most men."

기동의 원칙

◈ 그 행동은 바람처럼 빠르고, 행군은 숲처럼 조용하며, 침공은 불처럼 맹렬하고…공격은 우레와 번개처럼 행동한다. —손자—

◈ 상승함대常勝艦隊는 육군의 4배의 힘을 가지며, 전투에서의 힘은 질량에 속도를 승乘한 것이며, 해상 기동력은 사활적인 중요한 지점을 획득하고, 적의 취약한 지점에 대해 병력 집중을 실시하는 중요한 열쇠이다.

—발렌슈타인—

◈ 주요한 역할을 수행하는 것은 팔이 아니라 다리이다. 모든 기동과 마찬가지로 전투의 수행에 필요한 개인적 재능은 모두 다리의 힘에 달려 있다. 이와 다른 의견을 가진 자는 아무 것도 모르는 바보가 아니면 군인으로서 미숙한 자라 말할 수 있다. —삭스—

◈ 훈련의 기초는 무기에 있지 않고 병사들의 다리에 있다. 기동과 전투의 모든 비결은 다리에 있다. 따라서 우리들이 사용해야 할 것은 다리이다.

—삭스—

◈ 기동력은 전투에 있어서 지배적 요인이며, 운동의 신속, 기동의 용이容易, 그리고 능률적인 보급은 먼저 갖추어야 할 기본적 조건이다. —나폴레옹—

◈ 나는 총검으로 싸우지 않고, 병사들의 나리로써 싸운다. —나폴레옹—

◈ 훌륭한 군대는 전투를 잘하는 군대가 아니고 기동을 잘하는 군대이다.
—나폴레옹—

◈ 전략적 기동에는 어떠한 종류의 원칙도 존재하지 않으며, 어떠한 방식 어떠한 근본원칙도 행동의 가치를 규정할 수 없을 뿐만 아니라, 탁월한 활동, 정확성, 질서, 군기軍紀 및 불철불굴不撤不屈의 특성이야말로 우리들에게 이익을 가져다주는 수단이라는 것. 따라서 전쟁이라는 극렬한 경기에서의 우승은 주로 이런 훌륭한 특성에 의해 결정된다.
—클라우제비츠—

◈ 한편으로는 기동의 목표로 간주되고 다른 편에서는 행동의 바탕이 되는 기동의 여러 이점利點 가운데 주요한 것은 다음과 같다.
① 적의 병참선을 차단하고 혹은 그것의 일부를 제한한다.
② 적의 주력과 여러 부대와의 집결을 방해한다.
③ 적의 주력군과 혹은 여러 군과 군단과의 병참선을 위협한다.
④ 적의 퇴각선에 대한 위협.
⑤ 우세한 병력을 가지고 약간의 주요한 지점을 공격하는 것.
—클라우제비츠—

◈ 기동은 대규모의 전투에 의한 강력한 공격의 수행에 대립할 뿐만 아니라, 적의 병참선이든 퇴각선이든 또 양동佯動이나 이와 유사한 운동인 것을 불문하고 어떠한 공격수단을 사용하여 직접 적에게 가하는 공격의 수행과도 대립된다. —클라우제비츠—

◈ 전쟁의 비결은 결코 다리에 있는 것이 아니다. 다리를 운동시켜야 하는 두뇌가 존재해야 한다. 어떠한 군도 전 전역全戰役 중 강행군을 할 수 있다

하여도 그 행군의 방향을 그르치면 그 군은 그것으로 인해 망하는 것이다. —조미니—

•주석 : 나폴레옹은 "나는 총으로 싸우는 것이 아니라, 병사의 다리로써 싸운다"고 했는데, 그것은 기동을 통한 집중을 뜻하며, 이것은 그것의 보충 설명이다.

◈ 군의 주력을 적의 개개의 부대와 만이 싸울 수 있는 방법으로 기동할 것. —조미니—

◈ 전략적 기동에 의하여 군의 주력을 교전지역의 결전을 기도企圖하는 지점에 가능한 한 우리의 병참을 위기에 빠뜨림이 없이, 적의 병참에 대해 효과적으로 사용해야 한다. —조미니—

◈ 프랑스군이 성공한 비결은 기동성에 있었다. 기동군 앞에서는 대부분의 요새가 쓸모없게 되었다. —파머—

•주석 : 프랑스군이란 나폴레옹이 지휘한 군대를 뜻함.

◈ 최초의 군대집결에서 저지른 과오는 전투의 전 기간을 통해서 수정할 수 없다. —몰트케—

◈ 전승戰勝은 다만 기동에 있다. —슐리펜—

◈ 신속한 기동이란 전략적 공세의 생명이며 정신이다. —골츠—

◈ 근대적 전략의 목표는 방대한 군대를 사용하지 않고, 혹은 사용에 앞서 기동력을 가지고 또 작전능력이 있는 우수한 병력을 가지고 전쟁의 결전을 구하는 데 있다. —젝트—

◈ 전투는 살육과 기동으로 이길 수 있다. 위대한 장수일수록 살육보다 기동에 치중한다. —처칠—

◈ 전격전에서의 기동은 하나의 심리적 무기이다. 적을 죽이지 말고 단지

기동만 하라. 적을 죽이기 위해서 기동하는 것이 아니고, 적을 공포에 몰아넣고, 적을 어리둥절하게 하고, 적을 미치게 하고, 적을 깜짝 놀라게 만들기 위해서 기동하라.

기동으로 적의 후방을 의심과 혼란의 도가니로 몰아넣어라. 이로 인한 풍문은 혼란이 걷잡을 수 없을 때까지 확대될 것이다.

요약하면 기동의 목적은 적의 지휘부뿐만 아니라, 적의 정부기능을 마비시키는 데 있다.

마비상태는 직접 속도에 비례한다. —풀러—

(풀러(J. F. C. Fuller, 1878~1966), 영국의 군사이론가. 육군대학 졸업(1917), 제1차 대전에서 최초의 영국 전차부대를 조직했으며 또 최초의 전차전투인 캄브레 전투에서 전차부대 참모장으로 활약했다. 참모대학의 교수(1923)로 있을 때, 그의 명강의名講義는 유명했다. 소장(1926)으로 육군 참모총장의 보좌관으로 있다가 퇴역(1930)했다. 그는 전차전의 전술을 개발했으나 영국에서는 관심을 끌지 못한 데 반하여, 독일의 구데리안 장군 등은 그의 저서를 통해 이론을 배워 실지로 적용해서 제2차 대전 초기 서부전선에서 연합군을 패배시켰고 전격전의 신화를 만들었다. 주요저서로 『장갑전裝甲戰』(1932), 『서구세계의 전사戰史』, 『전쟁과 서구문명』 등이 있다.)

◈ 기동력이 훨씬 우세한 한, 경무장부대라도 중무장부대를 격파할 수 있다. 즉 부대의 충격적 중량이란 그 무기 성능에 기동력을 승乘한 것임을 증명하는 동시에 기동력이란 장갑과 기타 소극적 방어수단보다도 훨씬 훌륭한 방호수단이라는 것을 증명했다. —리델 하트—

•주석 : 이것은 몽골군의 경무장부대가 유럽의 중기병重騎兵을 격파한 데서 얻은 교훈이다.

◈ 전략적 기동이란 적의 상황을 명찰하여 행동하고 작전상 우리 쪽에 유리한 지위를 창조하는 것이다. 따라서 전략적 기동은 전략의 극치로서 작전실시상의 최고 분야인 동시에 정신력, 사고의지思考意志 등에 의해서 이루어지는 최고의 창조활동이다. —카스테크스—

◈ 기동이 없는 화력은 결정적인 것이 못된다. 화력 없이 노출된 기동은 위험하다. 따라서 효과적인 화력과 능숙한 기동은 결합되어야 한다.

—풍석—

기습의 원칙

◈ 적의 무방비한 곳을 택하여 공격하고, 적이 뜻하지 않는 곳을 노려야 한다.

—손자—

◈ 만일 여건상 수비 병력이 병원兵員과 군수 보급기지 등을 포함한 요새화된 도시를 방어하기에 충분하지 못하더라도 적어도 적의 기습에 대비하여 요새를 지킬 수 있도록 모든 수단이 강구되어야 한다.

—나폴레옹—

• 주석 : 맥아더 원수는 "전투에서의 패배는 용서할 수 있어도 적에게 기습을 당했다는 것은 용서할 수 없다"고 말했다. 전장에서 적에 대한 경계를 철저히 한다는 것은 군인의 기본적 자세로 생각했기 때문이리라. 1597년 7월 15일 칠천량해전에서 통제사 원균이 지휘하는 조선 수군은 야간에 일본 수군의 기습공격을 당하자, 거기에 대응조치는 취하지 않고 원균이 가장 먼저 육지로 도망쳤기에 조선 수군은 거의 전멸당하고 말았다.

◈ 기습은 결정적 지점에 수적數的 우위를 얻기 위한 수단이다. 그러나 그것 이상으로 기습은 그 정신적 효과에 의해서 독립된 하나의 원리로 보아야 한다. 기습의 효과가 크면 적을 혼란에 빠뜨리고 적 장병의 사기를 좌절시킨다.

—클라우제비츠—

◈ 은밀과 신속은 기습을 낳게 하는 두 개의 요소이며, 이 양자는 정부 및 장수의 왕성한 수행력과 군대의 엄정한 군기軍紀에 의해서 비로소 가능하다. —클라우제비츠—

◈ 기습은 전쟁 성공요소의 핵심으로서 이론적인 측면에서는 매우 매력적인 것으로 보이나, 실전에 있어서 이론 그대로 실천하기란 매우 어려운 일이다. 또 기습은 주로 전술적으로 많이 사용된다. —클라우제비츠—

◈ 적에게 더 커다란 손해를 입힐 수 있는 가능성이 없는 한, 우세한 적 함대의 공격에 우리의 함대를 노출시켜서는 안 된다는 원칙을 따라야 한다. —니미츠—

•주석 : 1942년 5월, 태평양함대 사령관 니미츠 대장이 미드웨이로 출격하는 스프루언스 소장少將에게 내린 명령이다. 열세한 병력으로 우세한 적에 대항하는 유일한 전승법戰勝法은 적에게 발견되지 않는 곳에서 기다려 기습을 해야 한다는 것이다. 미드웨이 해전(1942. 6. 5.)의 승리는 태평양전쟁의 전환점이 되었다.

◈ 기습이야말로 작전에서 성공을 거두는 최대의 요소이다. —맥아더—

◈ 여러분들이 실행 불가능하다고 열거한 문제점은 뒤집어 본다면 그것만으로도 기습(surprise)의 효과가 올라간다는 뜻이다. —맥아더—

•주석 : 유엔군 총사령관 맥아더 원수는 6·25전쟁 당시, 인천상륙작전을 주제로 논의하는 석상에서 발언한 내용이다. 당시 해군측에서는 상륙지점으로서의 인천은 불리한 지리적 조건을 모두 갖추고 있기에 반대했다. 그래서 맥아더 원수는 위의 말을 하면서 납득시켰던 것이다.

◈ 근대전에 있어서 기습의 역할은 감소되지 않았을 뿐만 아니라, 반대로 점차 커져 가고 있다. 어떤 상황 하에서는 원폭 및 수폭을 사용하는 기습은 단지 전쟁 초기뿐만 아니라, 그 최종적 결과에서도…성공을 위한 결정적 조건이 될 수 있다는 것을 인정하지 않으면 안 된다. —로트미스트로프—

(로트미스트로프(Pavel Alexyevic Rotmistrov, 1901~1982), 소련의 장갑전차병 원수이며 소련의 영웅, 군사학 박사이다. 1918~1920년 국내전에 참가. 1931년 프룬즈 육군대학·1940년 스탈린 장갑대학·1952년 보시로프 상급육군대학 졸업. 스탈린그라드 섬멸전에 참가했다. 1943년 쿠르스크 전투에서 제5 전차군을 이끌고 독일군 최정예부대를 상대로 프로호로프스카에서 격돌하여 큰 피해를 입었지만, 진격을 저지하는데 성공했다. 이 전투는 쿠르스크 전투에서 결정적인 전투의 하나로 꼽히며 사상 최대의 기갑전으로 알려져 있다. 종전 후 기갑전차기계화 사령관으로 동독에 거주했으며, 1956년 모스크바로 돌아와 장갑기계화 군사학교의 강사직을 수행하면서 여러 과학논문을 집필해 군사학 박사를 취득했고 1958년에 교수로 부임했다. 1958년부터 스탈린 장갑전차대학교장裝甲戰車大學校長에 재임. 장갑전차전술裝甲戰車戰術에 관해 가장 훌륭한 권위자로 알려져 있다. 주요저서로 『전차는 공격의 결정적 무기』, 『근대전近代戰에서의 공격무기의 역할과 지위』, 『근대군사학의 연구에 관하여』 등이 있다.)

◈ 열세하지만 준비를 갖춘 군대는 때때로 적에 대하여 불의의 공격으로 우세한 적을 격파할 수 있다. —마오쩌둥(毛澤東)—

◈ 모든 행동은 기습에 기초를 두어야 한다. 기습이 없이는 위대한 성과를 얻기는 불가능하다. —서독 국방군 교범—

지휘권의 통일

◈ 장수가 유능하고 군주가 간섭하지 않으면 승리한다. —손자—

◈ 한 군대의 지휘관은 한 명이어야 하며, 여러 사람이어서는 안 된다. 사공이 많으면 배가 산으로 올라간다.

로마인이 아에키인을 치기 위해 퀸티우스와 동료인 아그리파를 파견했을 때의 일이다(B.C. 446년). 아그리파는 작전지도의 모든 권한을 퀸티우스에게 맡겨야겠다는 생각을 했다. 티투스 리비우스는 다음과 같이 말했다.

"비상사태 아래에서 방침을 결정할 경우, 무엇보다도 한 사람에게 지휘권을 집중하는 것이 중요하다." —마키아벨리—

◈ 나는 결코 지휘권의 공유共有를 받아들이지 않는다. 가령 신神과의 지휘권 공유라 할지라도 거절한다. 나는 단독으로 지휘해야 한다. 그렇지 않다면 거절한다. —발렌슈타인—

◈ 전쟁에 있어서 가장 중요한 것은 지휘계통이다. 따라서 한 방면의 적군에 대한 전투에 있어서는 한 지휘관의 지휘 하에 한 전선을 가지는 단일군單一軍이 투입되어야 한다. —나폴레옹—

◈ 지휘의 단일화는 전쟁에 있어서 가장 필요한 사항이다. —나폴레옹—

◈ 전쟁에서 모든 병력을 하나로 뭉치게 하는 것은 한 사람의 지휘관이지, 두 사람 이상으로는 어찌할 도리가 없다. —나폴레옹—

◈ 두 사람의 명장이 지휘하는 군대보다 한 사람의 평범한 장군이 지휘하는 군대가 강하다. —나폴레옹—

•주석 : 1796년, 프랑스 정부로부터 이탈리아 파견군 사령관으로 임명된 나폴레옹은 38,000여명의 병력을 지휘하여 연전연승하며 밀라노에 입성入城했다. 프랑스 정부는 기뻐하면서도 나폴레옹의 독주獨走를 두려워했다. 그래서 명문 출신의 케렐만 장군을 파견하여 지휘권을 분할하려고 했지만, 나폴레옹은 위에 인용한 말로 강경하게 반대하여 프랑스 정부로 하여금 수용케 했다.

◈ 독립된 기능을 가진 두 지휘관이 동일한 전장戰場에 있는 것만큼 불행한 것은 없다. —클라우제비츠—

•주석 : 1950년 10월, 6·25전쟁의 북진 때 맥아더 원수는 한반도의 서쪽은 워커 장군(미8군)에게 동쪽은 알몬드 장군(미 10군단)에게 지휘하게 했으나, 그 후 합쳐서 워커 장군에게 지휘권을 통일케 했다.

◈ 각 부대의 지휘관은 인접부대가 임무를 수행하고 있는지의 여부를 질문할 권리가 없다. —클라우제비츠—

◈ 전쟁에서 승리하는 비결, 즉 '3군의 완전한 일체화'에 있다는 것은 장래 남겨두어야 할 커다란 교훈이다. —맥아더—

여러 가지의 원칙

◈ 열세한 병력으로서는 패배할 것이니, 결전에 말려들지 말고 시간을 벌어라. 이것이 할 수 있는 전부이다. —프리드리히 대왕—

◈ 우리들은 이미 잘 검토된 원칙이 한층 더 진리에 가까운 것임을 확신하며, 일시적 상황은 아무리 강렬하여도 그 진실성이 떨어진다는 것을 잊어서는 안 된다. 가령 의심스러운 사태에 직면했을 때도 검토된 확신에 우선권을 주며, 이 확신을 고수한다면 우리들의 행동은 소위 성격이라고 부르는 건실성과 지속성을 얻게 될 것이다. —클라우제비츠—

◈ 무기의 변화는 실시에 영향을 주어도 원칙을 범하지 않는다. —조미니—

◈ 어느 시대를 막론하고 전쟁은 좋은 성과 여부를 좌우하는 근본원칙이 반드시 존재하였다. 그리고 이 원칙은 불변이며 무기의 종류와 역사적 시간 및 장소와는 아무런 관계가 없는 것이다. —조미니—

◈ 전쟁의 기본원칙

전쟁을 치르기 위한 모든 작전에는 기초가 되는 하나의 위대한 원칙이 제시되고 있는데, 이 원칙은 모든 훌륭한 원칙들을 배합하는 데 준거準據가 되어야 한다. 다음과 같은 금언金言 속에 이 원칙이 내포되어 있다.

① 전략적 기동으로 집중된 주력을 연속적으로 전구戰區의 결승점에 투입하고, 또한 적의 병참선에도 가급적 대군을 자신과 타협함이 없이 투입하는 것.

② 아군의 주력으로 적군을 각개격파토록 기동하는 것.

③ 전장에 있어서는 집중된 병력을 결승점이나 타도해야 하는 가장 중요한 적군의 전선 일부에 투입하는 것.

④ 이들 집중이 결승점에 지향되도록 해야 할 뿐만 아니라, 적당한 시기에 활기 있게 투입되도록 조성하는 것. —조미니—

◈ 진리는 일단 확증된 연후에는 전혀 불가변不可變이며, 이것을 정확히 진술한 것이, 즉 원칙이다. 나는 원칙은 불가변이라 말했다. 그러나 원칙의 해설, 그것의 진술법의 개선 또는 그것과 전쟁의 경험과의 비교 등에 의해 원칙의 의미는 한층 더 분명해지고 또한 이것의 새로운 응용법을 발견할 수 없다는 뜻이 아니다. —마한—

◈ 불변不變한 전법戰法이나 형식은 전연 효과가 없다. 유효한 해결법은 오직 하나, 즉 확정된 원칙을 상황에 따라 적용하는 것뿐이다. —포슈—

◈ 장래의 승리는 오늘의 준비에 달려 있다. —장제스(蔣介石)—

◈ 행동의 자유는 군대의 생명이다. —마오쩌둥(毛澤東)—

제 7 장

전략문화

전략문화(Strategic Culture)란 무엇인가

◈ 문화가 전략적 의사결정에 주는 영향은 대단히 크다고 생각하는 사람들이 많았다. 최근 국제안전보장(International Security)에 있어서 문화의 역할에 대한 학술적·정책적 관심이 높아지고 있다. 연구자나 실무자는 이라크 전쟁 후 이라크에서의 민주주의 정착, 유럽에서의 안전보장 협력, 미국의 중국·러시아·이란과의 관계, 대對테러정책(counter terrorism policies)이나 대량 파괴무기(WMD : Weapons of Mass Destruction) 확산 등의 과제를 전략문화의 시각(視角, lens)을 통해 연구하기 시작했다.

21세기의 안전보장 환경에 있어서 많은 다른 전략문화의 영향을 이해한다는 것은 대단히 중요하다고 생각한다. 지금 이 때에 민족 중심주의(ethnocentrism)를 극복하는 것이 필요하다.

가. 문화에 대한 서로 다른 견해

- 문화는 언어, 가치 나아가서 민주주의에 대한 지지나 전쟁이 무의미하다는 근본적인 신조를 포함하는 '해석을 위한 부호'에 의해 구성되고 있다.
- 문화란 상징(symbols)에 의해 체현體現되고, 역사적으로 전해진 뜻의 양

식이며, 인생에 대한 지식이나 자세를 전승, 유지, 발전시키는 데 사용되는 상징적인 형태의 표현·계승된 개념의 체계이다.

•문화란 전통에 감정을 가진 생명을 부여함으로써, 민족 공통의 기억을 형성하고 또한 재활성화 하는 역동적인 그릇(dynamic vessel)이다.

나. 전략문화의 정의定義

◂ 전략문화(strategic culture)란 핵전략에 관한 일반적인 신조(belief), 태도, 행동양식이 집합체를 형성하여, 다만 정책 이상의 '문화'의 수준에서 반영구적(semi-permanence)인 요소로 작용하게 되었다.(Snyder, 1977)

◂ 전략문화란 행동상 선택의 기회(choice)를 제한하는 관념상의 환경이며, 거기서부터 전략상의 선택에 대해 구체적 예측(predictions)을 이끌어 낼 수 있다.(Johnston, 1995)

◂ 전략문화란 국제적인 군사행동의 형태, 특히 개전의 결정이나 공세적·확장주의적 혹은 수세적 전쟁에 대한 선호, 그리고 전쟁에서의 희생의 허용치에 대한 신조나 전제조건에 의해 형성된다.(Rosen, 1995)

다. 전략문화의 원천源泉

전략문화의 원천으로는 물질적인 것과 관념적인 요소의 양편이 있다. 먼저 지리·기후·자원은 과거 수 천 년에 걸쳐 전략사상의 열쇠가 되는 요소로 생각되어 왔으나, 오늘날에 있어서도 전략문화의 중요한 원천(sources)이다. 지리적 환경은 때때로 어느 국가가 왜 다른 국가와 다른 전략을 채용하는가를 이해하는 열쇠가 된다고 하였다. 이러한 요인은 이스라엘과 같은 국가의 전략에 대한 방향을 결정케 하는 것으로 생각되며, 그 나라가 핵능력을 보유한 동기를 설명하기도 한다.

역사와 경험은 전략문화의 형성에 중요한 역할을 수행한다. 국제관계이론에 의하면, 국가란 약소국과 강대국, 피식민지 국가와 탈식민지 국가 그리고 전근대국가와 근대국가, 탈근대 국가로 분류된다. 여기서부터 국가에 따라 직면하는 전략상의 과제가 달라지며, 물질적으로나 관념적으로 보유하는 자원에 차이가 있으며, 따라서 동일한 문제에 대한 남다른 반응을 보이는 것이 예상된다.

세대교체와 과학기술의 진보, 특히 정보통신 기술의 진보는 개개인의 능력과 전략상의 도달 범위에 중요한 영향을 미친다는 것이 논의되고 있다.

전략문화의 다른 하나의 원천은 국가의 정치기구와 방위조직의 성격이다. 서방측의 자유민주주의적인 정부를 채용하는 국가도 있고 또 그렇지 않은 국가도 있다.

전략문화의 원천이 될 수 있는 요소

물리적	정치적	사회적·문화적
지리	역사적 경험	신화(Myths)와 상징
기후	정치제도	열쇠가 되는 주제(Texts)
천연자원	선발된 사람들의 신조	
세대교체	군사조직	
과학기술		

←— (국가를 초월한 힘 / 규범적 압력) —→

—J. S. 란티스 및 D. 하우렛—

최근의 여러 가지 사건에 의해 전략문화에 대하여 학술적으로 그리고 정책결정상의 관심이 높아졌다. 북대서양 조약기구(NATO)의 지도자들은 21세기의 20년간을 위한 새로운 전략개념을 책정함에 있어서 전략문화의 연구는 모든 분야에 있어서 정책건의와 마찬가지로 새로운 지식을 낳아 중요한 통찰력을 제공할 수 있다. 연구자 및 실무자들은 문화적 시각을 통해 세계적인 경기 후퇴나 테러리즘에의 구미제국의 대응에 이르기까지 다루고 있다.… —제프리 란티스 및 데릴 하우렛—

• 주석 : 위의 내용은 존 베이리스 공저의 『현대세계의 전략』(*Strategy in the Contemporary World*, Oxford University Press, Third Edition 2010)에서 전략문화(Strategic Culture)를 간략하게 초역抄譯한 것이다. 미국의 스나이더는 1977년 소련의 핵 교리를 해석하기 위해 전략문화에 관한 이론을 구축하여 문화를 현대의 안전보장 연구에 도입했다. 최근 국제관계의 사건에 의해, 전략문화에 대한 학술적 혹은 정책결정자의 관심이 높아졌다는 내용을 소개하고 있다. 앞으로 국제적·국내적 안보문제와 군사문제의 과제를 이해·해석하고 해결하는 데 좋은 뼈대(frame work)를 제공해 줄 것이며, 이 분야는 우리나라에서는 약간 생소한 분야이기에 소개했다.

전략문화관점의 군사정책 진단 : 가치와 방향

◈ '전략문화'는 적국의 군사정책에서 기존 이론으로는 설명하기 어려운 독특한 특성에 관해 문화적인 관점을 적용하여 해석해 보고자 함에 주안을 두고 출발한 것이다. 하지만 '전략문화'는 군사정책의 상당 부분과 관계를 맺기 때문에 이 개념을 이용하여 우리 군사정책의 실효성을 제고시키기 위한 논의를 시도해 볼 수도 있다.

존슨(J. Johnson)은 한 나라의 역사성이나 지정학 등 19개의 바탕 요소로부터 전략문화와 직접 관련이 되는 인식의 틀로서 네 가지 요소를 도출했는데, 그것은 정체성(identity), 규범(norms), 가치(values), 지각렌즈(perceptive lens) 등이다. 여기서 정체성이란 한 국가가 스스로의 국가적 특성에 대해 갖고 있는 관점을 의미하고 여기에는 지역이나 전 세계 차원에서 자신이 차지하고 있는 위치나 미래의 운명에 관한 인식이 포함된다. 또 규범은 그 국가가 준수할 것으로 기대되거나 용인되는 행동의 방식을 말하고, 가치는 그 나라가 비용 편익 분석에 임하는 과정에서 하나를 다른 하나에 비해 우선시 하는 순위를 설정하는 물질적 혹은 관념적 요인들을 지칭하며, 지각렌즈는 외부세계를 어떻게 볼 것인지에 영향을 미치는 신념이나 경험을 말한다.

이렇듯 대상 군사정책과 전략문화의 요소를 한정시키고 나면, 그 다음으로는 이를 우리의 군사정책과 우리 국민의 의식에서 가시적으로 적출해내는 방법이 뒤따라야 한다.

공개된 국가안보 전략을 이용한 하나의 예를 생각해 본다. 만일 그 안에서 북한 핵문제에 관한 우리 군사정책으로 알려져 있는 '능동적 억제전략'에 관해 전략문화의 인식 틀을 존슨의 방법대로 분석하여 도출해 본다면 다음과 같이 정리될 수 있을 것이다. 즉 정체성 측면에서는 '우리 생존과 번영은 북한 위협과 직결됨', '한반도의 지정학 때문에 우리 스스로만의 힘으로 위협의 해결은 제한 됨' 등이 그것이라 할 수 있다. 또 규범의 측면에서는 '핵미사일은 인류의 번영과 국제 규범 측면에서 부당함', '핵미사일 개발은 남북관계 개선에 부적절함', '핵미사일에 대해 필요에 따라 무력으로라도 제압이 필요함' 등이 해당될 것이고, 가치 측면에서는 '북한 핵문제는 가장 우선적으로 해결해야 할 과제임', '북한 핵 해결에 한미동맹의 공조 및 한미연합 방위태세가 긴요함', '북한이 핵무기를 사용할 경우 발사 전에 강력하게 대응해야 함' 등이 거론될 수 있다. 아울러 지각렌즈 측면에서는 '북한의 핵미사일은 우리를 향한 위협임', '북한은 과거 행태로 보아 핵미사일의 실제 사용 가능성도 농후함', '미국은 우리의 북한 핵문제에 관한 군사적 해결의 지원자임', '우리의 능력과 미국의 능력이 함께 해야 북한 핵의 억제가 가능함' 등을 언급할 수 있을 것이다.

—독고순 및 노훈—

•주석 : 한국국방연구원에서 발간하는 「週刊 國防論壇」 제1537호(2014. 10. 20.)에서 인용했으며, 앞으로 '전략문화'는 더욱 연구·발전되어야 하리라.

인명약력 색인

부 록

나의 학문과 인생

-공군사관학교 특강(2017. 6. 30.)-

나의 학문과 인생

이 종 학
(3기 사관,
충남대학교 특임교수)

● 들어가며

「나의 학문과 인생」은 2017년 6월 30일 공군사관학교 '역대교수 초청 학술 세미나'에서 발표한 내용이다.

1951년 11월 공군사관학교에 입교한 이래 군사문제를 배웠고, 체험했고, 연구하여 가르쳐온 지 벌써 60여년의 세월이 흘렀고, 평생 전쟁을 연구대상으로 하는 '군사학'(military art and science)을 연구해 왔다.

나는 아직 현역이고, 건강이 허락하는 한 활동을 계속할 것이며, 내 인생에 '은퇴'란 없다는 것을 밝혀둔다.

Ⅰ. 인생을 어떻게 살아야 하나?

일찍이 기원전 6세기 그리스의 유명한 철학자요, 수학자인 피타고라스(Pythagoras, B.C. 582?~493?)는 "이 세상에서 제일 중요한 일이 무엇이냐? 인생을 어떻게 살아야 하는가를 가르쳐 주는 일이다"고 하는 명언을 남겼지만, 그 문제에 대한 구체적인 방법과 절차는 제시하지 않았다.

나는 군사학 박사과정 학생들(대략 50대 전후)에게 군사전략수립에 대한 강의를 하면서 인생전략 수립의 중요성도 강조한다. 그 이유는 60대 전후하여 퇴직한다고 가정하면, 요즘은 100세 시대라고 하는데 앞으로 40년간의 인생목표를 확고히 정하고 생활해야 하기 때문이다. 그리고 인생은 축구시합과 마찬가지로 전·후반전이 있으며, 나는 후반전이 더 중요하다고 생각하는데 후반전에서의 역전승이 가능하기 때문이다. 미국 경영학의 창시자 드러커(Peter F. Drucker, 1909~2005) 교수는 93세에 저서를 발간한 후, 그의 인생의 황금시절은 60·70·80대의 30년간이라고 술회했다.

인생전략의 등식을 다음과 같이 소개한다.

- 인생전략 = 인생목표 + 방법 + 수단
- 인생목표 : 앞으로 하고 싶은 일은 무엇인가를 우선순위로 정한다. 예컨대, ① 군사학 연구, ② 그림 그리기, ③ 서예, ④ 음악, ⑤ 세계여행,… 자원봉사 등
- 방법 : 천천히 그리고 꾸준하게(slow and steady)
- 수단 : 인생목표 달성을 위한 자원으로, ① 건강, ② 취미, ③ 능력, ④ 자금, ⑤ 시간

인생전략이란 인생목표와 수단을 조화시켜 선택·결심을 하게 되면, 모든 정열을 기울여 실천함으로써 자아실현을 구현하는데 있다. 인생에 있어서

가장 중요한 것은 첫째 '목표'의 선택이요, 둘째 '정열·노력'의 집중이다. 올바른 목표의 선택과 끊임없는 정열 및 노력의 집중은 성공과 충실한 인생을 향유하는 비결이리라.

인생의 좌우명座右銘이란 늘 자리에 갖추어두고 반성의 자료로 삼는 격언이라 하는데 내가 좋아하는 몇 가지를 소개하면 다음과 같다.

▲ 한 길을 쉬지 않고 가야하고(一生一路), 한 가지 일에 정성을 쏟는다(一生一業).
—옛 격언—

▲ 우물을 파되, 한 우물을 판다. 그리고 샘물이 나올 때까지!
—슈바이처(Schweitzer, 1975~1965)—

▲ 철학자의 지혜와 예술가의 정열과 종교인의 신념을 가지고 인생을 열심히 살아야 한다. —안병욱(1920~2013)—

▲ 평화를 바란다면 전쟁을 이해하고 거기에 대비하라. 그리고 국민·국토·주권의 수호도 거기서 비롯됨을 명심하라! —風石(1929~)—

II. 지정학적으로 본 한민족의 생존전략

지리적 위치와 역사적 발전은 그 국가의 외교정책·국가전략의 요소를 결정하는 데 커다란 영향을 미치기 때문에 정부형태의 변화에도 불구하고 그것은 일반적이고 기본적인 노선으로 돌아가려는 자연적인 경향을 지니고 있다는 것은 주지의 사실이다. 그래서 신라의 삼국통일 과정은 오늘날 남·북 통일과정을 고려할 때 많은 참고가 되리라.

필자는 전쟁사를 연구하면서 전쟁의 승패를 규명하게 되었다. 특히 제1·2차 세계대전의 승패 요인을 봤을 때, 병원兵員, 전투용 운반수단(항공기, 전차, 대포 그리고 군함 등)과 그것을 지원하는 거대한 중공업 시설에 의해 전쟁(전투가 아님)의 승패가 결정되어 왔다.

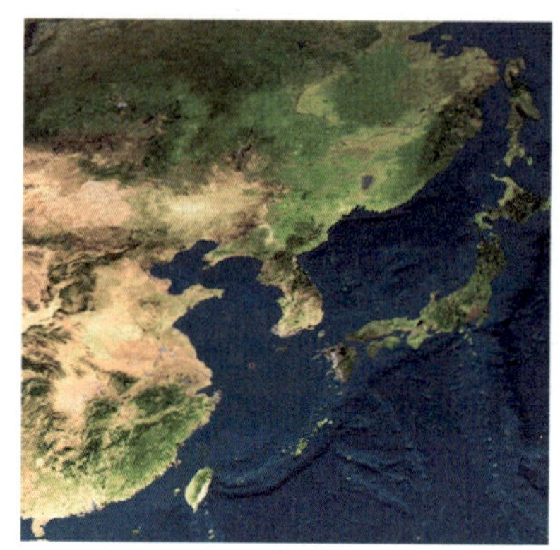

동북아시아에 위치한 한반도는 조선왕조 말기부터 오늘에 이르기까지 대륙국가인 중국과 러시아, 그리고 해양국가인 미국과 일본의 이권쟁탈의 중심지가 되어 왔다. 그런데 우리의 국력으로 보아 대륙국가의 육군 하나만 대적하여 방위하기도 대단히 어려운데, 거기에다 해양국가의 해군마저 대적하기 위한 두 가지의 군비軍備를 갖추어야 하니, 한반도 방위의 어려움은 바로 여기에 기인한다. 그래서 통일 이후의 한국은 주변 강대국의 침략을 억제하기 위해 ;

- ·첫째, 전술 핵무기체계를 보유하고,
- ·둘째, 기동성이 높은 소규모의 재래식 상비군을 보유하며,
- ·셋째, 범국민적 민병대의 조직을 갖춘다.[1)]

2007년 2월 일본 도쿄에 소재하는 「일본 전략연구 포럼」(Japan Forum for Strategic Studies)에서 원고청탁이 왔기에 평화적 남북통일에 대한 새로운 제안을 했다. 즉, 한반도 통일에 관한 시나리오에는 ;

가) 북한 해방을 통한 남·북한의 연방제

나) 북한의 붕괴 후 한국에 의한 흡수통일

다) 무력충돌에 의한 통일

등이 논의되고 있으나, 강대국의 개입과 피해의 가능성이 언제나 존재하고 있다. 그래서 바람직한 시나리오는, 935년 신라의 경순왕이 태자의 반대를 무릅쓰고 고려의 태조에게 국가의 권력을 이양한 것처럼, 김정일 국방위원장은 한국정부에 권력을 이양하고 따뜻한 제주도에서 여생을 편안하게 사

1) 이종학, 『한반도의 억지전략이론』(서울 : 형설출판사, 1979), pp. 291~335. 참고할 것.

는 것이리라. 이렇게 함으로써 김일성이 범한 민족적 비극(6·25전쟁)에 대한 보상도 되고 또 한민족의 평화적 통일과 동북아시아의 평화와 번영에 공헌하는 것이 되리라.[2)]

그런데 김정일 국방위원장이 2011년 12월 17일 급사하자, 김정은(1984~)이 3대째 북한의 권력을 계승하여 공포정치를 자행하고 있다. 즉 북한의 2인자인 고모부 장성택을 2013년에 처형했고 또한 당정군 고위간부 140여명을 숙청하였으며, 그의 이복형 김정남도 2017년 2월 13일 말레이시아 공항에서 피살되었다. 김정은은 2016년에 4·5차 핵실험과 미사일을 발사하면서 유엔의 결의문을 무시하는 망동을 자행하고 있다.

2017년 4월 4일~7일(현지시간) 트럼프 미국 대통령과 중국 시진핑(習近平) 국가주석이 정상회담을 했는데, 트럼프 대통령은 12일 월스트리트저널(WSJ)과의 인터뷰에서 시진핑 주석과 나눈 북한관련 대화를 상세히 소개했다. 즉 "나도 지금 같은 (중국에 대한) 무역적자가 계속되기를 원치 않습니다. 그러나 시 주석은 무역에서 훌륭한 거래를 원하지요? 그럼, 북한 문제를 해결하세요. 북한 문제만 풀어주면 (미국은) 무역적자를 감수할 수 있습니다." 트럼프 대통령은 회담 며칠 전에 "중국이 북핵 해결을 안 하면 우리가 한다"고 말했다.

시 주석이 지난 4월 13일 트럼프 대통령에게 전화를 걸어 한 시간 넘는 '전화회담'을 했으며, 트럼프 대통령은 "시 주석은 그런 나라(북한)에 핵이나 핵무기를 갖도록 허락해서는 안 됩니다.…시 주석이 김정은에게 '미국은 항공모함뿐만 아니라, 핵잠수함도 가지고 있다'는 것을 알리시오."라고 했다. 정상회담 후 중국의 매체와 학계의 변화도 감지된다. 대북 석유수출 중단을 시사한 「환구시보」는 13일 사설社說에서 "베이징은 평양의 계속된 핵 활동에 더는 참을 수 없고, 이에 대한 미·중 간 컨센서스는 갈수록 확대되고 있

---

2) 이종학 편저, 『웨드마이어 회고록과 논평』(대전 : 충남대학교 출판문화원, 2015, 재판), pp. 273~277. 참조할 것.

다"고 강조했다. 만약 중국의 제재로 북한이 붕괴된다면, 그 과정에 중국이 개입하여 북한을 티베트화 할 가능성에도 대비해야 하리라.

북한은 2017년 4월 15일 김일성의 105회 출생기념 열병식에서 각종 미사일과 특히 대륙간탄도미사일(ICBM)로 추정되는 것도 전시했다. 김정은 위원장은 미국 본토에 대해 핵을 탑재한 대륙간탄도미사일(차후 '핵·미사일'로 약칭함)을 보유하게 되면, 북한은 안전하고 미국을 한반도에서 철수시켜 한반도의 적화통일을 완성할 수 있다고 예상한다면 이것은 중대한 '오판'이라 하지 않을 수 없으리라.

미국의 마이크 펜스 미국 부통령은 4월 17일 황교안 대통령 권한대행과 면담 후 공동발표에서 "1992년 이후 미국과 우리 동맹은 비핵화 된 한반도를 위해 함께 노력했고, 우리는 이 목적을 평화적으로 달성하길 바란다.… 하지만 모든 옵션은 테이블 위에 있다.…북한은 우리 대통령의 결의를 시험하거나 이 지역 미군의 힘을 시험하지 않는 게 좋을 것이다"고 말했다. 이 같은 언급은 북한이 핵실험 등 추가 도발을 할 경우 군사적 행동을 포함한 강한 응징에 나설 수 있다는 경고 메시지로 해석된다.

미국의 북한에 대한 '금지선'(red line)은 '핵·미사일'의 미국 타격을 위한 실전배치이며, 현재의 북한은 그 직전 단계에 와 있다고 분석·평가되고 있다. 그래서 미국은 첫 단계로 외교적·경제적 수단으로 중국으로 하여금 북한의 '핵·미사일'을 포기케 노력하도록 하며, 만약 그것이 실패한다면 '北 선제타격'과 '참수작전'도 실행하겠다는 의지이다. 이렇게 된다면 김정은의 생명뿐만 아니라 평양 금수산 태양궁전을 비롯하여 한반도 전체가 핵전쟁으로 폐허로 변하며, 한민족은 영원히 쇠퇴와 몰락의 길로 빠지리라.

한국정부는 비밀대화 창구를 통해 위의 사실을 진지하게 김정은 노동당 위원장에게 전달하고, 내가 2007년 김정일 국방위원장에게 제의한 '평화적 남북통일', 즉 김정은은 북한의 권력과 핵·미사일을 한국정부에 이양하고 따뜻한 제주도에서 편안한 여생을 보내는 것이 한민족의 평화와 번영을 가져온다는 것을 재차 강조하는 바이며, 나는 김정은 체제가 머지않아 붕괴되리라 생각한다.

그리고 오늘날 한반도 군사정세로 보아 국민의 생명과 국가 존망의 문제는 결코 우방국가에게 의존해서는 안 되며, 이스라엘처럼 스스로의 능력과 의지로 핵·미사일 무장이 확보·유지되어야 한다.

Ⅲ. 군사학의 이론정립

생도시절에 군사훈련만 받았기에 직업군인이 된다는 것에 회의懷疑가 생겼다. 우리들에게 전쟁이란 무엇인가? 군사고전인 『손자병법』(B.C. 513?)이나 클라우제비츠의 『전쟁론』(1832) 등을 가르칠 군사전문가가 당시 한국에는 없었다. 초급장교(중위) 시절에 우연히 읽은 『손자병법』의 첫 구절은 나로 하여금 평생 전쟁을 연구케 하는 동기부여가 되었다. 즉,

> 손자는 말하였다. 전쟁은 국가의 중대한 일이며, 국민의 생사와 국가의 존망이 기로에 서게 되는 것이니 신중히 검토하지 않으면 안 된다.(始計)

이 첫 구절은 박진감 넘치게 내 가슴을 쳤고 또한 연구할만한 가치가 있는 과제라고 생각했다.

1960년대 중반, 교수부 군사학과에 재직하고 있을 때 미국의 미시간 대학교에서 물리학 석사학위를 받고서 귀국한 동기생 안재수(교수부장 역임, 작고함) 소령이 내 연구실에 와서 "자네, 군사학도 학문인가?" 하고 농담·조롱의 어투로 질문하기에, 나는 "자네는 미국서 물상物象을 공부해 오고서 무슨 큰 소리냐!" 하고 반격했지만, 그것이 계기가 되어 군사학이 평생의 연구과제가 되었다.

국방대학원에 재직하고 있을 때, 「군사학의 이론체계」(1980. 10. 30.)[3]를 세미나에서 발표했으며, 요점은 아래와 같다.

- 군사학의 정의定義 : 군사학은 전쟁의 본질과 성격, 무력전의 준비와 수행 및 억지에 관한 통일된 지식의 체계이다.
- 군사학의 범위 : 1) 전쟁철학
  2) 전쟁학
    가) 군제학
    나) 용병술(군사전략·작전술·전술)
  3) 군사사학
  4) 군사기술
  5) 군사교육학
  6) 군사지리학
  7) 군사보조학문

필자는 1999년 6월 10일 육군사관학교 화랑대연구소 주최 세미나에서 「한국 군사학의 발전방향」[4]을 발표했다.

- 단적으로 말해서 사관학교 교육은 야전에서 적과 싸워 이겨야 하는 초급장교에게 필요한 전문지식이 무엇이며, 앞으로 군사전문가로 발전하는 데 필요한 기초지식이 무엇인가를 알아야 한다.
  의사를 양성하고자 한다면 의학을 전공시키고, 법률가·판사를 양성하고자 한다면 법학을 전공시키고…
- 사관학교에서 초급장교를 양성하고자 한다면 무슨 학문을 전공시켜야 하는가 하는 문제는 정설定說이 없다는 것이 오늘의 사관학교 교육이 직면한 중대한 문제점이다. 군사학이 무슨 학문인지 모른다는 것이 문제가 아니라, 모른다는 그 자체를 모르고 있다는 것이 문제를 더 심각하게 만들고 있다.…

---

3) 이종학, 『군사논문선』(경주 : 서라벌군사연구소, 1991), pp. 9~59. 및 『동북아시아의 전쟁과 평화』(충남대학교 출판문화원, 2016), pp. 28~45. 참조.

4) 이종학, 『한 군사학도의 연구발자취』(대전 : 충남대학교 출판부, 2006), pp. 20~40.

• 군사학은 군사훈련이 아니며, 그것은 학문으로서 전쟁에 대한 지식의 체계이다. 군사학은 사관학교 교육의 핵심이 되어야 한다.※

그런데 2002년 10월 충남대학교 평화안보대학원에 '군사학 석사과정'의 설치가 인가되어 2003년 3월부터 강의가 시작되었고, 2005년 '군사학 박사과정'이 설치되어 2010년 8월 최초의 군사학 박사 4명이 탄생했으며, 현재 30여명의 군사학 박사가 배출되어 각 분야에서 활동하고 있다. 그리고 2004년 신학기부터 10여개 민간대학교에서 '군사학 학사과정'이 개설·운용하게 되었다.

내가 아직 현역으로 군사학 박사과정의 강의를 계속하는 이유는 군사학이 앞으로 성장하여 꽃이 피고, 열매를 따기 위해서는 노력과 정열의 집중이 더 필요하다고 생각하기 때문이다.

Ⅳ. 인간만사새옹지마(人間萬事塞翁之馬)

1967년 11월 17일 나는 교수부 군사학 과장(중령)으로 임명되었다. 가장 먼저 해결해야 할 과제는 교수부에서 군사학과가 푸대접 받고 있는 것을 시정해야 한다는 생각이었다. 당시 16기생의 교과과정의 학점 분포는 다음과 같다.

· 인문학과…37학점 / ·사회학과…36학점 / ·군사학과…16학점
· 기초학과…54학점 / ·응용학과…41학점 / 계 184학점

당시 교수부장은 장효수(2기, 영문학 교관) 대령이었다. 나는 준비를 단단히 하고 2층의 교수부장 사무실에 가서 용건을 얘기했다. 즉,

※ 현재 전공에 따라 이학·문학·공학사 학위와 함께 군사학사 학위도 수여하고 있으나, 군사학사 학위만 수여토록 교육과정을 개편해야 한다는 뜻이다.

"군사학과 학점 때문에 왔습니다. 직업군인을 양성하는 사관학교에서 적과 싸워 어떻게 승리하느냐, 하는 과제를 연구하는 군사학과가 다른 과는 30여 학점을 넘는데, 군사학과는 16학점이며, 심지어 인문학과에 속하는 영어의 학점도 18학점이니, 우선 영어에서 몇 학점 양보해 주기 바랍니다."

교수부장은 안색이 변하면서 "안 돼." 하였다. 나도 기분이 나빠서 투덜거리며 방을 나왔다. 나는 그가 영어교관 출신이지만 사관학교 교수부장이 되었다면, 영어보다 군사학이 더 중요하다고 생각하리라 예상했는데…

1970년 5월 공군대학 고급지휘참모과정(CSC)에 입과하여 교육이 끝날 무렵, 논문상을 수령하게 되었다는 기쁜 소식이 왔다. 그런데 공군본부 인사국에 있는 동기생 허돈구 중령이 "교수부장이 자네 원대복귀를 거부하네." 하고 알려주었다. 원래 CSC과정을 마치면 '원대복귀'하는 것이 상례가 되어 있었는데 거부·추방당했으니…, 교육장교라 공군대학에 남기로 했다.

나는 한동안 마음이 상하고 불편했다. 그러나 공군대학에서는 학점의 제한 없이 수업을 할 수 있었고 강의는 2개월 동안만 하면 끝나고, 그 외는 연구할 시간이 충분했다. 거기다가 도서관이 바로 옆 건물에 있었고 공군대학 영관장교는 당직 근무가 면제되어 있었다. 그래서 연구업적을 쌓았으며, 책을 발간하게 되었다.

- 이종학, 『현대전략론』(박영사, 1972)
- 클라우제비츠, 이종학 역, 『전쟁론』(대양서적, 1972)
- 이종학 역, 『손자의 병법』(한국자유교육협회, 1973)

1973년 10월, 3차 대령진급심사에서 낙방했기에 1, 2년 내로 제대해야만 하는 곤경에 빠졌다. 그런데 나는 국방대학원에 「전략론」 강의를 1968년부터 해왔기에 국방대학원장 박현식 중장(육군)이 제대하고 국방대학원 교수로 오라고 했다. 그래서 1974년 2월 말로 제대하여 3월 20일부터 출근해보니, 학생들은 선배인 2기생 대령들이었다. 차분히 생각해보면, 사관학교 교수부장으로부터 추방당한 것이 위기로 생각되었으나, 그것이 오히려 기회를 만들어주었다고 생각하게 되었다.

그래서 인생은, 중국 고전의『회남자淮南子』에 나오는 "人間萬事塞翁之馬"라는 생각이 들었다. 즉 중국 북방에 한 노인이 살고 있었다. 어느 날 노인의 말(馬)이 국경을 넘어 호胡의 땅으로 달아났다. 사람들은 말을 잃었다고 그를 위로했다. 그러나 그 노인은 "이것이 전화위복轉禍爲福이 될지 모른다"고 대답하면서 조금도 섭섭하게 생각하지 않았다. 얼마 후에 그 말이 호의 명마名馬를 데리고 돌아왔다. 사람들은 기쁨을 표시하자, 노인은 "이것이 또 화禍의 근원이 될지 알 수 없다"고 하면서 기뻐하지 않았다. 말 타기를 좋아하는 그의 아들이 말을 타다가 낙마落馬하여 다리가 골절됐다. 사람들이 노인을 위로했으나, 그는 "이 화가 또 복福이 될지 어찌 알겠는가." 하면서 태연하였다. 얼마 후 북방의 호병胡兵들이 침공해오자 마을의 건강한 젊은이들은 출전하여 대개 전사했는데, 노인의 아들은 절름발이기에 출전을 면하여 부자父子가 무사했다는 것이다. 이 고사故事는 "위기는 기회가 된다." 고 하는 변증법(Dialektik)의 생생한 진리를 우리들에게 가르쳐준다.

Ⅳ. 군사사학에 의한 일본 고대사 산책

가. 군사사학이란 무엇인가

군사사학(혹은 군사사, military history)이란 용어는 과거의 군사문제를 연구대상으로 하는 역사학과 군사이론을 종합한 학문체제로 역사학의 한 분과이며, 마찬가지로 군사학의 한 분과인 군사사학은 군사학의 이론적 기초를 제공하고, 또한 발전 근원의 하나로 작용하는 과거 군사경험에 대한 지식의 체계이다.

나는 20여 년 전에 「현대 군사사의 연구방향」이라는 논문에서, 군사사학 연구의 의의, 군사사학의 개념과 범위, 군사사학의 연구방법, 군사사학 연구의 고려요소[5] 등을 논의했기 때문에 여기서는 생략키로 하고, 실제 응용의 사례를 소개하고자 한다.

나. 광개토왕 비문의 신묘년 기사와 「임나일본부」설

광개토왕 비문(차후 '비문'으로 약칭함)의 쌍구본雙鉤本을 일본에 가져간 것은 1883년 가을 일본 육군 참모본부의 간첩이었다. 그 후부터 참모본부 편찬과원 겸 육군대학 교수인 요코이 다다나오(橫井忠直)가 중심이 되어 여러 학자들을 동원하여 상세한 연구가 진행되었다. 그리하여 1889년 6월 『회여록會餘錄』 제5집이 비문 연구의 특집호 형태로 간행되었으며, 거기서 신묘년(391) 기사(차후 '기사'로 약칭함)는 다음과 같이 해독·해석되었다.

- 碑文 : 百殘新羅舊是屬民由來朝貢而倭以辛卯年來渡海破百殘□□□羅以爲臣民
- 解釋文 : 百殘(百濟)과 新羅는 옛부터 高句麗의 신민으로 조공해 왔다. 그런데 倭가 신묘년(391)에 바다를 건너와 百殘과 □□와 新羅를 쳐서 신민으로 삼았다.(日本의 通說)

육군 참모본부의 요코이의 주도로 해독·해석된 '기사'는 그 후 일본 고대사학계에서 일관된 정설로 야마도 정권(大和政權)의 조선출병과 '임나일본부'설의 논거가 되어왔다. 나는 일본에서의 '신묘년 기사'의 통설에 대해 논파論破한 논문, 「광개토왕 비문의 신묘년 기사의 검토」를 한국뿐만 아니라, 일본의 학술지에도 발표했다.[6] 그런데 우리나라 역사학계의 중진으로 활

---

5) 李鍾學, 「現代軍事史의 硏究方向」, 『軍史』 제3호(서울 : 국방부 전사편찬연구소, 1981), pp. 10~59. 및 『한국군사사연구』(충남대학교 출판문화원, 2013, 2쇄), pp. 15~76.

6) 李鍾學, 「廣開土王碑文의 辛卯年記事의 檢討」, 『軍史』 제32호(서울 : 국방군사연구소, 1996)와

약하는 학자들의 최근의 '기사'에 대한 해석 및 인식이 필자로 하여금 놀라게 했다. 즉,

廣開土王碑의 踏査(1992. 7. 30.)

- '백제와 신라는 옛부터 고구려의 신민으로 조공해 왔다. 그런데 왜가 신묘년에(또는 신묘년 이래로) 바다를 건너와 백제와 ㅁㅁ와 신라를 쳐서 신민으로 삼았다.'로 풀이하는 것이 '통설'이었다…

현재까지의 논의를 통해서 볼 때, 신묘년 조 기사의 해석 자체는 '통설'과 같이 하는 게 순리라고 여겨진다. 단 신묘년 조에서 전하는 기사의 내용은 그대로 다 사실성이 있는 것이라고 보기는 어렵다.[7)]

나는 '제32회 동아시아 고대학회 학술발표대회'(2007. 12. 26)에서, 「군사사학軍事史學이란 무엇인가?－廣開土王碑文 辛卯年記事를 중심으로－」를 발표했는데, 여기서는 지금까지의 연구 결과만을 소개하고자 한다.[8)]

- 첫째 : 일본열도의 왜倭가 신묘년(391)부터 한반도에 진출했다면, 대한해협을 건너 도해작전에 필요한 병력·무기·식량 등을 운반하기 위해 '구조선構造船의 존재'가 전제·필수조건이지만, 일본의 고대 사학계는 아직도 문헌사학 뿐만 아니라, 고고학에서도 이것을 실증하지 못하고 있다.
- 둘째 : 일본의 통설과 마찬가지로 倭가 391년 백제·신라를 파하고 신민臣民으로 삼았다고 가정해도, 비문의 영락 10년(400)과 14년(404)에 倭는 '대궤·대패'되었기 때문에 한반도 남부에 발판이 되는 거점(작전기지)의 상

「広開土王碑文の真実－軍事史学的研究方法による辛卯年記事の検討－」, 『日本及日本人』(東京 : 日本及日本人社, 1998) 및 『東アジアの古代文化』 100号(東京 : 大和書房, 1999) 轉載.

7) 노태돈, 「광개토왕 능비」, 『한국고대사 연구의 새동향』(서울 : 서경문화사, 2007), pp. 445~446.

8) 상세한 내용은 李鍾學 外, 『廣開土王碑文의 新研究』(경주 : 서라벌군사연구소, 1999) 및 李鍾學, 『軍事史学による古代史散策』(慶州 : 徐羅伐軍事研究所, 2007), pp. 122~140을 참고할 것.

실로 인해 「임나일본부」설은 전연 성립되지 않는다.

예컨대, 1796년 3월 나폴레옹은 이탈리아 방면군 사령관에 임명된 이후, 연전연승하여 황제가 되어 유럽대륙에 군림했으나 워털루 전투(1815)에 패배하자, 남대서양의 외딴 섬 센트 헬레나에 유배되었다. 전쟁철학자 클라우제비츠는 명저 『전쟁론』(1832)에서 주장했다. "이와 같은 전쟁의 형태에 있어서, 영관榮冠은 최후의 승리자에게 주어진다는 것을 언제나 기억해야 한다."(제8편 제3장). 여기서 영관이란 전쟁에서 정치적 목적의 달성을 뜻하는데, 지금까지 비문 연구가들은 이처럼 중요한 군사이론의 내용을 간과해 왔던 것이다.

· 셋째 : 비문에 의하면, 영락 6년(396) 고구려왕이 친히 수군을 거느리고 가서 백제를 토벌했고, 백제왕은 항복하여 영구히 고구려왕의 노객奴客이 되겠다고 맹세했다. 또 영락 9년(399), 신라왕은 사신을 보내 구원을 요청했다.

일본의 신묘년 기사의 통설에 의하면, 391년 이후 백제왕·신라왕은 등장할 수 없을 터인데, 그 후 비문에 등장하는 것으로 보아 참모본부에서 해독·해석한 신묘년 기사의 통설은 전연 잘못된 해독·해석임을 실증하는 내용이다.

· 넷째 : 비문을 작성한 찬자撰者는 고구려의 적측인 백제百濟를 '백잔百殘'이라고 멸칭한 것처럼, 비문에 등장하는 '倭'란 일본열도의 야마도 정권(大和政權)이 아니라, 임나가라任那加羅에 대한 멸칭으로 썼다. 그 이유는 비문의 영락 10년조(400)에 의하면, 거기에는 '왜倭·왜적倭賊·왜구倭寇'가 등장하지만, 고구려군의 공격목표는 '임나가라'였기 때문이며, 또 "도래계 집단(한반도)은 야요이 시대(B.C. 300 ~A.D. 300)부터 계속하여 급속히 그 수를 증가하여, 아마도 기타규슈(北九州)를 중심으로 많은 소왕국(부족국가)을 만든 것으로 생각한다."[9]고 했기 때문이다.

· 다섯째 : 기사 후반부의 3결자에 대해 많은 견해가 발표되었다. 그러나 비문 10년 경자(400)의 작전형태, 즉 도해상륙작전임을 알게 된 필자는 고구려를 주어로 생각하여 1995년 5월 30일, 6년 병신(396)과 결부시

9) 埴原和郎, 『日本人の成り立ち』(京都 : 人文書店, 1996), p. 283.

키는 착상을 가지게 되었다. 즉,

渡海破百殘(丙申)＋渡海破任那加羅(庚子)

= 渡海破(百殘＋任那加羅)

= 渡海破百殘[任][那][加]羅

· 여섯째 : 필자는 신묘년 기사에 대해 다음과 같이 해독·해석한다.

• 百濟와 新羅는 옛날부터 속민으로서 高句麗에 조공해 왔다. 그런데 任那加羅는 신묘년(391)부터 (침공해)왔다. 高句麗軍은 바다를 건너 百濟와 [任][那][加]羅를 파하고 신민으로 삼았다.…

일본 제국주의자들은 한반도를 침략·강탈하기에 앞서, 비문의 왜곡된 해독·해석을 통하여 4세기 중반부터 6세기 중반까지 倭는 한반도를 지배·통치해 왔다고 함으로써(「任那日本府」), 그들의 대륙정책의 침략을 정당화했다는 것에 유의할 필요가 있으며, 최근(2008. 7. 14.) 일본정부는 독도를 '일본 고유의 영토'임을 교과서에 게재토록 조치를 취했는데, 그들의 침략적 근성에는 단호히 그리고 치밀한 대책이 필요하리라.

다. 日本天皇家는 어디서 왔는가?(河內巨大古墳의 수수께끼를 풀다)

1991년 10월 8일, 나는 가야의 철제무기·갑주甲冑·마구馬具 등에 관심이 있어서 부산시립박물관에서 개최하는 「신비의 고대왕국, 가야 특별전」을 관람하러 갔었는데, 거기서 가져온 소책자에서 다음 내용을 읽고 놀랐다. 즉 "광개토왕의 남정南征이 있은 후, 복천동 유적에서 대형분의 주곽이 목곽묘에서 석곽묘로 변하는 5세기 전반에 있어서 김해 대성동 유적에서 수장급의 묘가 급격히 소멸되고, 그 후 한 때, 복천동의 세력이 낙동강 하구의 중심세력으로 부상했던 것이다." 그렇다면, 광개토왕 비문에 등장하는 임나가라任那加羅는 어디로 갔단 말인가?

나는 비문에 등장한 임나가라, 에가미 나미오(江上波夫, 1906~2002) 교수의

'기마민족 정복왕조騎馬民族征服王朝'설, 그리고 『송서宋書』 왜국전倭國傳에 있는 왜왕 무倭王武의 상표문을 근거로 하여, 5세기에 출현한 일본의 '가와우치 거대고분(河內巨大古墳)'의 수수께끼를 풀기 위해 다음과 같이 가설(hypothesis)을 세웠다. 즉, "400년 고구려군에 항복했고 또 404년 대방지역(황해도)에 침입했다가 궤패당한 임나가라 왕조는 준비를 갖추어, 408년경 기마부대와 수군을 지휘하여 일본열도의 가와우치(河內) 지방(오사카(大阪)지역)에 상륙해서 주술적·제사적인 미와 왕조(三輪王朝)를 정복하여 가와우치 왕조(河內王朝)를 수립했으며, 정복왕조로서 거대고분을 축조했다. 이것이 소위 말하는 『송서』 왜국전에 등장하는 왜오왕倭五王의 시대이리라."

나는 일본 고대 사학계의 가와우치 왕조에 관한 학설사를 조사해 보았다.

일본은 뿌리 깊게 내려져온 '황국사관皇國史觀'에 의해, 즉 천조대신天照大神의 자손이 하늘에서 내려와 일본을 통치했으니 일본은 신국神國이며, 만세일계萬世一系의 천황天皇이 통치해 왔다며 천황의 신성神性과 그 통치의 정당성, 영원성을 주장해 왔다. 그러나 태평양전쟁에서 패전하여 1946년 일본천황은 신神이 아니라는 '인간선언'을 한 바도 있지만, 황국사관은 일본에서의 극우파 정치인들이 신봉하는 이데올로기이며 아직도 뿌리가 깊다.

그런데 1945년 8월 일본이 패전하여 어느 정도 학문의 자유가 인정된 1948년 5월, 「일본민족=문화의 원류와 일본국가의 형성」이라는 토론회에서 에가미 나미오(江上波夫) 교수는 '기마민족설'을 발표했다. 즉 "일본의 통일국가인 야마도 조정(大和朝庭)을 만든 천황족天皇族은 일본에 옛날부터 살았던 사람은 아니다. 원래는 중국의 동북지방(옛날의 만주) 북방 송화강松花江 유역, 즉 하얼빈의 평야에 살았던 기마민족이 남하했다는 설을 주장…이들이 한반도를 거쳐 5세기 초에 오사카(大阪) 평야까지 진출하여 야마도의 호족과 합작으로 야마도 조정을 만들었다는 것이 나의 생각이다."[10)]

10) 読売新聞大阪本社 編, 『騎馬民族の謎』(東京 : 学生社, 1992), p. 7.

나는 1994년 9월 6일 일본 사카이 시(堺市)의 다이센(大仙) 고분古墳을 보는 순간, 최초의 인상은 이런 거대한 고분의 축조는 정복왕조의 피정복자에 대한 지배권의 위압적인 기념비라는 직감이 생겼기에 이 연구를 계속하게 되었으며, 가설에 대한 논거는 다음과 같다.

仁德天皇陵(추정)

하늘에서 본 仁德天皇陵(추정)

1) 광개토왕 비문의 신묘년 기사(생략)

2) 인류학—일본인의 기원—(생략)

3) 언어학—일본어의 유래—(생략)

4) 고고학—기마부대의 군사지도자는 어디서 왔는가—(생략)

5) 문헌사학—군부君父의 원수란?—

『송서宋書』왜국전倭國傳의 왜왕무倭王武의 상표문은 귀중한 사료史料이다. ⓐ 왜왕 무의 조상이 "東의 모인毛人을 정복하고, 西의 중이衆夷를 좇았다"고 했는데 그들이 일본열도 외에서 온 정복왕조이며, 또 5세기 초에 국내 통일 전쟁을 수행했다는 증거이리라. ⓑ "바다를 건너 해북海北(한반도)을 평정하기를 95개국, 또한 고구려를 무도無道"라고 비방했는데, 이것은 정복왕조의 출신이 비문에 의하면 임나가라임이 확실하리라.

『일본서기日本書紀』(긴메이欽明 천황 23년조)에 의하면, 임나(고령)가 신라에 의해 멸망당했을 때(562), 천황은 "군부君父의 원수를 갚지 못하는 것은 죽어서도 신자臣子의 도道를 다하지 못한 한을 남길 것이다"고 기록했다. 이것은 일본의 천황가天皇家가 임나가라(김해) 출신임을 분명히 하는 확실한 증거이리라.

에가미 교수는 1949년 『民族學硏究』라는 잡지에 「기마민족 일본정복」설을 발표했으나, 황국사관皇國史觀을 신봉하는 우익단체의 압력으로 공개석상에서 발표하지 못했다. 그러다가 28년 만에, 즉 1977년 11월 19일 연세대학교 국학연구소 주최의 학술회의 공개석상(참석자 200여 명)에서 최초로 그의 학설을 발표하면서 70세가 넘은 노학자는 감사하다는 표정으로 눈물을 글썽이던 모습을 맨 앞자리에서 지켜봤기 때문에 지금도 생생하게 기억한다.

그런데 나는 일본의 천황가가 김해에서 왔다는 학설을 일본의 고대사 학술잡지 『東アジアの古代文化』[11](2002, 2003)에 2회에 결쳐 게재했고, 또한 2005년 12월 1일 도쿄 한복판에 자리 잡고 있는 방위청 방위연구소 전사부 강당에서 군사사학자·교수 및 클라우제비츠학회원 앞에서 당당하게 발표했을 뿐만 아니라, 강사료까지 받았다는 것을 밝혀둔다.(2017. 5. 5. 탈고)

11) 李鍾學, 「河内巨大古墳の謎を探す－5世紀前後を中心とする新仮説－」, 『東アジアの古代文化』 第113·114号(2002, 2003).

군사학 총서 발간 취지

군사학은 전쟁이란 무엇이며, 전쟁의 준비·수행 및 억제와 연구방법 등에 관한 지식의 체계이다. 전쟁은 오랫동안 인류 생존의 기본 요소이며 수단으로 등장하였고, 현재뿐만 아니라 앞으로도 형태를 달리하면서 존속하리라. 그리고 전쟁은 국민의 생사·국가의 존망과 직결되는 문제이기 때문에 신중히 대처하지 않을 수 없다. 한민족의 평화적 통일·생존권의 확보 및 번영의 초석이 되는 군사학의 연구·발전을 위해 군사학 총서를 발간하였다. 독자의 지도 편달과 육성, 그리고 동참을 기대한다. (**이종학** : leechoy@daum.net)

번호		책 명	저 자	발행연도	정가
1		군사학 개론	이종학·길병옥 편저	2009년 (4·6배판, 594쪽)	35,000
	내용	군사학이 우리나라에서 학문으로 공식적으로 인정된 것은 2002년 12월이다. 군사학의 간략한 정의는, "전쟁의 본질과 성격 및 무력전의 준비 및 수행에 관한 통일된 지식체계"라는 점에서 그 범위도 설정되었다. 이런 관점에서 군사학의 다양성, 다차원성, 다변화성을 포괄하는 학문적 개론서로서 새로운 학문영역으로 자리 잡고 있는 군사학의 학문체계를 정리하고자 각 분야의 전문가 13명의 공동집필로 출간되었다.			
2		군사전략론	이종학 편저	2009년 (신국판, 450쪽)	25,000
	내용	우리 국군은 6·25전쟁과 베트남전 참전을 통해 전투경험은 했지만 전쟁을 하지 않았다는 것을 잊어서는 안 된다. 즉, 군사전략을 수립하여 전쟁을 수행해 본 일이 없는 것이다. 그래서 이 책은 군사전략 수립을 위한, 제1편 군사전략의 기초, 제2편 군사전략의 이론, 제3편 군사전략의 실제로 구성되어 있다. 군사전략은 군사목표, 군사전략개념 그리고 군사자원으로 구성되어 있는 결심사항을 간략한 문장으로 표기하며, 이것은 세 가지 기준, 즉 적합성, 가능성 및 수락성에 의해 검토된다는 것을 상세히 설명하고 있다.			
3		나의 학문과 인생	이종학 편저	2009년 (4·6배판, 606쪽)	30,000
	내용	평생을 군사학 분야 발전을 위해 헌신해온 이종학 교수의 八旬을 맞이하여 펴낸 책이다. 제1편은 나의 학문과 인생(이종학), 제2편은 군사학의 학문체계 및 발전방향(교수 에세이), 제3편은 군사학의 발전방향으로 군사학과의 박사과정을 이수했거나 혹은 이수 중인 피교육자들의 학위논문 주제를 요약하거나 관심을 가진 분야에 대한 간략한 에세이를 수록했다. 부록에는 공군사관학교 57기생들에게 '군사학 특강'을 실시 후 그들의 소감문을 소개했다.			

<table>
<tr><td rowspan="2">4</td><td colspan="2">한국군사사연구</td><td>이종학 지음</td><td>2010년
(4·6배판, 632쪽)</td><td>30,000</td></tr>
<tr><td>내용</td><td colspan="4">1981년 국방대학원에 재직할 때, 「현대 군사사의 연구방향」이라는 논문을 발표하면서 '군사사'에 대한 이론 정립을 시도했다. 즉, 군사사는 군사이론과 역사학이 결합된 학문인 동시에 군사학의 이론적 기초이며 근원이다. 이것을 기초로 하여 한국사 가운데 군사문제를 다루기 시작해 30년간의 연구 성과를 집대성한 것이며, 21편의 논문으로 구성되어 있다. 저자가 지난 반세기 동안 군사사 연구에서 얻은 결론과 기본철학을 소개하면 다음과 같다. 즉, "평화를 바란다면, 전쟁을 이해하고 이에 대비하라!"</td></tr>
<tr><td rowspan="2">5</td><td colspan="2">전략이론이란 무엇인가
—『손자병법』과
『전쟁론』을 중심으로—</td><td>이종학 편저</td><td>2012년(개정보완판)
(신국판, 372쪽, 3판)</td><td>16,000</td></tr>
<tr><td>내용</td><td colspan="4">전략이론이란 무엇인가를 밝히면서, 원래 군사분야의 용어가 1960년대 이후 경영분야에도 활용되어 왔다는 것을 알아야 하고 군사전략뿐만 아니라, 국가전략 및 핵전략의 발전과정을 소개했다. 전략이론의 고전인 『손자병법』은 1972년 중국 산동성에서 『죽간 손자병법』이 나왔기에 그것을 삽입시켜 13편을 완역했다. 한편 클라우제비츠의 『전쟁론』은 초판본이 나왔고, 거기에서 내용이 너무 방대하기에 전술적 내용을 삭제한 抄譯을 했다. 직업군인과 최고 경영자들에게 전략이론을 알기 위한 필독서를 만들고자 꾸며 보았다.</td></tr>
<tr><td rowspan="2">6</td><td colspan="2">6·25전쟁이란
무엇인가</td><td>이종학 지음</td><td>2011년
(4·6배판, 623쪽)</td><td>30,000</td></tr>
<tr><td>내용</td><td colspan="4">이 책은 40여 년 간에 걸친 6·25전쟁 연구의 총 결산이자 집대성한 내용이다. 6·25전쟁에 대한 연구와 분석을 통해 그 원인을 밝혀내고 평시에 안보태세를 굳건히 하는 것이 가장 기본적인 대책이라고 해법을 제시한다. 이 책은 마치 6·25전쟁을 구석구석 현미경으로 확대해 들여다보는 듯하며 지금까지 나왔던 6·25전쟁 관련 서적과 다르게 새로운 사실들과 풍부한 사료들을 담고 있기 때문에 6·25전쟁을 연구하는 전문가들이나, 석·박사과정의 학생들에게 많은 도움이 될 것이다.</td></tr>
<tr><td rowspan="2">7</td><td colspan="2">현대 북한의 이해</td><td>박성규·길병옥 지음</td><td>2012년
(4·6배판, 336쪽)</td><td>25,000</td></tr>
<tr><td>내용</td><td colspan="4">탈냉전 이후 급변하는 국제상황 속에서 북한이라는 실체를 명확히 파악하고 한반도 평화통일의 기본 틀을 마련하는 데 기본적인 목적이 있다. 특히 남북한의 평화로운 통일과 기본적인 방향을 설정하는 데 있어서 가장 중요한 것은 북한을 제대로 이해하는 것이라는 점을 강조한다. 이 책은 현재 북한 관련 교재들이 북한의 실제를 제대로 파악하기에는 많이 부족하다는 점을 지적한다. 상식으로는 이해할 수 없는 북한이라는 체제 전체를 제대로 알 수 있는 교육이 절대적으로 필요하고 북한의 본질을 이해하여 그 대응책을 마련하는데 주요 초점을 두고 있다.</td></tr>
</table>

8	군사고전의 지혜를 찾아서	이종학 지음	2012년 (신국판, 537쪽)	25,000
	내용	인류의 역사는 투쟁사 혹은 전쟁사의 연속이라 할 수 있다. 그러한 급변하고 위태로운 정세하에서 어떻게 생존하며 또한 승리할 것인가 하는 그 방법과 지혜를 제시했으며, 동양의 손무가 저술한 『손자병법』(기원전 513?)과 서양의 클라우제비츠가 저술한 『전쟁론』(1832)이 군사고전에 속하며, 그것들의 시대적 배경과 철학적 기초를 밝히려고 지난 반세기 동안 시도한 에세이를 편집한 것이 이 책이다. 군사고전은 심오한 철학사상을 바탕으로 하고 있기 때문에 생명력과 실용성을 보유하고 있을 뿐만 아니라, 인생철학의 지침서요 또 경영전략의 참고서로써 최근에 와서 더 많은 각광을 받고 있다.		
9	군제 기본원리와 한국의 병역제도	나태종 편저	2012년 (신국판, 353쪽)	16,000
	내용	이 책은 크게 두 편으로 구성되어 있다. 제1편 군제기본원리에서는 군사제도의 중요성과 제도에 관한 역사적 교훈, 현대 국방사상이 군제에 미치는 영향, 군사제도 설정의 기본원칙을 포함하였다. 제2편 한국의 병역제도에서는 정부수립 이후로부터 현재까지의 한국의 병역제도 변화과정을 분석하고 스위스, 이스라엘의 병역제도와의 비교평가를 통해 미래 한국의 병역제도 발전방안을 제시하였다.		
10	현대전략론	이종학·노양규·이성만 지음	2013년 (신국판, 457쪽)	24,000
	내용	『現代戰略論』(1972)은 40여년 전, 전략 입문서가 없었던 시절에 출간되어 그동안 전략 입문서로서의 기능을 발휘했으나, '한글세대'의 등장으로 절판되었다가 이번에 '한글화'된 개정판이 나왔다. 이번 개정판에는 전략의 기본문제를 보완하면서 미국에서의 새로운 전략연구의 추세와 한반도의 정세를 감안해서 내용을 구성했는데, 주요 내용은 '전략이란 무엇인가', '현대전쟁의 성격', '국가전략', '군사전략', '작전술', '전술' 그리고 '북한의 핵무기와 한반도 안보' 등이다. 전략을 연구하고자 하는 사관생도·일반 대학교의 군사학 전공자뿐만 아니라, 국제정치 전공자에게는 필독서이다.		
11	군사학 입문	송영필 지음	2014년 (신국판, 339쪽)	16,000
	내용	군사분야에 대한 입문서이다. 군사학의 정의와 연구대상으로부터 전쟁, 군사제도의 발전과정, 전쟁준비 차원에서 군사력 건설에 필요한 국방기획관리제도와 전투발전체계를 다루었다. 또한 전쟁수행 차원에서 군사력 운용의 용병술 체계와 전투수행에 대하여 방법, 수행절차를 기술하였다. 군사학을 공부하고자 하는 사람이나 군인의 길을 걷고자 하는 사람에게 기초가 되는 분야를 알기 쉽게 설명한 책이다.		

<table>
<tr><td rowspan="2">12</td><td colspan="2">웨드마이어 회고록과 논평</td><td>이종학 편저</td><td>2014년
(신국판, 323쪽)</td><td>20,000</td></tr>
<tr><td>내용</td><td colspan="4">이 책의 제1부 『웨드마이어는 보고한다!』는 웨드마이어 대장의 회고록이다. 그는 제2차 세계대전 당시 마셜 육군참모총장의 두뇌 역할을 수행했고, 당시 미국의 국가전략과 그 이면사를 솔직하게 밝혔다. 특히 1947년 트루먼의 특사로 중국과 한국을 방문하고 미국의 극동정책에 대해 건의한 「웨드마이어 보고서」가 수록되어 있다.
제2부는 '웨드마이어 회고록'에 대한 논평이 수록되어 있으며, 특히 6·25 전쟁의 복합적 원인에 대해 밝히고 있다. 그리고 평화적 남북통일에 대한 제안, 독도 영유권에 대한 해결방안, 한반도와 중국의 이해관계를 위한 단상 등이 수록되어 있다.
(※이 책은 대한민국학술원의 「2015년도 우수학술도서」로 선정되었다.)</td></tr>
<tr><td rowspan="2">13</td><td colspan="2">예비전력의 이론과 실제</td><td>이원희 지음</td><td>2015년
(신국판, 372쪽)</td><td>16,000</td></tr>
<tr><td>내용</td><td colspan="4">이 책은 한반도에서 전쟁이 발발시 승리하기 위해 군사력의 한 축인 예비전력에 대해 무엇을 어떻게 준비해야 할 것인가에 대한 방향을 제시하고 있다.
책의 구성은 「예비전력의 이론과 역사」, 「외국의 예비전력 운영」, 「예비전력의 운영사례와 효율적 운영방향」으로 되어 있고, 부록에는 「향토예비군 설치법」을 비롯한 관련 법령이 수록되어 있다.
장차 군의 간성이 되기를 원하는 학생은 물론 군의 주요 지휘관과 관련 참모, 지역 및 직장예비군 지휘관들에게 예비전력 운영에 관한 유용한 지침서가 될 것이다.</td></tr>
<tr><td rowspan="2">14</td><td colspan="2">작전술</td><td>노양규 지음</td><td>2016년
(신국판, 470쪽)</td><td>24,000</td></tr>
<tr><td>내용</td><td colspan="4">처음으로 발간된 작전술 관련 전문서적이며, 한국군의 변화와 발전을 위해서는 작전술이 가장 먼저 발전되어야 한다고 주장한다.
'작전술이란 무엇인가'에 대한 이론적인 배경을 설명한 후, 작전술이 소련군에서 태동하게 된 과정과 변화를 살펴보았고, 이어 현대 작전술의 중심인 '미군의 작전술' 변화과정을 1980년대부터 연대순으로 세밀하게 살펴보았다. 이어 '북한 작전술'을 살펴본 후, '한국군의 작전술'을 점검하고 미래 발전을 위한 방안을 제시하였다.
작전술은 한국군 변화와 발전의 관건關鍵이다.</td></tr>
</table>

15	동북이시이의 전쟁과 평화	이종학 지음	2016년 (신국판, 577쪽)	35,000
	내용	미수(米壽, 88세)를 맞이하여 제자·후배들에게 남겨줄 선물로 이 책을 꾸며보았다. **제1부** 동북아시아의 전쟁과 평화 : 평생 전쟁을 연구대상으로 하는 군사학을 연구하게 된 동기를 밝혔고, 또한 이론정립을 시도했으며, 저자가 바라는 평화적 남북통일 등을 수록했다. **제2부** 군사사학으로 본 역사산책 : 군사사학의 관점에서 지난날의 군사와 관련된 역사를 살펴보았다. **제3부** 대학교육과 국방 : 국가의 안보와 발전·번영에 필요한 인재를 양성하는 대학교육은 문·무가 일치된 교육이 실시되어야 한다는 관점에서 살펴보았다. **제4부** 한 군사학도의 인생단상 : 인생전략의 수립방법과 절차를 소개했다. 그리고 **제5부**는 군사학에 의한 일본의 역사산책으로 일본어로 발표한 논문을 수록했다.		

· 펴낸곳 : 충남대학교출판문화원

· 전　화 : 042-821-6045

· e-mail : cnupress@cnu.ac.kr